高 等 学 校 教 材

纳米材料与纳米技术

Nanomaterials and Nanotechnology

徐志军　初瑞清　编著

化学工业出版社

·北京·

本书是高等学校教材。全书介绍了纳米材料的结构和性能以及制备方法，并讲述了纳米材料的应用和纳米材料与技术的新进展。本书主要任务是使材料专业本科生对纳米材料有一个比较广泛的了解。通过本课程的学习可了解到纳米材料和技术的发展趋势，掌握纳米材料的基本知识和基本理论，包括纳米颗粒、纳米管线，纳米薄膜，纳米固体材料，纳米结构的概念、特点、性能和制备方法等。全书共分9章，第1章综述了纳米材料与纳米技术的发展历程；第2章讲述了纳米材料的分类、概念及其特性；第3章讲解了纳米粉体材料的制备技术及其特点；第4章到第6章分别介绍了一维纳米碳管、纳米固体材料、介孔材料的特点及其制备方法；第7章是纳米材料的分析表征技术；第8章叙述了纳米材料的应用；第9章为有关纳米材料的潜在危害。

本书适合从事或有兴趣于纳米材料与纳米技术研究或教学的教师、研究生、本科生等人员阅读，另外，有些章节也可作为科普读物。

图书在版编目（CIP）数据

纳米材料与纳米技术/徐志军，初瑞清编著. —北京：化学工业出版社，2010.5（2024.1重印）
高等学校教材
ISBN 978-7-122-08039-4

Ⅰ. 纳… Ⅱ. ①徐…②初… Ⅲ. 纳米材料-高等学校-教材 Ⅳ. TB383

中国版本图书馆 CIP 数据核字（2010）第 050593 号

责任编辑：杨 菁　　　　　　　　　　文字编辑：李 玥
责任校对：陈 静　　　　　　　　　　装帧设计：杨 北

出版发行：化学工业出版社（北京市东城区青年湖南街 13 号　邮政编码 100011）
印　　装：三河市延风印装有限公司
787mm×1092mm　1/16　印张 10¾　字数 252 千字　2024 年 1 月北京第 1 版第 12 次印刷

购书咨询：010-64518888　　　　　　售后服务：010-64518899
网　　址：http://www.cip.com.cn
凡购买本书，如有缺损质量问题，本社销售中心负责调换。

定　　价：33.00 元

前　言

纳米材料与纳米技术的灵感，来自于诺贝尔奖获得者 Richard Feynman 于 1959 年所作的《在底部还有很大空间》的演讲。他以"由下而上的方法"（bottom up）出发，提出从单个分子甚至原子开始进行组装，以达到设计要求。他说道，"至少依我看来，物理学的规律不排除一个原子一个原子地制造物品的可能性。"并预言，"当我们对细微尺寸的物体加以控制的话，将极大地扩充我们获得物性的范围。"

预言至今，纳米材料与纳米技术研究领域迅速拓宽，内涵不断扩展。目前，普遍接受的定义为基本单元的颗粒或晶粒尺寸至少在一维上小于 100nm，且必须具有与常规材料截然不同的光、电、热、化学或力学性能的一类材料体系。纳米材料的奇异性是由于其构成基本单元的尺寸及其特殊的界面、表面结构所决定的。

纳米科技是面向尺寸在 1～100nm 之间的物质组成的体系的运动规律和相互作用以及在应用中实现特有功能和智能作用的技术问题，发展纳米尺度的探测和操纵。它从思维方式的概念表明生产和科研的对象将向更小的尺寸、更深的层次发展，将从微米层次深入至纳米层次。纳米技术未来的目标是按照需要，操纵原子、分子构建纳米级的具有一定功能的器件或产品。纳米科学与技术主要包括：纳米体系物理学、纳米化学、纳米材料学、纳米生物学、纳米电子学、纳米加工学、纳米力学、纳米测量学八个相对独立又相互渗透的学科。纳米科学与技术又分为纳米材料、纳米器件、纳米尺度的检测与表征三个研究领域。纳米材料的制备和研究是整个纳米科技的基础。扫描隧道显微镜（STM）在纳米科技中占有重要的地位，它贯穿到七个分支领域中，以其为分析和加工手段所做的工作占一半以上。

纳米材料与纳米技术的发展为新材料开发开拓了一条全新的途径，并注入了新的活力，必将推动信息、能源、环境、生物、农业、国防等领域的技术创新，称为继工业革命以来三次主导技术引发的产业革命之后的第四次浪潮的基础。为了让大学生、硕士生了解和认识纳米材料与纳米技术的基本知识、方法、概念和发展趋势，我们为大学高年级本科生和硕士生开设了纳米材料与纳米技术选修课，本书就是在这门选修课讲义的基础上编写而成的。通过本课程的学习，让学生能够基本了解和认识到纳米材料与纳米技术的方方面面，掌握相关内容的原理，为其奠定一定的纳米材料与纳米技术的理论基础，有利于以后开展相关工作。

书中编著者自己的研究成果是在国家自然科学基金（50602021）"钛酸钡单晶超高压电性能与机理的研究"与国家高技术研究发展计划（"863"计划，2006AA03Z437）"高使用温度无铅 PTCR 半导体陶瓷及其多层片式器件制备技术"支持下取得的，正是由于这两项基金的支持，才得以使本书顺利完成，在此致以诚挚的谢意。

本书的编著过程中，参考了很多同纳米材料与纳米技术相关的著作、学术论文以及互联网上的文章。这些都给予了本书编著者很大的启迪、参考以及支撑作用，在此对辛勤工作的专家、学者表示由衷的感谢。

本书适合于从事或有兴趣于纳米材料与纳米技术研究或教学的教师、硕士生、本科生等人员阅读，有些章节也可作为科普读物。但纳米材料与纳米技术的研究发展十分迅速，新的成果不断涌现，文献资料浩瀚无边、日新月异，由于编著者的水平有限，书中难免有疏漏与不妥之处，恳请专家、学者和读者批评指正！

徐志军
2010 年 1 月

目 录

第1章 绪 论

在充满机遇与挑战的 21 世纪，信息、生物技术、能源、环境、先进制造技术和国防的高速发展必然对材料提出新的需求，元件的小型化、智能化、高集成、高密度存储和超快传输等对材料的尺寸要求越来越小；航空航天、新型军事装备及先进制造技术等对材料性能要求越来越高。新材料的创新，以及在此基础上诱发的新技术、新产品的创新是未来 10 年对社会发展、经济振兴、国力增强最有影响力的战略研究领域，纳米材料将是起重要作用的关键材料之一。

1.1 纳米材料与纳米技术发展历史

1.1.1 纳米材料与纳米技术的诞生

1959 年，著名物理学家、诺贝尔奖获得者理查德·费曼在美国加州理工学院召开的美国物理年会上预言："如果人们能够在原子、分子的尺度上来加工材料，制造装置，将会有许多激动人心的新发现，人们将会打开一个崭新的世界。"这是关于纳米材料和纳米技术最早的梦想。科学发展至今，验证了费曼的预言和梦想并非空穴来风，纳米材料和纳米技术正如火如荼地向前发展。不少科学家认为，纳米材料与纳米技术的发展及应用在未来会超过计算机，成为信息时代的核心。

20 世纪 70 年代，科学家开始从不同角度提出有关纳米科技的构想，1974 年，科学家唐尼古奇最早使用纳米技术一词描述精密机械加工。

1982 年，科学家发明研究纳米的重要工具——扫描隧道显微镜，揭示了一个可见的原子、分子世界，对纳米科技发展产生了积极的促进作用。

1990 年 7 月，第一届国际纳米科学技术会议在美国巴尔的摩举办，标志着纳米科学技术的正式诞生。

1.1.2 纳米材料与纳米技术的发展

纳米科技的迅速发展是在 20 世纪 80 年代末、90 年代初。80 年代初发明了费曼所期望的纳米科技研究的重要仪器——扫描隧道显微镜（STM）、原子力显微镜（AFM）等微观表征和操纵技术，揭示了一个可见的原子、分子世界，对纳米科技发展产生了积极的促进作用。

1991 年，纳米碳管被人类发现，它的质量是相同体积钢的 1/6，强度却是钢的 10 倍，成为纳米技术研究的热点。诺贝尔化学奖得主斯莫利教授认为，纳米碳管将是未来最佳纤维的首选材料，也将被广泛用于超微导线、超微开关以及纳米级电子线路等。

1993 年，继 1989 年美国斯坦福大学搬走原子团 "写" 下斯坦福大学英文名字、1990 年美国国际商用机器公司在镍表面用 36 个氙原子排出 "IBM" 之后，中国科学院北京真空物理实验室自如地操纵原子成功写出 "中国" 二字，标志着我国开始在国际纳米科技领域占有一席之地。

1997年，美国科学家首次成功地用单电子移动单电子，利用这种技术可望在20年后研制成功速度和存储容量比现在提高成千上万倍的量子计算机。

1999年，巴西和美国科学家在进行纳米碳管实验时发明了世界上最小的"秤"，它能够称量十亿分之一克的物体，即相当于一个病毒的重量；此后不久，德国科学家研制出能称量单个原子重量的秤，打破了美国和巴西科学家联合创造的纪录。

到1999年，纳米技术逐步走向市场，全年纳米产品的营业额达到500亿美元。

近年来，一些国家纷纷制定相关战略或者计划，投入巨资抢占纳米技术战略高地。到目前为止，世界上已有五十多个国家制定了国家级的纳米科技计划，美国、日本、欧盟三大纳米科技研发及产业发展格局已逐渐形成。一些国家虽然没有专项的纳米技术计划，但其他计划中也往往包含了纳米技术相关的研发。

为了抢占纳米科技的先机，美国早在2000年就率先制定了国家级的纳米技术计划（NNI），其宗旨是整合联邦各机构的力量，加强其在开展纳米尺度的科学、工程和技术开发工作方面的协调。2003年11月，美国国会又通过了"21世纪纳米技术研究开发法案"，这标志着纳米技术已成为联邦的重大研发计划，从基础研究、应用研究到研究中心、基础设施的建立以及人才的培养等全面展开。

日本政府将纳米技术视为"日本经济复兴"的关键。第二期科学技术基本计划将生命科学、信息通信、环境技术和纳米技术作为四大重点研发领域，并制定了多项措施确保这些领域所需战略资源（人才、资金、设备）的落实。之后，日本科技界较为彻底地贯彻了这一方针，积极推进从基础性到实用性的研发，同时跨省厅重点推进能有效促进经济发展和加强国际竞争力的研发。

欧盟在2002～2007年实施的第六个框架计划也对纳米技术给予了空前的重视。该计划将纳米技术作为一个最优先的领域，有13亿欧元专门用于纳米技术和纳米科学、以知识为基础的多功能材料、新生产工艺和设备等方面的研究。欧盟委员会还力图制定欧洲的纳米技术战略，目前，已确定了促进欧洲纳米技术发展的5个关键措施：增加研发投入，形成势头；加强研发基础设施；从质和量方面扩大人才资源；重视工业创新，将知识转化为产品和服务；考虑社会因素，趋利避险。另外，包括德国、法国、爱尔兰和英国在内的多数欧盟国家还制定了各自的纳米技术研发计划。

一般认为，纳米技术的发展会经历以下五个阶段。

第一阶段的发展重点是要准确地控制原子数量在100个以下的纳米结构物质。这需要使用计算机设计/制造技术和现有工厂的设备和超精密电子装置。这个阶段的市场规模约为5亿美元。

第二个阶段是生产纳米结构物质。在这个阶段，纳米结构物质和纳米复合材料的制造将达到实用化水平。其中包括从有机碳酸钙中制取的有机纳米材料，其强度将达到无机单晶材料的3000倍。该阶段的市场规模在50亿～200亿美元之间。

在第三个阶段，大量制造复杂的纳米结构物质将成为可能。这要求有高级的计算机设计及制造系统、目标设计技术、计算机模拟技术和组装技术等。该阶段的市场规模可达100亿～1000亿美元。

纳米计算机将在第四个阶段中得以实现。这个阶段的市场规模将达到2000亿～1万亿美元。

在第五阶段里，科学家们将研制出能够制造动力源与程序自律化的元件和装置，市场规模将高达 6 万亿美元。

虽然纳米技术每个阶段到来的时间有很大的不确定性，难以准确预测，但在 2010 年之前，纳米技术有可能发展到第三个阶段，超越量子效应障碍的技术将达到实用化水平。纳米技术能够广泛应用于材料、机械、计算机、半导体、光学、医药和化工等众多领域。统计表明，眼下全球纳米技术的年产值已达 500 亿美元，而到 2010 年，全球纳米技术创造的年产值预计将达到 14400 亿美元。这无疑是一个诱人的"超级蛋糕"。

1.2 中国纳米材料与技术发展概况

在纳米材料与纳米技术发展初期，中国科学家已经开始关注这方面的研究。从 1990 年开始，中国就"纳米科技的发展与对策"、"纳米材料学"、"扫描探针显微学"、"微米/纳米技术"等方面，召开了数十个全国性的会议。中国科学院还在北京主持承办了第 7 届国际扫描隧道显微学会议（STM'93）和第 4 届国际纳米科技会议（Nano Ⅳ）。这些国际和国内会议的举办，为开展国际间和国内高校与科研单位间的学术交流与合作，起到了积极的促进作用。

中国的有关科技管理部门对纳米科技的重要性已有较高的认识，并给予了一定的支持。中国科学院（CAS）和国家自然科学基金委员会（NSFC）从 20 世纪 80 年代中期即开始支持扫描探针显微镜（SPM）的研制及其在纳米尺度上的科学问题研究（1987～1995）。国家科委（SSTC）于 1990 年至 1999 年通过"攀登计划"项目，连续 10 年支持纳米材料专项研究。1999 年，科技部又启动了国家重点基础研究发展规划项目（"973"计划）"纳米材料与纳米结构"，继续支持纳米碳管等纳米材料的基础研究。国家"863"高技术计划，亦设立一些纳米材料的应用研究项目。

目前国内有 50 多所高校、20 多个中科院研究所开展了纳米科技领域的研究工作。现有与纳米科技相关的企业已达 300 余家。国家科研机构和高等院校从事纳米科技的研究开发人员大约有 3000 人。整体上国内的纳米科技研究涉及领域比较宽、点多分散，尚未形成集中的优势。国内已有中科院、清华大学、北京大学、复旦大学、南京大学、华东理工大学等单位成立了与纳米科技有关的研究开发中心。纳米科技是多学科综合的新兴交叉学科，在多学科的集成方面，中科院、北京大学、清华大学、复旦大学等研究单位占有优势。

中科院在国内最先开拓了纳米科技领域的研究，具有突出的优势。从 20 世纪 80 年代后期开始组织了物理所、化学所、感光所、沈阳金属所、上海硅酸盐所、合肥固体物理所以及中国科技大学等单位，积极投入纳米科学与技术的研究。支持方向有：激光控制下的单原子操纵和选键化学；分子电子学-分子材料和器件基础研究；巨磁电阻材料和物理纳米半导体光催化和光电化学研究；材料表面、界面和大分子扫描隧道显微学研究；纳米碳管及其他纳米材料研究；人造"超原子"体系结构和物性的研究等。与此同时，主持或承担了多项国家级重大项目。

2000 年中科院组织了有 11 个研究所参与的"纳米科学与技术"重大项目，总投资 2500 万人民币。项目的主要研究内容是：发展或发明新的合成方法和技术；制备出有重要意义的新纳米材料及器件。希望通过项目的支持，在纳米材料和纳米结构的规模制备，纳米粉体中颗粒的团聚和表面修饰，纳米材料和纳米复合材料的稳定性，纳米尺度内物理、化学和生物学性质的探测及特异性质的来源以及纳米微加工技术等方面取得重要的进展。

中科院在 2001 年还成立了由其所属的 19 个研究所组成的中国科学院纳米科技中心，开通了隶属于中心的纳米科技网站，并在化学所建成纳米科技楼。纳米科技中心围绕纳米科技领域的重点问题和国家、院重大科技计划，组织分布在不同地域，不同单位的科技人员，利用纳米科技网站与纳米科技中心研究实体，实现有关科研信息、技术软件和仪器设备的共享，体现科研纽带、产业纽带、人才纽带、设备纽带的优势，加强不同学科的交叉与融合，促进自主知识产权成果向产业化的转化，加速高级复合型人才的培养，在统一规划协调下，充分发挥仪器设备的效用。

中国的纳米科技研究与国外几乎同时起步，在某些方面有微弱优势。从近期美国《科学引文索引》核心期刊查询，中国纳米科技论文总数位居世界前列。例如，有关纳米碳管方面的学术论文排在美、日之后位居世界第三。在过去的十年间，国家通过研究计划对纳米科技领域资助的总经费大约相当于 700 万美元，社会资金对纳米材料产业化亦有一定投入。但与发达国家相比，投入经费相差很大。由于条件所限，研究工作只能集中在硬件条件要求不太高的领域。纳米科技的其他基础研究相对薄弱，研究总体水平与发达国家相比还有不小差距，特别是在纳米器件及产业化方面。

中国的纳米科技研究近些年取得了重大进展，在以下方面具有自己的优势。

(1) 纳米材料　中国对纳米材料的研究一直给予高度重视，取得了很多成果，尤其是在以纳米碳管为代表的准一维纳米材料及其阵列方面做出了有影响的成果，在非水热合成制备纳米材料方面取得突破，在纳米块体金属合金和纳米陶瓷体材料制备和力学性能的研究、介孔组装体系、纳米复合功能材料、二元协同纳米界面材料的设计与研究等方面都取得了重要进展。

① 在纳米碳管的制备方面，我国首先发明了控制多层碳管直径和取向的模板生长方法，制备出离散分布、高密度和高强度的定向碳管，解决了常规方法中碳管混乱取向、互相纠缠或烧结成束的问题。1998 年合成了世界上最长的纳米碳管，创造了一项 "3mm 的世界之最"，这种超长纳米碳管比当时的纳米碳管长度提高 1～2 个数量级。他们在纳米碳管的力学、热学性质、发光性质和导电性的研究中取得重要进展。世界上最细的纳米碳管也在 2000 年前后制造出来。先是物理所的同一小组合成出直径为 0.5nm 的碳管，接着香港科技大学物理系利用沸石作模板制备了最细单壁纳米碳管 (0.4nm) 阵列（与日本的一个小组的结果同时发表），接着中科院物理所和北京大学在单壁纳米碳管的电子显微镜研究中发现在电子束的轰击下，能够生长出直径为 0.33nm 的纳米碳管。

② 清华大学首次利用纳米碳管作模板成功制备出直径为 3～40nm、长度达微米级的发蓝光的氮化镓一维纳米棒，在国际上首次把氮化镓制备成一维纳米晶体，并提出纳米碳管限制反应的概念。中科院固体物理所成功研制出纳米电缆，有可能应用于纳米电子器件的连接。

中科院金属研究所用等离子电弧蒸发技术成功地制备出高质量的单壁纳米碳管材料，研究了储氢性能，质量储氢容量（mass capacity of hydrogenstorage in carbonnanotube）可达 4%。

③ 在纳米金属材料方面，中科院金属研究所的研究小组，在世界上首次发现纳米金属的 "奇异" 性能——超塑延展性，纳米铜在室温下竟可延伸 50 多倍而 "不折不挠"，被誉为 "本领域的一次突破，它第一次向人们展示了无空隙纳米材料是如何变形的"。

④ 在纳米无机材料合成方面，中国科技大学钱逸泰教授领导的研究小组发展了溶剂热合成技术，发明用苯热法制备纳米氮化镓微晶，首次在 300℃ 左右制成粒度达 30nm 的氮化镓微晶。该小组还采用非水热合成制备金刚石粉末，开辟了一条十分有经济价值的技术路线。

⑤ 在纳米有机材料及高分子纳米复合材料方面，中国科学院化学所在高聚物插层复合、分子电子学、富勒烯化学与物理以及二元协同纳米界面材料方面取得显著进展，发展了具有自主知识产权的技术，有些已开始走向产业化。

⑥ 在纳米颗粒、粉体材料的研究方面，中科院固体物理所自主开发的纳米硅基氧化物 SiO_{2-x}，具有很高的比表面积（$640m^2/g$）。他们与企业合作，已建成了百吨级生产线，并在纳米抗菌银粉、新型塑料添加剂、传统涂料改性等方面发挥了重要效用，已推出多项产品上市。华东理工大学在纳米超细活性碳酸钙 3000 吨/年的工业性实验基础上，建设 1.5 万吨/年大规模生产线，填补国内空白。北京科技大学在纳米镍粉制备取得成绩，分别应用于国内最大的镍氢电池公司和日本新日铁公司。北京化工大学于 1994 年发展了超重力合成纳米颗粒的研究方法，现已建立超重力法合成 3000 吨/年的纳米颗粒生产线，其规模和技术均为国际领先。天津大学研制纳米铁粉，使我国成为第二个工业化生产纳米金属粉体材料的国家。青岛化工学院在纳米金属铜催化剂的研究开发中已有成功的经验。

⑦ 目前纳米材料粉体生产线吨级以上的有 20 多条，生产的品种有：纳米氧化物（纳米氧化锌、纳米氧化钛、纳米氧化硅、纳米氧化锆、纳米氧化镁、纳米氧化钴、纳米氧化镍、纳米氧化铬、纳米氧化锰、纳米氧化铁等）、纳米金属和合金（银、钯、铜、铁、钴、镍、铝、银、银-铜合金、银-锡合金、铟-锡合金、镍-铝合金、镍-铁合金和镍-钴合金等）、纳米碳化物（碳化钨、碳粉、碳化硅、碳化钛、碳化铬、碳化铌、碳化硼等）、纳米氮化物（氮化硅、氮化铝、氮化钛、氮化硼等）。

从纳米材料的研究情况来看，研究领域广泛，投入人员较多，许多科研单位都参与了纳米材料研究，形成一支实力雄厚的研究力量。但应该指出，目前纳米材料研究的基础设施还相对薄弱，纳米材料的设计与创新能力不强，生产规模偏小，自主知识产权不多。为了真正使纳米技术转化为生产力，应加大纳米材料产业化力量的投入，尤其要注重纳米科学的工程化研究和纳米材料的应用研究，鼓励产业化有基础和经验的研究单位与其他研究单位联合或研究单位与企业联合，使实验室技术尽快转化为生产力，为国民经济增长作出贡献。

（2）纳米器件概况　在量子电子器件的研究方面，我国科学家研究了室温单电子隧穿效应、单原子单电子隧道结、超高真空 STM 室温库仑阻塞效应和高性能光电探测器以及原子夹层型超微量子器件。

清华大学已研制出 100 纳米级（$0.1\mu m$）MOS 器件，研制出一系列硅微集成传感器、硅微麦克风、硅微电动机、集成微型泵等器件，以及基于微纳米三维加工的新技术与新方法的微系统。

中科院半导体所研制了量子阱红外探测器（$13\sim15\mu m$）和半导体量子点激光器（$0.7\sim2.0\mu m$）。中科院物理所已经研制出可在室温下工作的单电子原型器件。西安交通大学制作了纳米碳管场致发射显示器样机，已连续工作了 3800h。

在有机超高密度信息存储器件的基础研究方面，中科院北京真空物理实验室、中科院化学所和北京大学等单位的研究人员，在有机单体薄膜 NBPDA 上作出点阵，1997 年，点径为 1.3nm；1998 年，点径为 0.7nm；2000 年，点径为 0.6nm。信息点直径较国外报道的研究结果小近一个数量级，是现已实用化的光盘信息存储密度的近百万倍。北京大学采用双组分复合材料 TEA/TCNQ 作为超高密度信息存储器件材料，得到信息点为 8nm 的大面积信息点阵 $3\mu m \times 3\mu m$。复旦大学成功制备了高速高密度存储器用双稳态薄膜。并已经初步选择合成出几种具有自主知识产权的有机单分子材料作为有机纳米集成电路的基础材料。

从纳米器件的研究情况来看，国内研究纳米器件的科研单位相对比较集中，研究单位主要集中在北京大学、清华大学、复旦大学、南京大学和中国科学院等研究基础相对较好、设备设施相对齐全的高校及科研院所，但大部分研究单位还停留在纳米器件用材料的制备和选择，以及新的物理现象的研究上。在纳米器件原理及结构研究等基础研究方面力量相对薄弱，纳米器件的创新能力不强。为了在纳米器件研究方面取得突破性进展，中国已加大对纳米器件基础研究的投入，改善现有实验设备与研究条件，鼓励各研究单位合作研究，优势互补，多学科联合攻关。

（3）纳米结构的检测与表征　　中科院化学所和中科院北京真空物理室在 20 世纪 90 年代已开始运用 STM 进行纳米级乃至原子级的表面加工，在晶体表面先后刻写出"CAS"、"中国"和中国地图等文字和图案。中科院化学所先后研制了 STM、AFM、BEEM、LT-STM、UHV-STM、SNOM 等纳米区域表征的仪器设备，具有自己的知识产权。开发了表面纳米加工技术，为纳米科技的研究起到了先导和促进作用。最近中科院化学所在单分子科学与技术及有机分子有序组装方面有了很好的进展，并开始对分子器件进行探索性研究。中国科技大学进行了硅表面 C_{60} 单分子状态检测，为分子器件的研制提供了一些基本数据。

北京大学自行研制了 VHU-SEM-STM-EELS 联用系统和 LT-SNOM 系统。建立了完整的近场光学显微系统——近场光谱与常规光学联用系统，并用此系统研究了癌细胞的结构形貌。

综上所述，我国的纳米科技工作取得了一定的成绩，尤其是在以纳米碳管为代表的纳米材料的研究方面，已经步入世界先进行列。而在纳米器件方面的研究工作刚刚起步，研究工作受条件所限，研究力量比较薄弱。应建立国家公用技术平台，提高纳米加工能力，并加强协调，组织力量进行多学科攻关。突破纳米器件关键技术。在纳米材料的研究工作中，应加强原创性工作，应用性研究、工程化研究应加大投入力度，使纳米材料尽快产业化，成为国民经济新的经济增长点。

1.3　纳米材料热点领域的新进展

1.3.1　纳米组装体系的设计和研究

目前的研究对象主要集中在纳米阵列体系、纳米嵌镶体系、介孔与纳米颗粒复合体系和纳米颗粒膜。目的是根据需要设计新的材料体系，探索或改善材料的性能，目标是为纳米器件的制作进行前期准备，如高亮度固体电子显示屏，纳米晶二极管，真空紫外到近红外特别是蓝、绿、红光控制的光子发电和电子发光管等都可以用纳米晶作为主要的材料，国际上把这种材料称为"量子"纳米晶，目前在实验室中已设计出的纳米器件有 Si-SiO$_2$ 的发光二极管，Si 掺 Ni 的纳米颗粒发光二极管，用不同纳米尺度的 CdSe 做成红、绿、蓝光可调谐的二极管等。介孔与纳米组装体系和颗粒膜也是当前纳米组装体系重要的研究对象，主要设计思想是利用小颗粒的量子尺寸效应和渗流效应，根据需要对材料整体性能进行剪裁、调整和控制，达到常规不具备的奇特性质，这方面的研究将成为 21 世纪引人注目的前沿领域。纳米阵列体系的研究目前主要集中在金属纳米颗粒或半导体纳米颗粒在一个绝缘的衬底上整齐排列的二维体系。

纳米颗粒与介孔固体组装体系近年来出现了新的研究热潮。人们设计了多种介孔复合体系，不断探索其光、电及敏感活性等重要性质。这种体系一个重要特点是既有纳米小颗粒本身的性质，同时通过纳米颗粒与基体的界面耦合，又会产生一些新的效应。整个体系的特性与基体的孔洞尺寸、比表面积以及小颗粒的体积分数有密切的关系。可以通过基体的孔洞将小颗粒相互隔离，使整个体系表现为纳米颗粒的特性；也可以通过空隙的连通，利用渗流效应使体系的整体性质表现为三维块体的性质。这样可以根据人们的需要组装多种多样的介孔复合体。目前，这种体系按支撑体的种类可划分为无机介孔和高分子介孔复合体两大类。小颗粒可以是金属、半导体、氧化物、氮化物、碳化物。按支撑体的状态也可分为有序和无序介孔复合体。

1.3.2 高性能纳米结构材料的合成

对纳米结构的金属和合金重点放在大幅度提高材料的强度和硬度，利用纳米颗粒小尺寸效应所造成的无位错或低位错密度区域使其达到高硬度、高强度。纳米结构铜或银的块体材料的硬度比常规材料高 50 倍，屈服强度高 12 倍；对纳米陶瓷材料，着重提高断裂韧性，降低脆性，纳米结构碳化硅的断裂韧性比常规材料提高 100 倍，n-ZrO_2 + Al_2O_3、n-SiO_2 + Al_2O_3 的复合材料，断裂韧性比常规材料提高 4～5 倍，原因是这类纳米陶瓷庞大的体积分数的界面提供了高扩散的通道，扩散蠕变大大改善了界面的脆性。

1.3.3 纳米添加使传统材料改性

在这一方面出现了很有应用前景的新苗头，高居里点、低电阻的 PTC 陶瓷材料，添加少量纳米二氧化锆可以降低烧结温度，致密速度快，减少 Pb 的挥发量，大大改善了 PTC 陶瓷的性能，尺度为 60nm 的氧化锌压敏电阻、非线性阈值电压为 100V/cm，而 4mm 的氧化锌，阈值电压为 4kV/cm，如果添加少量的纳米材料，可以将阈值电压进行调制，其范围在 100V～30kV 之间，可以根据需要设计具有不同阈值电压的新型纳米氧化锌压敏电阻，三氧化二铝陶瓷基板材料加入 3%～5% 的 27nm 纳米三氧化二铝，热稳定性提高了 2～3 倍，热导率提高 10%～15%。纳米材料添加到塑料中使其抗老化能力增强，寿命提高。添加到橡胶可以提高介电和耐磨特性。纳米材料添加到其他材料中都可以根据需要，选择适当的材料和添加量达到材料改性的目的，应用前景广阔。

1.3.4 纳米涂层材料的设计与合成

这是近两年来纳米材料科学国际上研究的热点之一，主要的研究聚集在功能涂层上，包括传统材料表面的涂层、纤维涂层和颗粒涂层，在这一方面美国进展很快，80nm 的二氧化锡及 40nm 的二氧化钛、20nm 的三氧化二铬与树脂复合可以作为静电屏蔽的涂层，80nm 的 $BaTiO_3$ 可以作为高介电绝缘涂层，40nm 的 Fe_3O_4 可以作为磁性涂层，80nm 的 Y_2O_3 可以作为红外屏蔽涂层，反射热的效率很高，用于红外窗口材料。近年来，人们根据纳米颗粒的特性又设计了紫外反射涂层，各种屏蔽的红外吸收涂层、红外涂层及红外微波隐身涂层，在这个方面的研究逐渐有上升的趋势，目前除了设计所需要的涂层性能外，主要的研究集中在喷涂的方法,大部分研究尚停留在实验室阶段,日本和美国在静电屏蔽涂层、绝缘涂层工艺上有所突破,正在进入工业化生产的阶段。

1.3.5 纳米颗粒表面修饰和包覆的研究

这种研究主要是针对纳米合成防止颗粒长大和解决团聚问题进行的,有明确的应用背景。美国已成功地在 ZrO_2 纳米颗粒表面包覆了 Al_2O_3、在纳米 Al_2O_3 表面包覆了 ZrO_2,SiO_2 表面的有机包覆,TiO_2 表面的有机和无机包覆都已在实验室完成。包覆的小颗粒不但消除了颗粒表面的带电效应,防止团聚,同时,形成了一个势垒,使它们在合成烧结过程中(指无机包覆)颗粒不易长大。有机包覆使无机小颗粒能与有机物和有机试剂达到浸润状态。这为无机颗粒掺入高分子塑料中奠定了良好的基础。这些基础研究工作,推动了纳米复合材料的发展。美国在实验室中已成功地把纳米氧化物表面包覆有机物的小颗粒添加到塑料中,提高了材料的强度和熔点。同时防水能力增强,光透射率有所改善。若添加高介电纳米颗粒,还可增强系统的绝缘性。在封装材料上有很好的应用前景。

参 考 文 献

[1] 敖炳秋. 浅谈纳米技术的研究与应用. 汽车科技,2001,(2):7.

[2] 中国纳米技术发展概况,http://www.71096.com/marketsell/showInfo.asp? id=404773.

[3] 韦东远. 纳米材料与纳米科技发展态势. 海峡科技与产业,2006,(3):20-23.

[4] 纳米材料几个热点领域的新进展. 中国高新技术企业,2000,(4):17-18.

第2章 纳米材料

纳米（nanometer）是一个物理学上的度量单位，1nm 是 1m 的十亿分之一，相当于 45 个原子排列起来的长度。通俗点说，相当于万分之一头发丝粗细。广义地说，所谓纳米材料，是指微观结构至少在一维方向上受纳米尺度（1～100nm）调制的各种固体超细材料，它包括零维的原子团簇（几十个原子的聚集体）和纳米微粒，一维调制的纳米多层膜，二维调制的纳米微粒膜（涂层），以及三维调制的纳米相材料。简单地说，是指用晶粒尺寸为纳米级的微小颗粒制成的各种材料，其纳米颗粒的大小不应超过 100nm，而通常情况下不应超过 10nm。目前，国际上将处于 1～100nm 尺度范围内的超微颗粒及其致密的聚集体，以及由纳米微晶所构成的材料，统称为纳米材料，包括金属、非金属、有机、无机和生物等多种粉末材料。

2.1 纳米材料的分类

以"纳米"来命名的材料是在 20 世纪 80 年代，它作为一种材料的定义把纳米颗粒限制到 1～100nm，而纳米材料是指显微结构中的物相具有纳米级尺度的材料。它包含了三个层次，即纳米微粒、纳米固体和纳米组装体系。按材料的性质、结构、性能可有不同的分类方法。

如果按维数，纳米材料的基本单元可以分为三类：①零维，指在空间三维尺度均在纳米尺度，如纳米尺度颗粒、原子团簇等；②一维，指在空间有两维处于纳米尺度，如纳米丝、纳米棒、纳米管等；③二维，指在三维空间中有一维在纳米尺度，如超薄膜、多层膜、超晶格等。

如果按化学组成可分为纳米金属、纳米晶体、纳米陶瓷、纳米玻璃、纳米高分子和纳米复合材料。如果按材料物性可分为纳米半导体、纳米磁性材料、纳米非线性光学材料、纳米铁电体、纳米超导材料、纳米热电材料等。

如果从材料的性能来分，可以按照材料的力、热、光、电等性能分为不同的种类。例如从力学性能来分可以有纳米增强陶瓷材料、纳米改性高分子材料、纳米耐磨及润滑材料、超精细研磨材料等；从光学性能来分可以有纳米吸波（隐身）材料、光过滤材料、光导电材料、感光或发光材料、纳米改性颜料、抗紫外线材料等。

无论从哪个方面对纳米材料进行分类，都是属于纳米三个层次之一，不同的分类方法是从易于理解及研究的方便出发的。

2.1.1 纳米微粒

纳米微粒是指线度处于 1～100nm 之间的粒子的聚合体，它是处于该几何尺寸的各种粒子聚合体的总称。纳米微粒的形态并不限于球形、还有片形、棒状、针状、星状、网状等。一般认为，微观粒子聚合体的线度小于 1nm 时，称为簇，而通常所说的微粉的线度又在微米级。纳米微粒的线度恰好处于这两者之间，故又被称作超微粒子。纳米是一般显微镜看不见的粒子，而氢原子的直径为 0.08nm；非金属原子直径一般为 0.1～0.2nm；金属原子的直径为 0.3～0.4nm；血液中的红细胞大小为 200～300nm；病毒大小为几十个纳米。所以纳米粒子小于红细胞，与病毒大小相当。

纳米材料的概念虽然是在近代定义的，但是关于纳米材料的制备与应用在我国古代就已经存在了，最典型的粒子就是文房四宝中的墨就是含有碳的纳米粉，以及中国古代铜镜表面的防锈层也被证明是由纳米氧化锡颗粒构成的薄膜。2006 年 9 月号的《纳米通信》，发表了一篇题为《古代染发配方中硫化铅纳米技术的早期使用》的文章。这项由法国国家科学研究中心、欧莱雅研究院、美国阿贡国家实验室和国家航空研究办公室的研究人员共同完成的研究揭示了一个惊人的发现：早在 2000 多年前，古希腊人和古罗马人就已经利用在纤维核心上形成黑色硫化铅的纳米晶体，来染黑白色的头发和羊毛。只是当时的人们没有清楚的了解及认识到粉体的粒度而已。

2.1.2 纳米固体

纳米固体是由纳米微粒聚集而成的凝聚体。从几何形态的角度可将纳米固体划分为纳米块状材料、纳米薄膜材料和纳米纤维材料。这几种形态的纳米固体又称作纳米结构材料。构成纳米固体的纳米微粒可以是单相的，也可以是不同材料或不同相的，分别称为纳米相材料和纳米复合材料。1963 年，日本名古屋大学教授田良二首先用蒸发冷凝法获得了表面清洁的纳米粒子。1984 年，由德国 H. 格莱特教授领导的小组首先研制成第一批人工金属固体（Cu、Pa、Ag 和 Fe）。同年美国阿贡实验室研制成 TiO_2 纳米固体。20 世纪 80 年代末，合金、半导体和陶瓷离子晶体等人工纳米固体相继问世。

纳米固体材料的主要特征是具有巨大的颗粒间界面，如 5nm 颗粒所构成的固体每立方厘米将含 1019 个晶界，原子的扩散系数要比大块材料高 1014～1016 倍，从而使得纳米材料具有高韧性。通常陶瓷材料具有高硬度、耐磨、抗腐蚀等优点，但又具有脆性和难以加工等缺点，纳米陶瓷在一定的程度上却可增加韧性，改善脆性。

如将纳米陶瓷退火使晶粒长大到微米量级，又将恢复通常陶瓷的特性，因此可以利用纳米陶瓷的特性对陶瓷进行挤压与轧制加工，随后进行热处理，使其转变为通常陶瓷，或进行表面热处理，使材料内部保持韧性，但表面却显示出高硬度、高耐磨性与抗腐蚀性。电子陶瓷发展的趋势是超薄型（厚度仅为几微米），为了保证均质性，组成的粒子直径应为厚度的 1％ 左右，因此需用超微颗粒为原材料。随着集成电路、微型组件与大功率半导体器件的迅速发展，对高热导率的陶瓷基片的需求量日益增长，高热导率的陶瓷材料有金刚石、碳化硅、氮化铝等，用超微氮化铝所制成的致密烧结体的热导率为 100～220W/(K·m)，较通常产品高 2.5～5.5 倍。用超微颗粒制成的精细陶瓷有可能用于陶瓷绝热涡轮复合发动机，陶瓷涡轮机，耐高温、耐腐蚀轴承及滚球等。

复合纳米固体材料亦是一个重要的应用领域。例如含有 20％ 超微钴颗粒的金属陶瓷是火箭喷气口的耐高温材料；金属铝中含少量的陶瓷超微颗粒，可制成重量轻、强度高、韧性好、耐热性强的新型结构材料。超微颗粒亦有可能作为渐变（梯度）功能材料的原材料。例如，材料的耐高温表面为陶瓷，与冷却系统相接触的一面为导热性好的金属，其间为陶瓷与金属的复合体，使其间的成分缓慢连续地发生变化，这种材料可用于温差达 1000℃ 的航天飞机隔热材料、核聚变反应堆的结构材料。渐变功能材料是近年来发展起来的新型材料，预期在医学生物上可制成具有生物活性的人造牙齿、人造骨、人造器官，可制成复合的电磁功能材料、光学材料等。

2.1.3　纳米组装体系

由人工组装合成的纳米结构的体系称为纳米组装体系，也叫纳米尺度的图案材料。是以纳米微粒以及它们组成的纳米丝和管为基本单元，在一维、二维和三维空间组装排列成具有纳米结构的体系。纳米微粒、丝、管可以是有序或无序的排列，其特点是能够按照人们的意愿进行设计，整个体系具有人们所期望的特性，因而该领域被认为是材料化学和物理学的重要前沿课题。

近十年以来，在构筑有序纳米结构体系的过程中，人们发展出了纳米粒子组装技术。该技术以纳米粒子（包括零维的纳米颗粒、一维的纳米线等）为基本结构单元，结合分子组装技术和化学修饰技术，通过各层次的结构设计，对基本结构单元与功能化的分子组装体系以及基本结构单元之间的相互作用加以操控，从而构筑具有特殊功能和性质的一维、二维、三维的有序组装体系。

自组装技术是一种自下而上、由小而大的制作方法，即从原子或分子级开始完整地构造器件。关于纳米结构自组装体系的划分，至今并没有一个成熟的看法。根据纳米结构体系构筑过程中的驱动力是外因还是内因来划分，大致可分为两大类：一是人工纳米结构组装体系；二是纳米结构自组装体系和分子自组装体系。

人工纳米结构组装体系是按人类的意志，利用物理和化学的方法，人工地将纳米尺度的物质单元组装、排列构成一维、二维和三维纳米结构体系，包括纳米有序阵列体系和介孔复合体等。人们还可以将自己制造的纳米微粒、纳米管、纳米棒组装起来，营造自然界尚不存在的新的物质体系。纳米结构的自组装体系是指通过弱的和较小方向性的非共价键，如氢键、范德华键和弱的离子键协同作用把原子、离子或分子连接在一起构筑成一个纳米结构。自组装过程的关键不是大量原子、离子、分子之间弱作用力的简单叠加，而是一种整体的、复杂的协同作用。纳米结构的自组装体系的形成有两个重要的条件：一是有足够数量的非共价键或氢键的存在，这是因为氢键和范德瓦耳斯键等非共价键很弱（211～412kJ/mol），只有足够量的弱键存在，才能通过协同作用构筑成稳定的纳米结构体系；二是自组装体系能量较低，否则很难形成稳定的自组装体系。

2.2　纳米材料的性质

纳米材料的物理性质和化学性质既不同于宏观物体，也不同于微观的原子和分子。当组成材料的尺寸达到纳米量级时，纳米材料表现出的性质与体材料有很大的不同。在纳米尺度范围内原子及分子的相互作用，强烈地影响物质的宏观性质。物质的机械、电学、光学等性质的改变，出现了构筑它们的基石达到纳米尺度。例如铜的纳米晶体硬度是微米尺度的5倍，脆性的陶瓷成为易变形的纳米材料，半导体量子阱、量子线和量子点器件的性能要比体材料的性能好得多；当晶体小到纳米尺寸时，由于位错的滑移受到边界的限制而表现出比体材料高很多的硬度；纳米光学材料会有异常的吸收；体表面积的变化使得纳米材料的灵敏度比体材料要高得多；当多层膜的单层厚度达到纳米尺寸时会有巨磁阻效应等。纳米材料之所以能具备独到的特性，是当组成物质中的某一相的某一维的尺度缩小至纳米级，物质的物理性能将出现根本不是它的任一组分所能比拟的改变。材料的光学性能是由其对太阳光的反射性能或吸收性能所决定的。如绿色的树叶表明它吸收了其他波长的光而反射出绿色的特征波。红色的颜料表明它吸收了其他波长的光而反射出红色的特征波。纳米微粒由于其尺寸小到几个纳米或十几个纳米而表现出奇异的小尺寸效应和表面界面效应，因而其光学性能也与常规的块体及粗颗粒材料不同。纳米金属粉末对电磁波有特殊的吸收作用，可作为军用高性能毫米波隐形材料、红外线隐形材料和结构式隐形材料，以及手机辐射屏蔽材料。比如，玻璃是一种绝缘体，它无法把吸收到的电磁波释放出去，但是重金属汽化后生成的纳米材料却有极强的导电性能，因此可以通过接在防护屏上的地线导出吸收到的静电，从而消除静电对人体造成的危害。另外，电脑屏幕发射出的电磁波的频度并不均匀，因此，在对玻璃表面蒸涂纳米材料时也并不是均匀蒸涂，而是根据电磁波发射频度的变化规律进行蒸涂，以此抵消电磁波频度变化对纳米材料吸收功能的干扰，消除屏幕光亮闪烁对眼睛造成的伤害，使画面更加清晰。

总的来说，在纳米尺度下，物质中电子的波性以及原子之间的相互作用将受到尺度大小的影响。由纳米颗粒组成的纳米材料具有以下传统材料所不具备的特殊性能。

2.2.1 纳米材料的表面效应

纳米材料的表面效应是指纳米粒子的表面原子数与总原子数之比随粒径的变小而急剧增大后所引起的性质上的变化。如图 2-1 所示。

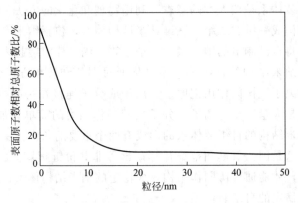

图 2-1　随粒径表面原子数总原子数的比例

从图 2-1 中可以看出，粒径在 10nm 以下，将迅速增加表面原子的比例。当粒径降到 1nm 时，表面原子数比例达到约 90％以上，原子几乎全部集中到纳米粒子的表面。粒径为 10nm 时，比表面积为 $90m^2/g$；粒径为 5nm 时，比表面积为 $180m^2/g$；粒径为 2nm 时，比表面积为 $450m^2/g$。可以看出随着粒径的降低，比表面积急剧增大。由于纳米粒子表面原子数增多，表面原子配位数不足和高的表面能，使这些原子易与其他原子相结合而稳定下来，故具有很高的化学活性。

2.2.2 纳米材料的小尺寸效应

随着颗粒尺寸的量变，在一定条件下会引起颗粒性质的质变。由于颗粒尺寸变小所引起的宏观物理性质的变化称为小尺寸效应。对超微颗粒而言，尺寸变小，同时其比表面积亦显著增加，从而产生一系列新奇的性质。主要表现在：①特殊的光学性质；②特殊的热学性质；③特殊的磁学性质；④特殊的力学性质。超微颗粒的小尺寸效应还表现在超导电性、介电性能、声学特性以及化学性能等方面。

2.2.2.1 特殊的光学性质

纳米材料具有体材料不具备的许多光学特性。已有的研究表明，利用纳米材料的特殊光学性质制成的光学材料将在日常生活和高科技领域内具有广泛的应用前景。

当黄金（Au）被细分到小于光波波长的尺寸时，即失去了原有的富贵光泽而呈黑色。事实上，所有的金属在纳米颗粒状态都呈现黑色。尺寸越小，颜色愈黑，银白色的铂（白金）变成铂黑，金属铬变成铬黑。这表明金属超微粒对光的反射率很低，一般低于 1%，大约有几纳米的厚度即可消光。利用此特性可制成高效光热、光电转换材料，可高效地将太阳能转化为热、电能。此外，可作为红外敏感元件、红外隐身材料等。

与常规大块材料相比，纳米微晶的吸收和发射光谱存在着蓝移现象，即移向短波方向。纳米碳化硅颗粒比大块碳化硅固体的红外吸收频率峰值蓝移了 $20cm^{-1}$，而纳米氮化硅颗粒比大块氮化硅固体的红外吸收频率峰值蓝移了 $14cm^{-1}$。将微米级的 Y_2O_3：Eu^{3+} 粉体与纳米级的 Y_2O_3：Eu^{3+} 粉体进行对比性发射光谱测试，结果如图 2-2 所示，可以清楚地看出，发射光谱发生了明显的蓝移。

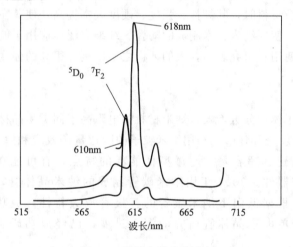

图 2-2　发射光谱蓝移现象

2.2.2.2 特殊的热学性质

在纳米尺寸状态，具有减少的空间维数的材料的另一种特性是相的稳定性。当人们足够地减少组成相的尺寸的时候，由于在限制的原子系统中的各种弹性和热力学参数的变化，平衡相的关系将被改变。固体物质在粗晶粒尺寸时，有其固定的熔点，超细微化后，却发现其熔点显著降低，当颗粒小于 10nm 时尤为显著。

高比热容和大的热膨胀系数是纳米微粒另一特殊的热学性能。由于纳米晶体界面原子分布比较混乱，界面体积分数大，因而其熵对比热容的贡献大于常规材料。纳米晶体 Pd（6nm）的比热容比常规状态的 Pd 高 29%～53%，纳米晶体 Cu 的比热容比常规状态的 Cu 增大 1 倍，纳米钼的比热容也明显大于块状材料纳米晶体界面原子比晶内原子具有更强烈的非简谐振动，这对热膨胀系数有较大的贡献。低温下，纳米晶体 Cu 的热膨胀系数比常规状态 Cu 的增大 1 倍，纳米晶体 Ag 的热膨胀系数比常规状态 Ag 的增大 1.5 倍。

2.2.2.3 特殊的磁学性质

小尺寸超微颗粒的磁性比大块材料强许多倍，大块的纯铁矫顽力约为 80A/m，而当颗粒尺寸减小到 20nm 以下时，其矫顽力可增加 1000 倍，若进一步减小其尺寸，大约小于 6nm 时，其矫顽力反而降低到零，表现出所谓超顺磁性。

鸽子、蜜蜂等生物体中存在着尺寸为 20nm 左右的超微磁性颗粒，这就保证了这些生物在地磁场中辨别方向，实现回归。这是因为这一尺寸范围内的磁性颗粒的磁性比大块材料强得多，15nm 的纯铁粒子的矫顽力是大块固体铁的近 1000 倍。这就是纳米微粒的一项奇特的磁性质——高的矫顽力。利用纳米微粒处于单畴状态时通常具有高矫顽力的性质，可以制成高存储密度的磁记录粉，用于磁带、磁盘、磁卡以及磁性钥匙等。

2.2.2.4 特殊的力学性质

高韧、高硬、高强是结构材料开发应用的经典主题。具有纳米结构的材料强度与粒径成反比。纳米材料的位错密度很低，位错滑移和增殖符合 Frank-Reed 模型，其临界位错圈的直径比纳米晶粒粒径还要大，增殖后位错塞积的平均间距一般比晶粒大，所以纳米材料中位错滑移和增殖不会发生，这就是纳米晶强化效应。金属陶瓷作为刀具材料已有 50 多年历史，由于金属陶瓷的混合烧结和晶粒粗大的原因，其力学强度一直难以有大的提高。应用纳米技术制成超细或纳米晶粒材料时，其韧性、强度、硬度大幅提高，使其在难以加工材料刀具等领域占据了主导地位。使用纳米技术制成的陶瓷、纤维广泛地应用于航空、航天、航海、石油钻探等恶劣环境下使用。研究表明，人的牙齿之所以具有很高的强度，是因为它是由磷酸钙等纳米材料组成的。

2.2.2.5 电学性质

由于晶界面上原子体积分数增大，纳米材料的电阻高于同类粗晶材料，甚至发生尺寸诱导金属——绝缘体转变（SIMIT）。利用纳米粒子的隧道量子效应和库仑堵塞效应制成的纳米电子器件具有超高速、超容量、超微型低能耗的特点，有可能在不久的将来全面取代目前的常规半导体器件。2001 年用纳米碳管制成的纳米晶体管，表现出很好的晶体三极管放大特性。并根据低温下纳米碳管的三极管放大特性，成功研制出了室温下的单电子晶体管。随着单电子晶体管研究的深入进展，已经成功研制出由纳米碳管组成的逻辑电路。

2.2.3 纳米材料的宏观量子隧道效应

各种元素的原子具有特定的光谱线，如钠原子具有黄色的光谱线。原子模型与量子力学已用能级的概念进行了合理的解释，由无数的原子构成固体时，单独原子的能级就合并成能带，由于电子数目很多，能带中能级的间距很小，因此可以看做是连续的，从能带理论出发成功地解释了大块金属、半导体、绝缘体之间的联系与区别，对介于原子、分子与大块固体之间的超微颗粒而言，大块材料中连续的能带将分裂为分立的能级；能级间的间距随颗粒尺寸减小而增大。当热能、电场能或者磁场能比平均的能级间距还小时，就会呈现一系列与宏观物体截然不同的反常特性，称之为量子尺寸效应。因此，对超微颗粒在低温条件下必须考虑量子效应，原有宏观规律已不再成立。近年来，人们发现纳米材料中一些宏观物理量具有穿过势垒的能力，这种能力称之为隧道效应。宏观物理量在量子相干器件中的隧道效应叫宏观量子隧道效应。例如磁化强度，具有铁磁性的磁铁，其粒子尺寸达到纳米级时，即由铁磁性变为顺磁性或软磁性。量子尺寸效应、宏观量子隧道效应将会是未来微电子、光电子器件的基础，或者它确立现存微电子器件进一步微型化的极限，当微电子器件进一步微型化时必须考虑上述的量子效应。

除这些最基本的物理效应以外，由于在纳米结构材料中有大量的界面，这些界面为原子提供了短程扩散途径。因此，与单晶材料相比，纳米结构材料具有较高的扩散率。较高的扩散对于蠕变、超塑性等力学性能有显著影响，同时可以在较低的温度对材料进行有效的掺杂。扩散能力的提高，也使一些通常较高温度下才能形成的稳定或介稳相在较低温度下就可以存在，还可以使纳米结构材料的烧结温度大大降低。另外，晶粒尺寸降到纳米级，有望使Y-TZP、Al_2O_3、Si_3N_4 等陶瓷材料的室温超塑性成为现实。

2.3 纳米材料的团聚与分散

纳米材料因其四大效应已引起了广泛的关注，但颗粒材料随其粒径减小，其比表面积增大、表面能升高。同时，表面原子或离子数的比例也大大提高，因而使其表面活性增加，颗粒之间的吸引力增加，出现颗粒的团聚现象。纳米颗粒团聚后，所形成二次粒子，粒径与一般的微米级颗粒相当，上述优异性能因此消失。纳米粉体的团聚成为其工业化生产应用的瓶颈。如何控制纳米颗粒的分散性，使得其在高表面能态下稳定存在，也是当今纳米粉体科技界公认的世界性难题。

2.3.1 纳米材料的团聚

纳米粉体的团聚是指原生的纳米粉体颗粒在制备、分离、处理及存放过程中相互连接形成较大的颗粒团聚的现象。纳米粉体的团聚对其性能的影响相当严重。首先，团聚的出现不仅降低了纳米粒子的活性，还影响纳米粒子各方面的性能；其次，纳米材料的团聚给纳米材料的混合、均化及包装都带来了极大的不便，在实际生产应用中变得十分困难。

纳米颗粒的表面效应和小尺寸效应直接影响纳米颗粒的团聚。具体的讲，主要是以下四个原因引起了纳米颗粒的团聚。①纳米颗粒表面静电荷引力。材料在纳米化过程中，在新生的纳米粒子的表面积累了大量的正电荷或负电荷，这些带电粒子极不稳定，为了趋向稳定，它们互相吸引，使颗粒团聚，此过程的主要作用力是静电库仑力。②纳米颗粒的高表面能。材料在纳米化过程中，吸收了大量机械能或热能，从而使新生的纳米颗粒表面具有相当高的表面能，粒子为了降低表面能，往往通过相互聚集而达到稳定状态，因而引起粒子团聚。③纳米颗粒间的范德华引力。当材料纳米化至一定粒径以下时，颗粒之间的距离极短，颗粒之间的范德华力远远大于颗粒自身的重力，颗粒往往互相吸引团聚。④纳米颗粒表面的氢键及其他化学键作用。由于纳米粒子表面的氢键、吸附湿桥及其他的化学键作用，也易导致粒子之间的互相黏附聚集。

图 2-3 为采用溶胶-凝胶方法制备的 $SrBi_4Ti_4O_{15}$ 粉体材料，由图 2-3 可以看出，粉体的粒度在纳米级，但是出现了严重的团聚现象，影响了后期陶瓷的制备及其性能。

纳米颗粒的团聚一般划分为软团聚和硬团聚，图 2-4 为软团聚和硬团聚的结构。软团聚主要是由颗粒间的静电力和范德华力所致，由于作用力较弱，可以通过一些化学作用或施加机械能的方式来消除；硬团聚形成的原因除了静电力和范德华力之外，还存在化学键作用，因此硬团聚体不易破坏，需要采取一些特殊的方法进行控制。

图 2-3　溶胶-凝胶方法制备的 $SrBi_4Ti_4O_{15}$ 粉体材料形貌图

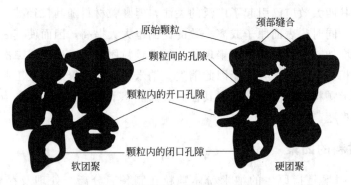

图 2-4　软团聚和硬团聚的结构

2.3.2　纳米颗粒在液体介质中的团聚机理

如图 2-5 所示，液相中的颗粒之间存在着范德华引力、双电层固相排斥力、液相桥和溶剂化层交叠，固相中存在着固相桥和烧结颈。颗粒在液体介质中的相互作用是非常复杂的，除了范德华力和库仑力外，还有溶剂化力、毛细管力、憎水力、水动力等，它们与液体介质有关，又直接影响着团聚的程度。颗粒在液体介质中，由于吸引了一层极性物质，会形成溶剂化层。在颗粒互相接近时，溶剂化层重叠，便产生排斥力，即溶剂化层力。如果颗粒表明被介质良好润湿，两个颗粒接近到一定的距离，在其颈部会形成液相桥。液相桥存在着一定的压力差，使颗粒相互吸引，进而成为存在于颗粒间的毛细管力。憎水力是一种长程作用力，其强度高于范德华力。它与憎水颗粒在水中趋向于团聚的现象有关。水动力普遍存在于固相高的悬浮液中，当两个颗粒接近时，产生液液间的剪切应力并阻止颗粒接近，当两颗粒分开时，它又表现为吸引力，其作用相当复杂。在固相中，团聚的生成主要是固相桥与烧结颈造成的，如图 2-5(e) 及图 2-5(f)。如果凝胶颗粒表明紧密接触，更容易形成硬团聚。

纳米颗粒在液体介质中的团聚是吸附和排斥共同作用的结果。液体介质中的纳米颗粒的吸附作用有以下几个方面：量子隧道效应、电荷转移和界面原子的相互耦合产生的吸附；纳米颗粒分子间力、氢键、静电作用产生的吸附；纳米颗粒间的比表面积大，极易吸附气体介质或与其作用产生吸附；纳米粒子具有极高的表面能和较大的接触面，使晶粒生长的速度加快，从而粒子间易发生吸附。在存在吸附作用的同时，液体介质中纳米颗粒间同样有排斥作用，主要有粒子表面产生溶剂化膜作用、双电层静电作用、聚合物吸附层的空间保护作用。

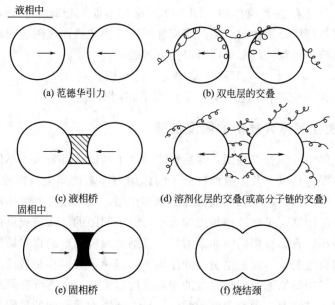

(a) 范德华引力   (b) 双电层的交叠

(c) 液相桥   (d) 溶剂化层的交叠(或高分子链的交叠)

(e) 固相桥   (f) 烧结颈

图 2-5　各种物相状态下颗粒间的相互作用力

这几种作用的总和使纳米颗粒趋向于分散。如果吸附作用大于排斥作用，纳米颗粒团聚；如果吸附作用小于排斥作用，纳米颗粒分散。

　　关于液体介质中纳米颗粒的团聚机理目前还没有一个统一的说法。苏联学者 Deryagin 和 Landau 与荷兰学者 Verwey 和 Overbeek 分别提出了关于形态微粒之间的相互作用能与双电层排斥能的计算方法，称为 DLVO 理论。

$$V_T = V_A + V_R$$

　　式中，V_T 表示总作用能；V_A 表示范德华作用能；V_R 表示双电层作用能。

　　该理论认为颗粒的团聚与分散取决于颗粒间的范德华作用能与双电层作用能的相对关系。当 $V_A > V_R$ 时，颗粒自发地相互接近最终形成团聚；当 $V_A < V_R$ 时，颗粒互相排斥形成分散状态。图 2-6 表示颗粒的存在状态与斥力位能和引力位能之间的关系。由于颗粒间除存

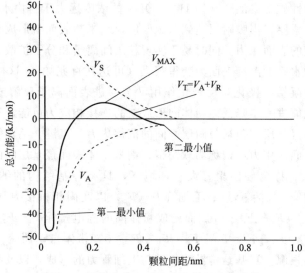

图 2-6　斥力位能、引力位能与总位能曲线

在上述两种作用力外还存在其他作用，DLVO 理论并不能完整地解释颗粒间的团聚作用。考虑到颗粒间作用与环境介质性质、颗粒表面性质以及颗粒表面吸附层的成分、覆盖率、吸附强度等因素的影响，颗粒间的总势能可以用下式表示：

$$V_T = V_A + V_R + V_S + V_{ST}$$

式中，V_S 表示溶剂化膜作用能；V_{ST} 表示空间排斥作用能。

2.3.3 纳米颗粒在气体介质中的团聚机理

纳米颗粒在气体中极易黏结成团，这给粉体的加工和储存都带来了不便。纳米颗粒在气体中团聚的原因主要包括以下几个方面：分子间作用力即范德华力；颗粒间的静电作用力；颗粒在潮湿气相中的黏结；颗粒表面润湿性的调整作用。正是以上各种作用的结果导致纳米颗粒在气体介质中的团聚。虽然范德华力的大小与分子间距的 7 次方成反比，但是由于纳米颗粒之间的距离很小，它的作用仍然非常明显，是纳米颗粒团聚的根本原因。在空气中，大多数颗粒都是自然荷电的，因此静电引力的作用不可避免，它同样是造成纳米颗粒团聚的重要因素。颗粒在空气中黏结的原因是空气的相对湿度过大时，水蒸气在颗粒表面及颗粒间聚集，增大了颗粒间的黏力。颗粒表面的润湿性显著地影响颗粒间的黏附力，因此，也对颗粒的团聚有重要影响。

与清洁的表面相比，在大气环境下氧化物、金属、碳化物、氮化物等物质的表面都有一层羟基结构（R—O—H），而不再与内部成分、结构相同，这是表面悬键与空气中的 O_2 和水等反应的结果。因而，粉体的团聚与分散机理是相同的。新制备的多孔硅，纳米硅粒表面有一层完好的羟基（—OH）"钝化层"，对发光性能、催化性能等有至关重要的影响。

表面羟基层的形成，一方面使表面结构发生变化，减少了表面因弛豫现象而出现的静电排斥作用；另一方面导致羟基间的范德华力、氢键的产生，使粉体间的排斥力变为吸引力，团聚就不可避免了。随着羟基的密度、数量及活度增加，团聚加剧。表面羟基活度与粉体结构、阳离子极化率、量子尺寸效应和电子结构等有关。由于羟基层中氧的两端一边是高价金属离子 R^{n+}（$n = 2$、3、4、5 等），一边是电荷小的氢离子，结构不平衡，表面过剩能仍较大，从而使羟基继续以物理吸附的形式吸附水等极性物质。而物理吸附水层由于羟基的极化作用，又使吸附水的性质变得活跃（如 H^+、OH^- 的浓度远大于自由水中的浓度）。这种作用有利于吸附水层的增厚，当吸附层达到一定厚度，纳米粉表面就形成水膜，从而产生另一种大的吸引力即水膜的表面张力。同时易于实现粒子间离子和分子扩散。由于纳米粉曲率半径小，使相互接触的水膜的毛细表面力变得很大（可达几百兆帕），这样大的作用力必然导致粉体间相互聚集、凝结。极化与反极化作用又会促进表面离子离解或水化，形成新的物质——固相桥。活化能进一步降低使粉体间形成新的连接相成为可能，形成一次团聚、二次团聚。纳米粉体表面羟基层（包括吸附层）间的范德华力、氢键、毛细管力导致的粉体间团聚属物理吸附，粉体间作用力小，称为软团聚；纳米粉体表面羟基层间的化学吸附或化学反应，粉体间作用力大，称为硬团聚。大气环境下，具有羟基结构的纳米粉体间的吸引力（F_a）由范德华力（F_v，包括氢键）、毛细管力（F_c）以及固相桥接力（F_b，硬团聚体间的连接力）构成，即 $F_a = F_v + F_c + F_b$。而构成粉体间的静电排斥力（$F_r = F_e$）则大大减小，粉体间的作用力为 $F_t = F_a - F_r = F_v + F_c + F_b - F_e > 0$，粉体自动团聚。表面高活性羟基结构是纳米粉体团聚的根源。羟基结构导致氢键与毛细管力的形成，以及羟基结构间的化学反应是纳米粉体团聚的根源与强大的动力。

20.0kV 1μm ⊢———⊣

图 2-7　SrBi$_4$Ti$_4$O$_{15}$粉体球磨分散后的形貌

2.3.4　纳米颗粒的分散

为了消除纳米粉体的团聚问题，人们做了大量的工作，目前还处于探索阶段。防止纳米颗粒的团聚，在动力学上可通过强力搅拌分散。因为纳米粒子要分散存在溶剂中必然导致系统能量增大，通过搅拌对系统做功，从而提供增加表面积需要的能量，纳米粒子的动能足以克服粒子间的吸引力而不集结。但是，当停止搅拌后，纳米粒子就会重新集结。对于软团聚重新搅拌后可重新分散，但对于硬团聚来说却很难再重新分散。图 2-7 是图 2-3 所示的溶胶凝胶法制备的 SrBi$_4$Ti$_4$O$_{15}$粉体球磨分散后的形貌，由该图可见，团聚程度明显降低了，但仍然存在着较为严重的团聚问题。

2.3.5　气体介质中纳米粉体分散技术与机理

对于存在气体介质中的纳米粉体来说，软团聚可用一般的化学作用或机械作用消除；硬团聚可用大功率超声或球磨等高能机械方式减弱团聚程度。总的来说，存在于气体中的纳米粉体分散方法按有无外来物质参加化学反应，分为物理分散法和化学改性分散法。物理分散有机械分散法、静电分散法、高真空法、惰性气体保护法等。化学改性分散法是通过改性剂与纳米颗粒表面之间发生化学反应而改变纳米颗粒表面的结构、化学成分及电化学特性等，达到表面改性的目的，从而促进纳米颗粒的分散。

机械分散是用机械力把颗粒聚团打散。机械分散的必要条件是机械力（通常是指流体的剪切力及压差力）应大于颗粒间的黏着力。机械分散的实现比较容易，但它是一种强制性分散。互相黏结的颗粒尽管可以通过机械力被打破，但是它们之间的作用力仍然存在，处理过程完成以后它们可能重新团聚。因此，增加后续工作，与其他方法配合使用可以使本方法的工艺更加完善。目前，此方法多用于防止颗粒间软团聚的形成以及消除已经形成的软团聚。

静电分散法是一种新的纳米颗粒分散方法，已经在表面喷涂、矿粉分选、集尘、印刷和照相等技术领域得到广泛应用。其基本原理是库仑定律，使颗粒表面形成极性电荷，利用同极性电荷相互排斥的作用阻止颗粒团聚，从而实现颗粒均匀分散。目前，颗粒荷电主要包括电子束照射荷电、接触荷电、电晕荷电等。其中，电晕荷电技术应用最为广泛，已经成功应用于碳酸钙纳米颗粒的规模化分散。但这种方法不能使有液相桥或固相桥的硬团聚粉体分散，常用于干燥环境刚制备的纳米粉体迅速分散。因此保持环境干燥，消除粒间的导电液桥很重要。静电抗团聚分散的极限粒径只是电场强度的函数，与电场强度平方成反比，电场强度越高，抗团聚分散的极限粒径越小。

高真空及惰性气体保护是制备、储存、使用减少乃至消除纳米粉体团聚的有效方法。其原理是，采用高真空维持清洁纳米粉体表面结构，或加入不与纳米粉体起反应的惰性气体，纳米粉体表面仅有物理吸附，表面原子仍保持自身调整结构与电矩排斥状态，粉体保持静电排斥——静电稳定。这种方法的优点是粉体表面无污染，能最大程度的保持纳米粉体的表面效应。如物理气相沉积可制得高质量的无团聚的纳米粉。而在大气环境或有极性气体的条件下制备纳米粉体则很难避免团聚。严防空气与水等外来极性物的进入是获得无团聚纳米粉体的关键。维持无水惰性气体保护需要高密封性能的容器和材料，普通的塑料袋则不符合要求。高真空法需要超高真空才能实现，因而使成本大幅度增加，并给储存和使用带来一定的困难。

2.3.6 液体介质中纳米粉体分散技术与机理

对于存在液体中的纳米粉体来说，解决团聚问题一般采用加入分散剂、共沸蒸馏、有机物洗涤、超声分散等方法。

分散剂方法中常用的分散剂主要有：①无机电解质。例如聚磷酸钠、硅酸钠、氢氧化钠及苏打等。此类分散剂的作用是提高粒子表面电位的绝对值，从而产生强的双电层静电斥力作用，同时吸附层还可以产生很强的空间排斥作用，有效地防止粒子的团聚。②有机高聚物。常用的有聚丙烯酰胺系列、聚氧化乙烯系列及单宁、木质素等天然高分子。此类分散剂主要是在颗粒表面形成吸附膜而产生强大的空间排斥效应，因此得到致密的有一定强度和厚度的吸附膜是实现良好分散的前提。有机高聚物类分散剂随其特性的不同在水中或在有机介质中均可使用。③表面活性剂。包括阴离子型、阳离子型和非离子型表面活性剂。此类分散剂可以在粒子表面形成一层分子膜阻碍颗粒之间相互接触，并且能降低表面张力，减少毛细管吸附力以及产生空间位阻效应。表面活性剂的分散作用主要表现为它对颗粒表面润湿性的调整上。在颗粒表面润湿性的调整中，表面活性剂的浓度至关重要。适当浓度的表面活性剂在极性表面的吸附可以导致表面的疏水化，引起颗粒在水中桥联团聚，但是浓度过大，表面活性剂在颗粒表面形成表面胶束吸附，反而引起颗粒表面由疏水向亲水转化，此时团聚又转化为分散。

关于分散剂与纳米粉体粒度的关系，已经有大量的著作做了论证。中国科学院上海硅酸盐研究所孙静等人通过实验分析了分散剂用量对纳米氧化锆粉体颗粒分布尺寸的影响，并得出这种影响是由改变粉体表面的电荷分布来实现的结论。

共沸蒸馏法是在纳米颗粒形成的湿凝胶中加入沸点高于水的醇类有机物，混合后进行共沸蒸馏，可以有效地除去多余的水分子，消除了氢键作用的可能，并且取代羟基的有机长链分子能产生很强的空间位阻效应，使化学键合的可能性降低，因而可以防止团聚体的形成。采用此方法已经成功的制备了 Al_2O_3、ZrO_2 等纳米粉末。

有机物洗涤方法就是用表面张力小的有机溶剂充分洗涤纳米颗粒，可以置换颗粒表面吸附的水分，减小氢键的作用，减少颗粒聚结的毛细管力，使颗粒不再团聚。目前此方法采用的洗涤溶剂为醇类，例如无水乙醇、乙二醇等。用醇类可以洗去粒子表面的配位水分子，并以烷氧基取代颗粒表面的羟基团。目前采用此方法已经制备出了具有良好分散性的 Al_2O_3、

ZrO_2 等粉末。但是它仍然存在一定的缺点，如有机物耗量大，成本高，并且会改变纳米粒子的表面特性等。

超声分散法是近年来研究的热点领域。黄玉强等人报道：利用超声波可以有效地将纳米颗粒的软团聚打开，粉体由于强烈的冲击、剪切、研磨后以更为均匀的小的团聚体分散在介质中。超声时间对颗粒的分散性影响较大，他们把超声时间从 0.5s 增加到 1s，颗粒在介质中的分散性明显改善，团聚体体积变小且分布更趋均匀，但超声时间过长时，纳米颗粒的团聚现象反而加剧，这主要由于超声波能量较高，颗粒表面形成了许多高活性点，颗粒间碰撞的概率增加，容易形成新的团聚体，因此分散性反而变差。赵克等人在进行牙科用氧化锆增韧铝瓷粉体研究时也发现随超声时间的增加，粉体粒径减小，即减少了粉体的团聚。经 4 个周期超声处理（一个超声周期为每超声 30s，停 30s），粉体粒径较未超声前下降 4 倍多，但第 5 个超声周期后其粒径反而有所增加。

2.4 纳米颗粒表面修饰

新型纳米复合材料是否具有各种优异性能很大程度上取决于无机纳米粒子与有机物二者的界面结构即纳米颗粒的分散状态是否良好。直接生成法是制备新型口腔 SiO_2/PMMA 纳米复合材料方法中应用最广的一种，主要是将纳米 SiO_2 颗粒分散在聚合物粉体、溶液、熔体中，通过机械共混或熔融共混制得。在实际应用中，纳米粒子极易吸附成团，成为带有若干弱枝连接界面的尺寸较大的团聚体，很难均匀稳定地分散于有机体中。研究表明，利用表面修饰法对无机纳米颗粒进行表面改性处理，降低其表面能可以促进颗粒均匀稳定地分散于有机体中。

20 世纪 90 年代中期，国际材料会议提出了纳米微粒的表面工程新概念。纳米微粒的表面工程就是用物理、化学方法改变纳米微粒表面的结构和状态，从而实现人们对纳米微粒表面的控制。近年来，纳米微粒表面修饰已形成了一个研究领域。

总的来说，纳米颗粒表面修饰的目的主要有：①改善或改变纳米粒子的分散性；②提高微粒表面活性；③使微粒表面产生新的物理、化学、机械性能及新的功能；④改善纳米粒子与其他物质之间的相容性。许多学者在这一领域进行了研究、探索，提出了多种表面修饰方法，按其原理可以分为表面物理修饰和表面化学修饰两大类；按其工艺可分为 6 类：表面覆盖修饰、局部化学修饰、机械化学修饰、外膜修饰、高能量表面修饰、沉淀反应修饰。

2.4.1 表面物理改性

表面物理改性就是改性物质与纳米颗粒表面不发生化学反应，而是通过物理的相互作用（如范德华力、沉积包覆等）达到改变或改善纳米颗粒表面特性的目的。目前，常用的纳米颗粒表面物理改性方法主要有表面活性剂法和纳米颗粒表面沉积包覆法。

表面活性剂法就是在范德华力作用下，将改性剂吸附在纳米颗粒表面，达到纳米颗粒分散和稳定悬浮等目的。

表面沉积包覆法是将一种物质（改性剂）沉积在纳米颗粒表面，形成与颗粒表面无化学结合的一个异质包覆层来实现纳米颗粒表面改性的目的。

2.4.2 表面化学改性

纳米颗粒表面化学改性是通过改性剂与纳米颗粒表面之间发生化学反应而改变纳米颗粒

表面的结构、化学成分及电化学特性等，达到表面改性的目的。由于采用化学法改性后，纳米颗粒性能较为稳定，因此这种方法被广为采用。

表面化学修饰虽然是一种比较可靠的方法，但是过程非常复杂，它通过化学键共价固定，主要包括酯化反应法表面修饰、偶联剂表面覆盖修饰和表面接枝聚合物修饰等。

酯化反应法是利用酯化反应对纳米颗粒表面修饰改性，最主要的是使原来亲水疏油的表面变成亲油疏水的表面。纳米粒子表面有大量的悬挂键，极易水解生成—OH，因此它具有较强的亲水极性表面，可以产生氢键、共价键、范德华力等来吸附一些物质。当利用酯化反应进行表面改性修饰后纳米颗粒即变为亲有机疏无机的表面，有利于其在有机物中均匀分散并和有机相进行有效的结合。酯化反应表面修饰法对表面弱酸性和中性的纳米颗粒最有效（如 SiO_2、TiO_2 等）。李宗威、朱永法等报道利用表面修饰中的酯化反应法合成了油酸修饰的 TiO_2 纳米粒子：此种方法主要是在无机纳米颗粒表面键合一层有机修饰层，经红外光谱研究表面油酸和 TiO_2 纳米颗粒表面活性较高的羟基发生了类似酸和醇生成酯的反应，TEM 可见 TiO_2 经修饰后粒径基本一致为 20nm，分析 TiO_2 表面包裹了大的非极性基团，使得颗粒间距离增大，颗粒间不能紧密接触，从而可以很好分散于非极性有机溶剂，并且有效降低了纳米颗粒的团聚现象。

偶联剂表面覆盖法是由于一般无机纳米颗粒（如氧化物 SiO_2、Al_2O_3 等）表面经过偶联剂处理后可以与有机物产生很好的相容性。有效的偶联剂分子结构应是一端能与无机物表面进行化学反应，另一端能与有机物或高聚物起反应或有相容性的双功能基团化合物。目前使用量最大的偶联剂是有机硅烷类、钛酸酯、铝酸酯等，而其中硅烷偶联剂是研究最早、应用最广的偶联剂之一。硅烷偶联剂对表面具有羟基的无机纳米颗粒最有效。在无水条件下，硅烷偶联剂上的氧直接和表面羟基反应，在有水条件下它能很快水解生成硅醇。纳米 SiO_2 颗粒与有机硅烷偶联剂之间的作用可能有范德华力、氢键和化学键，而有机硅烷偶联剂的有机端与高分子如 PMMA 又有官能团相结合，从而提高有机无机材料之间的亲和性，偶联剂将无机物表面与高聚物树脂偶联在一起成为一个整体的复合材料。Condon 等用不含甲基丙烯酸功能化的硅烷代替含有甲基丙烯酸功能化的硅对 SiO_2 纳米颗粒表面进行处理，获得无粘接性的纳米颗粒将其添加到复合树脂中，发现其具有与气孔相似的效果，分布于树脂基质中的纳米颗粒通过局部塑性形成应力释放点，有效的降低聚合收缩。有人研究用磷酸酯偶联剂对 $CaCO_3$/PP 复合材料的影响，实验结果表明：在偶联剂磷酸酯作用下，体系的力学性能及复合体系的微观形态结构发生了明显的变化，两相界面相容性明显改善。

表面接枝法是通过化学反应将高分子链到无机纳米颗粒表面上的方法，可分为偶联接枝法、颗粒表面聚合生长接枝法、聚合与表面接枝同步进行法。偶联接枝法是通过纳米颗粒表面的官能团与高分子的直接反应实现接枝，颗粒表面聚合生长接枝法是单体在引发剂作用下直接从无机颗粒表面开始聚合，诱发生长，完成颗粒表面高分子包覆。聚合与表面接枝同步进行法则要求无机纳米颗粒表面具有较强的自由基捕捉能力，单体在引发剂作用下完成聚合的同时，立即被无机纳米颗粒表面强自由基捕获，使高分子链与无机纳米颗粒表面化学连接，这种方法对炭黑等纳米颗粒特别有效。最近的 Macromolecules 杂志报道了一种新结构的复合材料的制备，是在纳米金颗粒上引入活性官能团，再通过自由基聚合得到聚合物多层包裹纳米粒子的结构，其实质是在纳米颗粒表面进行自由基聚合和接枝聚合。纳米颗粒经表面接枝后大大提高了它们在有机溶剂和高分子中的分散性，这就使人们有可能根据需要制备含量大、分布均匀的纳米添加剂的高分子复合材料。

除以上几种改性方法外，还有机械化学改性法，这对于大颗粒的碳酸钙比较有效，由于纳米碳酸钙已经达到了一定的细度，再通过机械的粉碎、研磨等方法，并不能取得很好的效果。但机械化学改性可增加纳米碳酸钙表面的活性点和活性基团，增强与有机表面改性剂的作用，因此如能结合其他改性方法共同使用，进行复合表面改性和处理，也可有效改变纳米碳酸钙的表面性质。

参 考 文 献

[1] 刁鹏，梅岗，张琦. 纳米粒子组装体系的研究进展. 化学研究与应用，2005，(5)：577-581.

[2] 刘威，任尚坤，钟伟，都有为. 纳米材料的自组装技术研究. 周口师范学院学报，2006，23 (5)：48-51.

[3] 纳米材料的特性. http://www.stcsm.gov.cn/learning/lesson/jinrong/20010619/20010619-2.asp.

[4] 张秀荣. 纳米材料的分类及其物理性能. 现代物理知识，2002，(3)：24.

[5] 杨鼎宜，孙伟. 纳米材料的结构特征与特殊性能. 材料导报，2003，17 (10)：7-10.

[6] Dannhauser T，Niel M，et al. J Phys Chem，1986，90：6074.

[7] Cowen J A，Stolzman B，et al. J Appl Phys，1987，61：3317.

[8] 纳米材料的奇异特性. http://www.huachuangfc.com/articleinfo.asp? id=43.

[9] 瞿庆洲，裘式纶，肖丰收等. 纳米材料研究进展. 化学研究及应用，1998，10 (3)：226-230.

[10] 王柯敏，谭蔚流，白春礼. 近代光学技术及其应用. 化学通报，1995，(7)：22-26.

[11] 薛群基，徐康. 纳米化学. 化学进展，2000，12 (4)：431-446.

[12] 郭永，巩雄，杨宏秀. 纳米粒子的制备方法及其进展. 化学通报，1996 (3)：1-4.

[13] 汪信，陆路德. 纳米金属氧化物及其研究的若干问题. 无机化学学报，2003，3 (2)：213-217，21-23.

[14] 苏碧桃，刘秀晖. 纳米粒子制备中的高分子. 西北师范大学学报，1998，28 (11)：51-56.

[15] 祖萧，李晓娥，卫志贤. 超细 TiO_2 的合成研究. 西北师范大学学报，1998，10 (4)：331-340.

[16] 瞿庆洲，裘式纶，肖丰收等. 纳米材料研究进展. 化学研究及应用，1998，10 (4)：331-340.

[17] 沈兴海，高宏成. 纳米科技的微乳液制备. 化学通报，1995，(11)：6-9.

[18] 崔作林，张志琨. 用电弧法制备纳米金属粒子. 科学史宝，2001，(2)：6.

[19] 殷亚东，张志成，徐项凌. 纳米材料的辐射合成法. 化学通报，1998，(12).

[20] 于淑芳，何生笙. 由有机 LB 膜制无机超薄膜. 化学通报，1998，(6)：22-26.

[21] 盖柯，李锡恩，刘文君. 纳米材料制备方法简介. 甘肃教育学院学报（自然科学版），2001，(1).

[22] 张立德，牟季美. 纳米材料和纳米结构. 科学出版社，2002.

[23] 严东生，冯端主编. 材料新星——纳米材料科学. 长沙：湖南科学技术出版社，1997.

[24] Lu K，Wei W D，Wang J T. Scripta Metall Mater.，1990，24：2319.

[25] Tana K，Yoko T，Atarash M，et.. J. Mater. Sci. Lett.，1980，8：83.

[26] Hodes G，Engelhard T. Substruct Proceeding of MRS. Boston，USA，1991，H2：2，294.

[27] Zhang J Z，Golz J W，Johnso D L，et al. 1992.

[28] Birringer R，Nanocrystalline Materials. Materials Science and Engineering，1989，A117：33-43.

[29] 曹瑞军等. 超细粉末的团聚及其消除方法. 粉末冶金技术，2006，6 (24)：460-466.

[30] 杨金龙，吴建光. 陶瓷粉末颗粒测试. 表征及分散. 硅酸盐通报，1995，(5)：67-77.

[31] 冯拉俊，刘毅辉，雷阿利. 纳米颗粒团聚的控制. 微纳电子技术，2003，(718)：536-540.

[32] 颜恒维，秦毅红，赵春芳，刘战伟. 超细粉末的团聚及其控制. 2004 年中国材料研讨会，2004，400-406.

[33] Roosena，Hausnerh. Techniques for agglomeration control during wet chemical powder synthesis，Andanced Ceramic Materials，1988，3 (2)：131.

[34] 礼葵英. 界面与胶体的物理化学. 哈尔滨工业大学出版社，1998，183-197.

[35] Mask A. Agglomeration during the Drying of Silica Powders，Part2. The Role Particle Solubility，J Am Ceram Soc，1997，80 (7)：1715-1722.

[36] Jones S L. Dehydration of Hydrous Zirconia. J Am Ceram Soc，1988，71 (4)：190-191.

[37] 李先红，李国栋. 干态纳米分散技术及其机理研究，2007，21 (7)：90-93.

[38]　朱志斌. 锆基色料的研究与发展. 佛山陶瓷, 2000, (1): 5.

[39]　Bondioli F, Ferrari A M, Leonelli C, et al. Syntheses of, Fe_2O_3/ Silica red inorganic inclusion pigments for ceramic applications. Mater Res Bull, 1998, 33 (5): 723.

[40]　俞康泰, 田高等. 对包裹型镉硒红釉的组成和呈色机理的研究. 陶瓷, 1999, (4): 25.

[41]　曹春华. 硫硒化镉陶瓷釉初探. 山东陶瓷, 1999, 22 (1): 24.

[42]　田高, 俞康泰. 包裹色料的研究. 武汉理工大学学报, 2003, (2): 21.

[43]　曹春娥, 王迎军等. 炻质瓷装饰用无公害镉硒大红釉的研究. 硅酸盐学报, 2004, 32 (3): 264.

[44]　王登其. $Cd(S_xSe_{1-x})ZrSiO_4$ 色料在陶瓷釉中的应用. 山东陶瓷, 2004, 27 (2): 28.

[45]　陈云华, 林安, 甘复兴. 纳米颗粒的团聚机理与改性分散. 第五届全国表面工程学术会议论文集, 2004: 190-196.

[46]　任俊, 卢寿慈, 沈健等. 超微颗粒的静电抗团聚分散. 科学通报, 2000, 11: 2289.

[47]　王贞涛, 闻建龙, 陈燕等. 静电雾化理论及应用技术研究进展. 排灌机械, 2004, 6.

[48]　马文有, 田秋, 曹茂盛等. 纳米颗粒分散技术研究进展. 中国粉体技术, 2002, 8 (3): 28.

[49]　王世敏, 许祖勋, 傅晶. 纳米材料制备技术. 北京: 化学工业出版社, 2002.

[50]　许珂敬, 杨新春等. 高分子表面活性剂对氧化物陶瓷超微颗粒的分散作用. 中国陶瓷, 1999, 5: 15.

[51]　梁治齐, 宗惠娟, 李金华. 功能性表面活性剂. 北京: 中国轻工业出版社, 2002.

[52]　刘志强, 李小斌等. 湿化学法制备超细粉末过程中的团聚机理及消除方法. 化学通报, 1999, 7: 54.

[53]　潭立新, 蔡一湘. 超细粉体粒度分析的分散条件比较. 中国粉体技术, 2000, 6 (1): 23.

[54]　孙静, 高濂, 郭景坤. 分散剂用量对几种纳米氧化锆粉体尺寸表征的影响. 无机材料学报, 1999, 14 (3): 465.

[55]　仇海波, 高濂, 冯德楚等. 纳米氧化锆粉体的共沸蒸馏法制备及研究. 无机材料学报, 1994, 9 (3): 365.

[56]　徐明霞, 方洞浦, 杨正方. 高分子型表面活性剂在氧化锆粉末制备过程中的作用 (二). 无机材料学报, 1991, 6 (1): 39.

[57]　黄玉强, 张彦奇, 华幼卿. LLDPE/纳米 SiO_2 复合材料的制备与性能研究. 中国塑料, 2003, 17 (1): 25.

[58]　赵克, 巢永烈, 杨争. 牙科用氧化锆增韧纳米复相铝瓷粉体的制备与性能研究, 中华口腔医学杂志, 2003, 38 (5): 384.

[59]　刘志强, 李小斌, 彭志宏, 童斌, 刘桂华. 湿化学法制备超细粉末过程中的团聚机理及消除方法. 化学通报, 1999, 7: 54-57.

[60]　朱燕萍综述. 徐连来, 李长福审校. 纳米颗粒团聚问题的研究进展. 天津医科大学学报, 2005, 11 (2): 338-341.

[61]　李宗威, 朱永法. TiO_2 纳米粒子的表面修饰研究. 化学学报, 2003, 61 (9): 1484.

[62]　Crozzoli P D, Kornowski A, Weller H. Low-temperature synthesis of soluble and processable organic-capped anatase TiO_2 nanorods. Am Chem Soc, 2003, 125 (47): 14539.

[63]　史孝群, 肖久梅, 马文江等. 硅烷偶联剂在聚合物基复合材料增容改性中的应用. 工程塑料应用, 2002, 30 (7): 54.

[64]　Condon J R, Ferracane J L, Reduction of composite contraction stress through non - bonded microfiller particles. EentMater, 1998, 14: 256.

[65]　Nobs L, Buchegger F, Gurny R, et al. Surface modification of poly (lactic acid) nanoparticles by covalent attachment of thiol groups by means of three methods, Int J 66.

[66]　De Sousa Delgado A, Leonard M, Dellacherie E. Surface modification of polystyrene nanoparticles using dextrans and dextran-POE copolymers polymer adsorption and colloidal characterization, Biomater Sci Polym Ed, 2000, 11 (12): 1395.

[67]　纳米材料表面改性方法. http://www. 52cailiao. cn/lunwen/nami/03122b2008. html.

第3章 纳米粉体制备

材料的开发与应用在人类社会进步上起了极为关键的作用。人类文明史上的石器时代、铜器时代、铁器时代的划分就是以所用材料命名的。材料与能源、信息为当代技术的三大支柱，而且信息与能源技术的发展也离不开材料技术的支持。江泽民主席在接见青年材料科学家时指出："材料是人类文明的物质基础"，又一次强调了材料研究的重要性。

纳米材料是一类应用前景广阔的新型材料，由于它的尺寸小（1～100nm）、比表面积大及量子尺寸效应，使之具有常规粗晶材料不具备的特殊性能，在光吸收、敏感、催化及其他功能特性等方面展现出引人注目的应用前景。1984年，德国的 H. Gleiter 等人将气体蒸发冷凝获得的纳米铁粒子，在真空下原位压制成纳米固体材料，使纳米材料研究成为材料科学中的热点。世界各国政府及科学家对此极其重视，美国、日本、西欧等发达国家和地区都将其列入发展高技术的计划中，投入了相当的人力和物力，例如美国的"星球大战"计划、西欧各国的"尤里卡"计划、日本1981年开始实施的"高技术探索研究"计划以及我国的"863"计划，都列入了纳米材料的研究和开发。目前一些纳米粉末，如钛酸钡、氮化硅、氧化锆等已经实现了商品化。在纳米材料研究与应用中，涉及很多关键步骤，概括起来主要有以下几个方面：

① 尺寸和形状均匀可控的纳米粒子的合成是研究纳米器件的前提；

② 纳米粒子表征对于理解纳米粒子的行为与特性而言是不可缺少的，其目的在于实现纳米技术、控制其行为和设计具有超性能的纳米材料新体系；

③ 理论模型对理解和预测材料性能非常重要；

④ 最终目标是使用纳米材料制备器件。

在众多的关键步骤中，纳米粉体的制备是基础。只有掌握了纳米粉体的制备技术，制备出合格的纳米粉体材料，才能为纳米材料后续的研究与应用奠定坚实的基础。而能够用来制备纳米粉体的方法必须能够满足以下几个主要条件，所制纳米粒子必须：①表面清洁；②粒径、粒度可以控制；③容易收集；④稳定、易保存；⑤生产效率高等。

人们一般将纳米粉体的制备方法划分为物理方法和化学方法两大类。物理方法包括蒸发-冷凝法、机械合金化等，化学方法包括化学气相法、化学沉淀法、水热法、溶胶-凝胶法、溶剂蒸发法、电解法、高温蔓延合成法等。本书仅介绍几种常用的纳米粉体制备技术。

3.1 纳米粉体材料的物理法制备

物理方法采用光、电技术使材料在真空或惰性气氛中蒸发，然后使原子或分子形成纳米颗粒。它还包括球磨、喷雾等以力学过程为主的制备技术。

3.1.1 蒸发冷凝法

蒸发冷凝法又称为物理气相沉积法（PVD），是指在高真空的条件下，金属试样经蒸发后冷凝。试样蒸发方式包括电弧放电产生高能电脉冲或高频感应等以产生高温等离子体，使金属蒸发。20世纪80年代初，H. Gleiter等人首先将气体冷凝法制得的具有清洁表面的纳米微粒，在超高真空条件下紧压致密得到纳米固体。在高真空室内，导入一定压力Ar气，当金属蒸发后，金属粒子被周围气体分子碰撞，凝聚在冷凝管上成10nm左右的纳米颗粒，其尺寸可以通过调节蒸发温度场、气体压力进行控制，最小的可以制备出粒径为2nm的颗粒。蒸发冷凝法制备的超微颗粒具有如下特征：①高纯度；②粒径分布窄；③良好结晶和清洁表面；④粒度易于控制等。在原则上适用于任何被蒸发的元素以及化合物，但该技术对设备要求相对较高。

根据加热源的不同，该方法又分为以下几方面。

3.1.1.1　电阻加热法

将欲蒸发的物质（例如：金属、CaF_2、$NaCl$、FeF_2等离子化合物、过渡族金属氮化物及氧化物等）置于坩埚内。通过钨电阻加热器或石墨加热器等加热装置逐渐加热蒸发，产生多元物质烟雾，由于惰性气体的对流，烟雾向上移动，并接近充液氮的冷却棒（冷阱，77K）。在蒸发过程中，由多元物质发出的原子与惰性气体原子碰撞因迅速损失能量而冷却，这种有效的冷却过程在多元物质蒸汽中造成很高的局域过饱和，这将导致均匀成核过程。因此，在接近冷却棒的过程中，多元物质蒸汽首先形成原子簇。然后形成单个纳米微粒。最后在冷却棒表面上积聚起来，用聚四氟乙烯刮刀刮下并收集起来获得纳米粉。

该方法的特点是加热方式简单，工作温度受坩埚材料的限制，还可能与坩埚反应。所以一般用来制备Al、Cu、Au等低熔点金属的纳米粒子。

3.1.1.2　高频感应法

以高频感应线圈为热源，使坩埚内的导电物质在涡流作用下加热，在低压惰性气体中蒸发，蒸发后的原子与惰性气体原子碰撞冷却凝聚成纳米颗粒。

高频感应法的特点是采用坩埚，一般也只能制备低熔点金属的低熔点物质。

3.1.1.3　溅射法

溅射法的原理如图3-1所示，用两块金属板分别作为阳极与阴极，阴极为蒸发用的材料，在两电极间充入Ar气（40～250Pa），两电极间施加的电压范围为0.3～1.5kV。由于两极间的辉光放电使Ar离子形成，在电场的作用下Ar离子冲击阴极靶材表面，使靶材源产生从其表面蒸发出来形成超微粒子，并在附着面上沉积下来。粒子的大小及尺寸分布主要取决于两电极间的电压、电流和气体压力。靶材的表面积越大，原子的蒸发速度越高，超微粒的获得量越多。

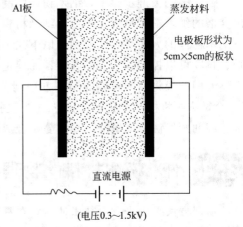

Al板　　　蒸发材料

电极板形状为5cm×5cm的板状

直流电源

（电压0.3～1.5kV）

图3-1　溅射法制备纳米粒子的原理

溅射法制备纳米微粒有以下优点：

① 可制备多种纳米金属，包括高熔点和低熔点金属，常规的热蒸发法只能适用于低熔点金属；

② 能制备多组元的化合物纳米微粒，例如$Al_{52}Ti_{48}$、$Cu_{91}Mn_9$及ZrO_2等；

③ 通过加大被溅射的阴极表面可提高纳米微粒的获得量。

3.1.1.4　流动液面真空蒸镀法

流动液面真空蒸镀法的基本原理是：在高真空中蒸发的金属原子在流动的油面内形成极

超微粒子，产品为含有大量超微粒子的糊状油，如图 3-2 所示，高真空中的蒸发是采用电子束加热，当冷铜坩埚中的蒸发原料被加热蒸发时，打开快门，使蒸发物镀在旋转的圆盘表面上形成了纳米粒子。含有纳米粒子的油被甩进了真空室外壁的容器中，然后将这种超微粒含量很低的油在真空下进行蒸馏，使它成为浓缩的含有纳米粒子的糊状物。此方法的优点有以下几点：

① 可制备 Ag、Au、Pd、Cu、Fe、Ni、Co、Al、In 等纳米颗粒，平均粒径约 3nm，而用惰性气体蒸发法很难获得这样小的微粒；

② 粒径均匀，分布窄；

③ 纳米颗粒分散地分布在油中；

④ 粒径的尺寸可控，即通过改变蒸发条件来控制粒径大小，例如蒸发速度、油的黏度、圆盘转速等。圆盘转速高，蒸发速度快，油的黏度高均使粒子的粒径增大，最大可达 8nm。

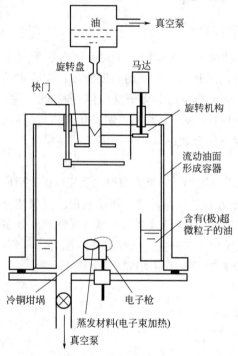
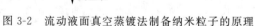

图 3-2　流动液面真空蒸镀法制备纳米粒子的原理

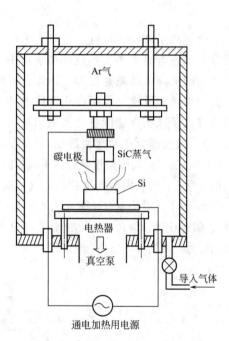

图 3-3　制备 SiC 超微粒子的装置

3.1.1.5　通电加热蒸发法

通电加热蒸发法是通过碳棒与金属相接触，通电加热使金属熔化，金属与高温碳棒反应并蒸发形成碳化物超微粒子。图 3-3 为制备 SiC 超微粒子的装置。碳棒与 Si 板（蒸发材料）相接触，在蒸发室内充有 Ar 或 He 气、压力为 1～10kPa，在碳棒与 Si 板间通交流电（几百安培）。Si 板被其下面的加热器加热，随 Si 板温度上升，电阻下降，电路接通，当碳棒温度达白热程度时，Si 板与碳棒相接触的部位熔化。当碳棒温度高于 2473K 时，在它的周围形成了 SiC 超微粒的"烟"，然后将它们收集起来得到 SiC 细米颗粒。用此种方法还可以制备 Cr、Ti、V、Zr、Hf、Mo、Nb、Ta 和 W 等碳化物超微粒子。

3.1.1.6　混合等离子体法

混合等离子体法是采用 RF（射频）等离子与 DC 直流等离子组合的混合方式来获得纳米粒

子，如图 3-4 所示，由图中心石英管外的感应线圈产生高频磁场（几兆赫兹）将气体电离产生 RF 等离子体。内载气携带的原料经等离子体加热、反应生成纳米粒子并附着在冷却壁上。DC（直流）等离子电弧束来防止 RF 等离子弧束受干扰，由此称为"混合等离子"法。

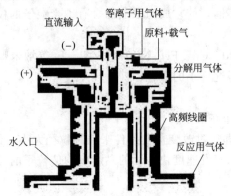

图 3-4 混合等离子体法原理

混合等离子体法的特点：①产生 RF 等离子体时没有采用电极，不会有电极物质（熔化或蒸发）混入等离子体而导致等离子体中含有杂质，因此纳米粉末的纯度较高；②等离子体所处的空间大，气体流速比 DC 等离子体慢，致使反应物质在等离子空间停留时间长、物质可以充分加热和反应；③可使用非惰性的气体（反应性气体），因此可制备化合物超微粒子，即混合等离子法不仅能制备金属纳米粉末，也可制备化合物纳米粉末，使产品多样化。

3.1.1.7 激光诱导化学气相沉积（LICVD）

LICVD 法制备超细微粉是近几年兴起的。原理如图 3-5 所示，激光束照在反应气体上形成了反应焰，反应在火焰中形成微粒，由氩气携带进入上方微粒捕集装置。该法利用反应气体分子（或光敏剂分子）对特定波长激光束的吸收，引起反应气体分子激光光解（紫外光解或红外多光光解）、激光热解、激光光敏化和激光诱导化学合成反应，在一定工艺条件下（激光功率密度、反应池压力、反应气体配比和流速、反应温度等），获得纳米粒子空间成核和生长。

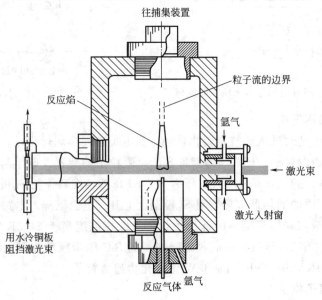

图 3-5 LICVD 法的原理

LICVD 法的特点是具有清洁表面、粒子大小可精确控制、无黏结、粒度分布均匀等优点，并容易制备出几纳米至几十纳米的非晶态或晶态纳米微粒。

3.1.1.8 化学蒸发凝聚法（CVC）

CVC 法主要是通过有机高分子热解获得纳米陶瓷粉体。原理是利用高纯惰性气作为载气，携带有机高分子原料，例如六甲基二硅烷，进入钼丝炉，温度为 1100～1400℃、气氛的压力保持在 1～10mbar(1mbar＝10^2Pa) 的低气压状态，在此环境下原料热解形成团簇进一步凝聚成纳米级颗粒，最后附着在一个内部充满液氮的转动的衬底上，经刮刀刮下进行纳米粉体收集，如图 3-6 所示。这种方法优点是产量大、颗粒尺寸小、分布窄。

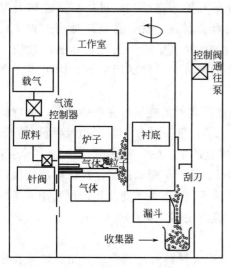

图 3-6　CVC 法的示意

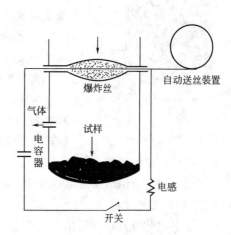

图 3-7　爆炸丝法示意

3.1.1.9 爆炸丝法

爆炸丝法适用于制备纳米金属和合金粉体，图 3-7 为其示意。爆炸丝法的基本原理是先将金属丝固定在一个充满惰性气体（50bar）的反应室中，丝的两端卡头为两个电极，它们与一个大电容相联结形成回路，加 15kV 的高压、金属丝 500～800kA 下进行加热，融断后在电流停止的一瞬间，卡头上的高压在融断处放电，使熔融的金属在放电过程中进一步加热变成蒸汽，在惰性气体中碰撞形成纳米粒子沉降在容器的底部，金属丝可以通过一个供丝系统自动进入两卡头之间，从而使上述过程重复进行。

3.1.2　机械合金化（MA）

机械合金化，也称为高能球磨技术，是 20 世纪 70 年代初由美国国际镍公司（INCO）开发的，最初是用于研制氧化物弥散强化的镍基超合金。自 20 世纪 80 年代初发现它可用来制备非晶态材料后，对它的研究引起人们极大的兴趣。20 世纪 80 年代主要集中于高能球磨制备非晶态材料的研究。20 世纪 90 年代则将其作为室温固态反应过程进行着多方面广泛的研究。近年的研究表明，由于高能球磨过程中引入大量的应变、缺陷及纳米量级的微结构，使得合金化过程的热力学和动力学过程不同于普通的固态反应过程，提供了其他技术（如快速凝固等）不可能得到的组织结构，因而有可能制备出常规条件下难以合成的许多新型合金。

3.1.2.1　MA 物理过程

高能球磨是一个高能量干式球磨过程。简单地说，它是在高能量磨球的撞击研磨作用下，使研磨的粉末之间发生反复的冷焊和断裂，形成细化的复合颗粒，发生固态反应形成新材料的过程。

原材料可以是元素粉末、元素与合金粉末和金属间化合物、氧化物粉末等的混合物。磨球一般采用轴承钢球。球-粉末-球的碰撞引起塑性粉末的压扁和加工硬化，当被压扁的金属粒子重叠时，原子级洁净的表面紧密地接触，发生冷焊，形成由各组分组成的多层的复合粉

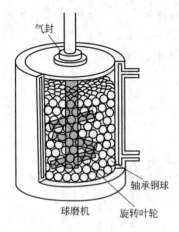

气封

轴承钢球

球磨机   旋转叶轮

图 3-8   Szegvari 球磨机

末粒子，同时发生加工硬化的组分及复合粒子的断裂。冷焊与断裂不断重复，有效地"揉混"复合粉末的内部结构，其不断细化并越来越均匀，形成均匀细化的复合颗粒。由于复合颗粒内有大量的缺陷和纳米微结构，进一步高能球磨时发生固态反应形成新的合金材料。材料在高能球磨过程中，界面及其他晶体缺陷的增加是其共性，而元素本身的性质、不同元素之间的交互作用及外界条件的影响等，则决定了高能球磨的最终结果。

为了提供高能球磨所需要的能量，在碰撞之前，磨球的速度至少应达到每秒几米的水平。图 3-8 是高能球磨所用的 Szegvari 球磨机。它有一垂直的中心轴，装在中心轴上以一定速度旋转的搅动器驱动钢球，赋予了钢球能量。球磨机应能保持密封，有时还需在保护气氛（如 Ar、N_2）下进行高能球磨。对于大工业化生产可采用普通的滚筒式球磨机，但为使钢球获得足够高的能量，要求它具有足够大的尺寸（直径大于 1m）。

3.1.2.2   MA 工艺过程

MA 工艺过程如图 3-9 所示，主要包括：①获取构成材料的初始粉末，初始粉末粒径一般在 $100\mu m$ 以下；②根据构成材料的性质，选择磨球材料如钢球、刚玉球或其他材质的球，磨球尺寸大小也应按一定比例配置；③将初始粉末和磨球按一定比例（球料比）放入球磨罐；④根据需要选择保护性气氛，大多数情况下选择高真空，也可选用氩、氦等惰性气体；⑤球磨中球与球、球与球磨罐壁对初始粉末的碰撞使其经过冷焊-粉碎-冷焊的反复过程，经足够时间的研磨后形成组织成分均匀的纳米级粉末。球磨过程中颗粒尺寸、成分和结构的变化通过不同球磨时间所获粉体的 X 射线衍射，电子显微镜观察等予以监视，从而确定最佳的球磨时间。

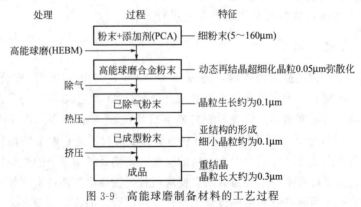

处理	过程	特征
	粉末+添加剂(PCA)	细粉末(5~160μm)
高能球磨(HEBM)	高能球磨合金粉末	动态再结晶超细化晶粒0.05μm弥散化
除气	已除气粉末	晶粒生长约为0.1μm
热压	已成型粉末	亚结构的形成 细小晶粒约为0.1μm
挤压	成品	重结晶 晶粒长大约为0.3μm

图 3-9   高能球磨制备材料的工艺过程

3.1.2.3   MA 工艺特点

自 1988 年 Shingu 首先报道了用 MA 工艺制备出晶粒小于 10nm 的 Al-Fe 合金以来，研

究者们对 MA 工艺进行的广泛深入研究，研究结果表明，高能球磨不仅导致组元间均匀细化复合，而且由于高能球磨时复合颗粒内大量缺陷和纳米微结构的形成，组元间发生不同于一般固态反应的反应过程，根据合金体系与球磨条件可发生平衡或非平衡反应，为材料的合成制备开辟了一条崭新的途径。与常规的冶炼工艺及一般的快速凝固非平衡工艺相比，MA工艺有以下几大特点：

① 工艺简单，易于工业化生产，产量大（一台大型球磨机日产量可达吨级）；

② 整个过程在室温固态下进行，无需高温熔化，工艺简单灵活；

③ 合成制备材料体系广，不受平衡相图的限制；

④ 可得到其他技术较难得到的组织结构，如宽成分范围的非晶合金、超饱和固溶体、纳米晶合金及原位生成的超细弥散强化结构；

⑤ 可合成制备常规方法无法得到的合金，特别是不互溶体系合金、熔点差别大的合金、密度相差大的合金及蒸气压相差较大的合金等难熔合金的制备；

⑥ 根据需要，制备的合金粉末既可作为最终产品使用，也可利用成熟的粉末冶金成型工艺制备块体产品材料。

MA 技术是一种高能球磨技术，是一种固态下合成平衡相、非平衡相或混合相的工艺，可以达到元素间原子级水平的合金化。现在 MA 工艺已广泛用于制备各种饱和固溶体、过饱和固溶体、非晶和准晶材料、纳米晶材料、金属间化合物、难溶化合物以及纳米复合材料等，最近又用于制备有序或无序金属间化合物以及机械驱动化学反应合成纳米复合材料等。MA 技术是一种纯机械驱动力的作用，在典型金属晶体结构中可以使具有体心立方（bcc）结构（如 Fe、Cr、W 等）和密排六方（hcp）结构（如 Zr、Ru 等）的金属形成纳米微粒，而具有面心立方（fcc）结构（如 Cu、Al 等）的金属不易获得纳米微粒。金属间化合物具有高硬度、高熔点而广泛应用于合金中，目前已在 Fe-B、Ti-B、W-C、V-C、Ti-Al、Nb-Al、Ni-Mo、Ni-Zr 等十多个合金系用 MA 制备出纳米级金属间化合物。在一些合金系中或一些成分范围内，纳米金属间化合物可在球磨过程中作为中间相出现。如上海大学的马学鸣等把W、C、Co 混合球磨 100h 直接合成了 11.3nm 的 WC-Co 复合粉末。纳米复合材料具有很多特殊性质而备受关注，MA 也是制备这一类复合纳米材料的常用方法。如 Co-Ni-Zr 合金中复合 Y_2O_3 制备的复合纳米材料可获得大的矫顽力。总之，MA 是一种极具有价值的制备纳米材料的重要方法。

3.1.2.4　MA 工艺的主要影响因素

机械合金化在制备纳米晶及其材料时，过程相对复杂，较多因素影响制备纳米材料的相和微观结构。使用机械合金化制备材料过程中有以下主要因素需要根据材料的种类及其性质进行设计与探索。

（1）研磨装置　研磨类型生产机械合金化粉末的研磨装置是多种多样的，如行星磨、振动磨、搅拌磨等。它们的研磨能量、研磨效率、物料的污染程度以及研磨介质与研磨容器内壁的力的作用各不相同，故对研磨结果有着至关重要的影响。研磨容器的材料及形状对研磨结果有重要影响。在过程中，研磨介质对研磨容器内壁的撞击和摩擦作用会使研磨容器内壁的部分材料脱落而进入研磨物料中造成污染。常用的研磨容器的材料通常为淬火钢、工具钢、不锈钢、P＞K＞5 或 P＞内衬淬火钢等。有时为了特殊的目的而选用特殊的材料，例如，研磨物料中含有铜或钛时，为了减少污染而选用铜或钛研磨容器。

此外，研磨容器的形状也很重要，特别是内壁的形状设计，例如异形腔，就是在磨腔内安装固定滑板和凸块，使得磨腔断面由圆形变为异形，从而提高了介质的滑动速度并产生了向心加速度，增强了介质间的摩擦作用，而有利于合金化进程。

（2）研磨速度　研磨机的转速越高，就会有越多的能量传递给研磨物料。但是，并不是转速越高越好。这是因为，一方面研磨机转速提高的同时，研磨介质的转速也会提高，当高到一定程度时研磨介质就紧贴于研磨容器内壁，而不能对研磨物料产生任何冲击作用，从而不利于塑性变形和合金化进程。另一方面，转速过高会使研磨系统温升过快，温度过高，有时这是不利的，例如较高的温度可能会导致在过程中需要形成的过饱和固溶体、非晶相或其他亚稳态相的分解。

（3）研磨时间　研磨时间是影响结果的最重要因素之一。在一定的条件下，随着研磨的进程，合金化程度会越来越高，颗粒尺寸会逐渐减小并最终形成一个稳定的平衡态，即颗粒的冷焊和破碎达到一动态平衡，此时颗粒尺寸不再发生变化。但另一方面，研磨时间越长造成的污染也就越严重。因此，最佳研磨时间要根据所需的结果，通过试验综合确定。

（4）研磨介质　选择研磨介质时不仅要像研磨容器那样考虑其材料和形状（如球状、棒状等），还要考虑其密度以及尺寸的大小和分布等，球磨介质要有适当的密度和尺寸以便对研磨物料产生足够的冲击，这些对最终产物都有着直接的影响，例如研磨 Ti-Al 混合粉末时，若采用直径为 15mm 的磨球，最终可得到固溶体，而若采用直径为 25mm 的磨球，在同样的条件下即使研磨更长的时间也得不到 Ti-Al 固溶体。

（5）球料比　球料比指的是研磨介质与研磨物料的重量比，通常研磨介质是球状的，故称球料比。试验研究用的球料比在 （1～200）：1 范围内，大多数情况下为 15：1 左右。当做小量生产或试验时，这一比例可高达 50：1 甚至 100：1。

（6）充填率　研磨介质充填率指的是研磨介质的总体积占研磨容器的容积的百分率，研磨物料的充填率指的是研磨物料的松散容积占研磨介质之间空隙的百分率。若充填率过小，则会使生产率低下；若过高，则没有足够的空间使研磨介质和物料充分运动，以至于产生的冲击较小，而不利于合金化进程。一般来说，振动磨中研磨介质充填率在 60%～80% 之间，物料充填率在 100%～130% 之间。

（7）气体环境　机械合金化是一个复杂的固相反应过程，球磨氛围、球磨强度、球磨时间等任意一个参数的变化都会影响合金化的过程甚至最终产物。在机械合金化过程中，由于球与球、球与罐之间的撞击，机械能转换成热能，使得球磨罐内的温度升得很高。同时，合金化过程中往往发生粒子的细化，并引入缺陷，自由能升高，很容易与球磨氛围中的氧等发生反应，因此一般机械合金化过程中均以惰性气体，如氩气等为保护气体。球磨气氛不同，会对合金化的反应方式、最终产物以及性质等造成显著影响。研磨的气体环境是产生污染的一个重要因素，因此，一般在真空或惰性气体保护下进行。但有时为了特殊的目的，也需要在特殊的气体环境下研磨，例如当需要有相应的氮化物或氢化物生成时，可能会在氮气或氢气环境下进行研磨。

（8）过程控制剂　在 MA 过程中粉末存在着严重的团聚、结块和粘壁现象，大大阻碍了 MA 的进程。为此，常在过程中添加过程控制剂，如硬脂酸、固体石蜡、液体酒精和四氯化碳等，以降低粉末的团聚、黏球、黏壁以及研磨介质与研磨容器内壁的磨损，可以较好地控制粉末的成分和提高出粉率。

（9）研磨温度　无论 MA 的最终产物是固溶体、金属间化合物、纳米晶、还是非晶相都涉及扩散问题，而扩散又受到研磨温度的影响，故温度也是 MA 的一个重要影响因素，例如 Ni-50％Zr 粉末系统在振动球磨时当在液氮冷却下研磨 15h 没发现非晶相的形成；而在 200℃ 下研磨则发现粉末物料完全非晶化；室温下研磨时，则实现部分非晶化。

上述各因素并不是相互独立的，例如最佳研磨时间依赖于研磨类型、介质尺寸、研磨温度以及球料比等。

3.1.2.5　MA 工艺中的理论研究

（1）超饱和固溶　高能球磨形成固溶体最早是 Benjamin 为证实该工艺可导致原子尺度化合而对互溶的 Ni-Cr 固溶体系研究的结果，证明高能球磨制备的 Ni-Cr 固溶体和一般铸锭冶金所得的 Ni-Cr 固溶体具有相同的磁性能，而后对半导体 Ge-Si 体系的研究同样证实了高能球磨可导致组元互溶形成固溶体。对于非平衡工艺，如快淬工艺，常导致形成过饱和固溶体，对于高能球磨这一室温非平衡过程同样有此效果。对于组元间混合热为正的共熔点、密度差大的体系（也称难互溶体系），难于用常规方法形成固溶体，而这类合金系往往有独特的性质，开发其新的制备工艺很有必要。

Ni-Ti 体系的超饱和固溶，有较多的文献报道，对于高能球磨形成过饱固溶体现象在研究高能球磨非晶化时已注意到，但对其进行较系统的研究则是近期之事。Schwarz 等人在研磨 Ni-Ti 时得到了含 28％（质量分数）Ti 的 Ni 的固溶体，而 Ti 在 Ni 中的平衡固溶度仅有百分之几。体系混合热均为负值，可以用自由能-成分曲线来解释，如图 3-10 所示。

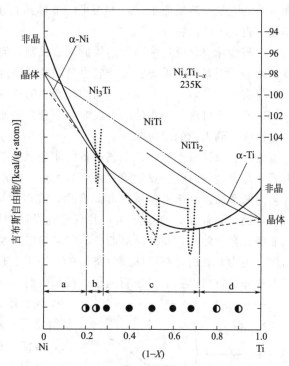

图 3-10　Ni-Ti 合金成分自由能曲线图
a—Ni 基固溶体区；b，d—固溶体和非晶两相区；c—非晶单相区

图 3-11　纳米晶结构

对于混合热为正的体系，高能球磨亦可形成过饱和固溶体。Shingu 等人报道了 Ag-59％（质量分数）Fe、Cu-30％（质量分数）Fe 高能球磨均形成单一面心立方结构，后来 Chenishi 等人用电子衍射和 Mossbauer 试验进一步证实，研磨后所获得的是原子尺度互溶的单一面心立方结构，但未给予充分解释，只是说明研磨促使互溶。对于液态不互溶体系，如 Cu-Ta、Cu-W 也用高能球磨法得到了纳米晶的过饱和固溶体，但对于其转变机制尚不清楚。Sui 等研磨 Al-Co 二元系时发现 Al-Co 金属间化合物固溶度明显扩大，并提出了过饱和固溶体的晶界溶解机制（图 3-11），认为研磨时由于纳米晶的形成产生了大量的界面，这些

界面可溶解大量的溶质原子，一方面可降低体系自由能，另一方面在 X 衍射及电子衍射中这类原子丧失了结构特征。

对于高能球磨合成过饱和固溶体的形成机制，看来除了热力学因素外，高能球磨时体系转变的动力学因素更为重要。由于它也是高能球磨固态合成反应过程的第一步，因此对其深入了解将有助于理解合成非晶及金属间化合物的机制。

（2）非晶化机理　高能球磨合成非晶态合金的研究是 20 世纪 80 年代的研究热点，也是该工艺再度受到重视的原因之一。

首先，和快淬法不同，该工艺制备的非晶成分范围较宽而且连续变化（图 3-11），有利于改善非晶合金的电学、热学等性能。其次，一些用急冷法难以得到的非晶合金，如液态下不互溶的两金属及高熔点金属的非晶合金，亦可用高能球磨工艺获得，而且除金属-金属型合金外，还可制备金属-非金属型，并且已经发展到两个组元以上金属与类金属、乃至纯元素的非晶合金。此外，高能球磨制备的非晶粉末，经过低温高压成型后，可制备大块非晶合金材料；更为有利的是高能球磨设备简单，易于工业化生产，得到的非晶粉末易于成形，为生产大块非晶材料提供了一条新途径。机械研磨非晶化的局部熔池激冷观点认为在球磨时粉末受到磨球的高速撞击和摩擦，粉末粒子会发生局部熔化。与粉末熔池相比，磨球的温度低且体积巨大，熔池又被球体快速激冷导致非晶化，Schwarz、Eckert 等人的计算均否定了发生熔化的可能性。更重要的是高能球磨与快淬法形成非晶的成分区间也有很大的差别，快淬法在共晶成分附近易于形成非晶合金，而高能球磨则在稳定化合物附近更易形成非晶（图 3-12）。

金属多层中固态非晶化的准则有：①系统具有很大的负混合热；②系统为一不对称的扩散偶（即组元间具有异常快的扩散现象或组元间的原子半径差值较大，通常大于 10%）。第一项准则可认为是非晶化的热力学条件，终态的非晶相比起始态的元素混合物具有更低的自由能；而第二项准则则被认为是非晶化反应的动力学条件，使组元间通过扩散形成非晶相而不是能量更低的金属间化合物。高能球磨过程中，两种金属粉末也能逐渐形成不同金属相互叠合的层状组织，可按上述固态反应机制，根据体系的介稳相的自由能-成分曲线来预测非晶形成趋势及成分范围。非晶态 λ 按过冷液态规则溶液处理，其混合热按 Miedema 模型进行计算。研磨过程中造成粉末的严重变形，由此而产生的晶体缺陷将对高能球磨过程中晶态到非晶态转变的热力学和动力学产生影响。

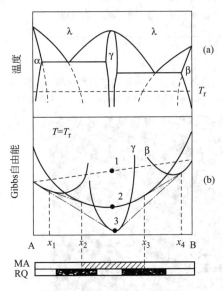

图 3-12　MA 与 RQ 非晶成分范围示意图
（a）具有负混合热的二元 AB 合金系统相图；
（b）在 T_r 温度下的自由能-成分曲线

事实上，有些合金通过扩散无法得到非晶，通过高能球磨却得到了。其中有 $Nb_{50}Al_{50}$、$Nb_{75}Ge_{25}$、$Nb_{75}Ge_{25}$ 在研磨时首先形成 Al_5 结构的 Nb_3Ge 化合物，继续研磨才转变为非晶。Jang 和 Koch 研磨单一 Ni_3Al 金属间化合物时也得到了非晶，随研磨进行，从微观上经历了从 $L1_2 \rightarrow fcc \rightarrow$ 非晶态的转变过程，他们认为研磨过程中引入的缺陷，特别是界面在晶体向非晶转变过程起了重要作用。在 Nb_3Sn 中也发现了这种现象，研磨过程中正电子寿命首先提高，非晶化后降至一恒定值，他们认为，粉末在研磨时首先形成位错胞结构，而后是纳米晶结构的产生和细化，最后形成非晶。

对于具有负的混合热体系，研磨过程中非晶合成反应可用图3-13定性说明。

A、B代表纯组元，也可代表两种化合物。当原始状态为混合物时，研磨从1→2，即第一种途径（MA），化学组成发生变化；而原始状态为单一金属间化合物时，研磨从3→2，即第二种途径（MG），化学组成不变化。具有零混合热及正混合热的合金系，通过高能球磨也得到了非晶，而且许多体系中非晶的成分范围比按固态反应非晶化机制预计的要宽。

仅用该机制不能完满地解释研磨过程中非晶的形成，必须考虑研磨过程中存在缺陷的作用。

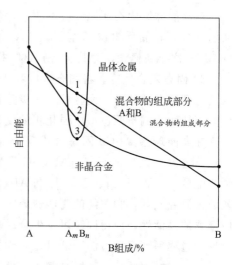

图 3-13 具有负混合热合金体系自由能-成分曲线

(3) 固相反应

① 固态合成反应。合成反应一般指由两种或两种以上纯组元生成一种不同于反应组元的新产物的反应。依据反应的不同结果，有合成固溶体、合成非晶合金、合成金属间化合物之分；通过高能球磨可以制备中间相与化合物。这为金属间化合物的广泛应用提供了新的开发途径。

Davis 等报道了脆性的 Mn-50%（原子分数）Bi 经 8h 研磨后形成了金属间化合物 MnBi，分析了在 SPEX 球磨机中球磨温升程度（$T<350K$），表明了单纯的温升不大可能导致金属间化合物的形成。Bern 等通过含有适量过程控制剂（PCA）在惰性气氛下球磨合成了 Ti_3Al 和 TiAl 金属间化合物，并且合成了 Al_3Ti 这类用常规铸造工艺不易合成的金属间化合物。Dollar 等利用高能球磨制成的 NiAl 基弥散强化合金具有优良的高温性能，在 1100℃时抗拉强度仍然大于 200MPa。

② 固态还原反应。利用高能球磨进行固态还原反应的研究是由澳大利亚学者 McCormick 研究小组首先提出并进行的。

通过对研磨 CuO/Ca 时球磨筒温度的测量，发现在研磨过程中磨筒温度突然升高，之后又缓慢下降。初步的解释是，研磨过程中体系的反应绝热温度可达 400K，超过该体系的自蔓延反应的点火温度（$T_{ad}>180K$），同时由于研磨过程中粉末反复焊合及断裂，导致晶粒细化及引入大量缺陷，使体系反应所需的温度下降，因此在低温下研磨，还原反应得以实现。用其他几种金属作为还原剂与氧化物或氯化物一起研磨也发生了类似的还原反应。

高能球磨确实可以激发室温固态反应。无论是对合成过饱和固溶体、非晶态及金属间化合物，还是对还原反应都有促使其在室温下发生的作用，这其中必有共同之处。在反应的热力学条件具备时，高能球磨则为其提供了充分的动力学条件，粉末晶粒在研磨时细化，使界面的作用更显著，可能是重要因素，同时其他微观缺陷的增多及碰撞时的温升，都对反应的进行有促进作用。甚至在热力学条件不具备时，由于研磨造成的体系能量升高，一般条件下难以产生的非平衡态也可形成，但这方面的研究则更显薄弱，更多的研究则侧重于合成新材料。毕竟高能球磨固态反应突破了平衡相图对材料开发的限制，加之除合成反应外，高能球磨还可进行还原反应，使材料制备的灵活性大大增加。

对高能球磨固态还原反应的研究，使人们全面地认识到高能球磨是一个反应激活过程，从而继合成非晶后再次拓宽了人们对高能球磨工艺的开发范围，更明确提出了反应球磨（RBM）这类新概念。为其制备新材料打开了新思路。

③ 固态复合反应。将固态合成和固态还原反应相结合进行固态复合反应的研究，这不仅具有理论上的意义，而且可进一步分析固态反应中复合反应、合成反应、还原反应之间的异同，从而为制备原位形成强化相的复合材料将开辟新的途径。

在高能球磨 Al-Cu 固态合成反应及 CuO/Si 固态还原反应的研究基础上，提出了 Al/CuO 固态复合反应的研究，Al/CuO 发生固态复合反应。随 Al 含量增加，反应产物依次为纳米晶的 Cu 和 Al_2O_3、Cu_9Al_4 和 Al_2O_3、$CuAl_2$ 和 Al_2O_3 及 $Al(Cu)$ 固溶体和 Al_2O_3 复合颗粒。研究发现，和单纯的高能球磨固态合成反应不同，高能球磨复合反应中，由于还原反应产物的高活性，使得同时可发生合成反应，合成反应的产物可接近平衡态的结果。固态复合反应过程呈现出反应温区低且宽的固态扩散反应为主的特征。

（4）机械力活化　球磨是制备活性固体的有效方法之一。球磨的细化作用曾被广泛地进行了研究，但对球磨的机械力化学效应则研究不多。高能球磨的活化过程是合成材料的基础，对于揭示机械力活化合成的机理有重要作用。

在高能球磨过程中，不仅会发生粉末的细化，而且粉末内部产生复杂的结构变化，如产生显微应变、非晶化等。表述机械力化学效应的参数很多，常用的有晶粒尺寸、显微应变、有效温度系数等，并用溶解方法间接反映高能球磨产生的活化效应。

（5）球磨过程中温度效应　高能球磨过程中的固态反应进程，除组元细化导致反应扩散距离缩短及缺陷增多使体系的能量升高的影响外，尚有一个重要的因素就是球磨过程中粉末的温升。

高能球磨过程中粉末温升程度，在研究高能球磨非晶化机制中曾予以考虑。早期的观点认为，粉末与磨球碰撞时的严重塑性变形引起粉末的局部温度升高导致表面薄层熔化，而其后的冷却引起快速凝固。由于测定碰撞瞬间粉末的温升很困难，一般有两种方法用来估计研磨粉末的温升程度。一种是采用近似的模型计算，如 Schang 和 Koch 对 Spex 振动磨中粉末温升的估算；另一种是检验研磨粉末的最终组织来判断粉末球磨过程中的温升，如 Davis 用 Fe-1.2%（原子分数）C 合金研磨组织判断球磨过程中粉末温度的上限在 265~280℃之间。间接估算粉末研磨时，其温度不会达到很高而导致粉末熔化，粉末温升仅在 100~300K 的中等范围以内。

上述粉末温升仅考虑由于粉末吸收球磨时的球间碰撞能量而引起，均未考虑粉末发生固态反应放热时造成的粉末温升作用。对于有很大的放热效应的还原反应，高能球磨固态反应过程中将有明显的放热效应，可用来判断固态反应的进程，而对一般的合金化（形成固溶体、非晶化、形成金属间化合物），固态反应的热效应则较小。

将间接测量和模型计算结合起来，建立粉末碰撞温升和工艺条件的关系，并通过组织结构分析予以证实，从而为探索高能球磨固态反应机制奠定了一定的基础。

虽然机械合金化制备的纳米微粒有大小不均匀、磨球和气氛等会产生某些污染等缺陷，但高能球磨技术作为开发应用新材料的有力工具，彻底打破了传统的冶炼生产合金的方法，并可制备传统冶炼及快速凝固方法都难以合成的、具有一系列独特性能的各种新型合金，而且成本低、产量大、工艺周期短。通过随后的热处理或热固化工艺还可获得一系列大块稳态或亚稳态材料，工业化生产前景十分诱人。今后除应继续大力加强高能球磨基础理论研究、拓宽其研究范围外，更应充分利用高能球磨技术开发实用新型材料。高能球磨制备的弥散强化高温合金和高比强结构材料作为商用材料已广泛地应用于飞机发动机的诸多部件上。开发航空航天、化工及汽车工业中用于耐高温、抗氧化、耐腐蚀的恶劣环境下的轻质新型结构材料，并实现工业化生产，高能球磨技术将显示出巨大的潜力和优势。

3.2 纳米粉体材料的湿化学法制备

湿化学法合成纳米粉体材料是通过液相来合成粉体材料。由于在液相中配制，各组分的含量可精确控制，并可实现在分子/原子水平上的均匀混合。通过工艺条件的适当控制，可使所生成的固相颗粒尺寸在纳米级，并且颗粒尺寸分布相对较窄。湿化学法主要包括溶胶-凝胶、微乳液、水热法、共沉淀、喷雾热分解等方法。与其他方法比较，湿化学法的特点是：产物的形貌、组成及结构易于控制、成本低、操作简单、适用面广，常用于制备金属氧化物或多组分复合纳米粉体。

3.2.1 液相中生成固相微粒的机理

从液相中生成固相微粒，要经过成核、生长、凝结、团聚等过程。为了从液相中析出大小均匀一致的固相颗粒，必须使成核和生长这两个过程分开，以便使已成核的晶核同步地长大，并在生长过程中不再有新核形成。如图 3-14 所示，在整个成核和生长过程中液相内与析出物相应的物质的量浓度是变化的。在阶段 I 浓度尚未达到成核所要求的最低过饱和浓度 $c_{\min}^*$，因此无晶核生成。当液相中溶液浓度超过 $c_{\min}^*$ 后即进入成核阶段 II。液相中均匀成核的核生长速率可用式（3-1）式（3-2）表示：

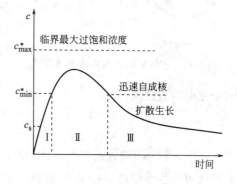

图 3-14 析出固体时液相中溶质浓度随时间的变化情况

$$J = J_0 \exp\left(\frac{\Delta G_D}{KT}\right) \exp\left(\frac{\Delta G_C}{KT}\right) \quad (3-1)$$

$$\Delta G_C = -\frac{KT}{V} \ln \frac{c}{c_0} \quad (3-2)$$

式中，J_0 为分子的跃迁频率；ΔG_D 为晶核在液相中的扩散活化自由能；ΔG_C 为从溶液中析出晶核时伴随的自由能变化；K 为玻耳兹曼常数；T 为热力学温度；c 为过饱和溶液的浓度；c_0 为饱和溶液浓度；V 为晶体中单个分子所占的体积。核的生成速率随 c/c_0 的变化而很快地变化。非均匀成核时，在相界表面上（如外来质点、容器壁以及原有晶体表面上）形成晶核，称非均匀成核，临界核生成的自由能变化 ΔG_C^*。可用式（3-3）表示：

$$\Delta G_C^* = \Delta G_C \left[\frac{(2+\cos\theta)(1-\cos\theta)^2}{4}\right] \quad (3-3)$$

式中，θ 是液体和固体形成的接触角，由于 $(2+\cos\theta)(1-\cos\theta)^2/4 < 1$，所以 ΔG_C^* 比均匀成核的 ΔG_C 要小。非均匀核的成核速率可用式（3-4）表示：

$$J = \pi \left(\frac{2\sigma_{CV} V}{\Delta G_V}\right)^2 n_V P (2\pi m KT)^{-1/2} \exp\left[-\frac{16\pi^2 \sigma_{CV}^3}{3KT\Delta G_V^2} \times \frac{(2+\cos\theta)(1-\cos\theta)^2}{4}\right] \quad (3-4)$$

式中，n_V 为蒸汽或液相的密度；P 为压强；ΔG_V 为亚稳相中单相原子或分子转变为稳定相中单个原子或分子所引起的自由能的变化；m 为分子的质量；σ_{CV} 为比表面能。从式(3-4) 可以看出，核生成速率对 ΔG_V 值是非常敏感的，不均匀核生成比均匀核的生成容易。式(3-4) 对液相或气相中的非均匀成核皆适用。阶段Ⅲ是生长阶段，晶体的生长是在生成的晶核上吸附原子或分子而使其长大。

晶体生长的过程是气相或者液相的原子或分子扩散到晶体表面附着并进入晶格。晶体生长速率用式(3-5) 表示：

$$J = 2\pi d_p D c_m \tag{3-5}$$

式中，d_p 为粒子直径；c_m 为液相中单分子的浓度；D 为分子的扩散系数。为了使成核与生长阶段尽可能分开，必须使成核速率尽可能快而生长速率适当地慢。这样便可尽量压缩阶段Ⅱ。若阶段Ⅱ过宽，则在该阶段不仅成核，同时伴随生长。另外，在阶段Ⅲ必须使浓度始终低于 c_{min}^*，以免引起新的核生成，同时又必须使浓度保持在饱和浓度 c_s 之上直至生长过程结束。

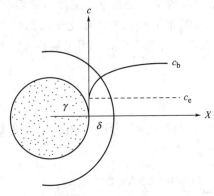

图 3-15　扩散层附近溶质浓度的变化

图 3-15 表示在微粒生长时其附近溶质浓度的变化。如果扩散过程是一个慢过程，即生长由扩散控制，并考虑到 Gibbs-Thomson 效应，即在表面张力的作用下固体颗粒的溶解度 c_e 是颗粒半径 r 的函数。可以推导出正在生成的颗粒半径分布的标准偏差 Δr 的变化率的表达式：

$$\frac{\mathrm{d}\Delta r}{\mathrm{d}t} = \frac{2\gamma D V_m^2 c_\infty}{RT} \times \frac{\Delta r}{r_a}\left(\frac{2}{r_a} - \frac{1}{r^*}\right) \tag{3-6}$$

式中，γ 为固液表面张力；D 为溶质在液相中的扩散系数；V_m 为溶质的摩尔体积；c_∞ 为平面固相的溶解度；r_a 为固相颗粒的平均半径；r^* 为对应于溶解度为 c_e 的固相颗粒半径；c_b 为在远离颗粒的液相深处溶质的浓度；R 为摩尔气体的常量。从式(3-6) 可知：

当　　　　　　　　　$(r_a/r^*) < 2$，则　$\mathrm{d}\Delta r/\mathrm{d}t > 0$ \tag{3-7}

当　　　　　　　　　$(r_a/r^*) \geqslant 2$，则　$\mathrm{d}\Delta r/\mathrm{d}t \leqslant 0$ \tag{3-8}

由于 r_a 和 r^* 都与相应的浓度有联系，式(3-7) 成立的条件相当于低的过饱和浓度和明显的 Gibbs-Thomson 效应。$\mathrm{d}\Delta r/\mathrm{d}t > 0$ 表明，随着颗粒的生长，粒度分布的标准偏差越来越大，最终得到的是一个宽的粒度分布。式(3-8) 所对应的条件是 Gibbs-Thomson 效应极小，而液相中过饱和程度很大，$\mathrm{d}\Delta r/\mathrm{d}t \leqslant 0$ 表示最终可得到窄分布的颗粒集合体。因此，式(3-8) 所对应的条件是合成粉料产品时所希望的。如果微粒生长受溶质在微粒表面发生的反应控制，则可导出下面两个公式：

$$\frac{\mathrm{d}r}{\mathrm{d}t} = K_1 V_m (c_b - c_e) \tag{3-9}$$

$$\frac{\mathrm{d}r}{\mathrm{d}t} = K_1 r^2 \tag{3-10}$$

式(3-9) 表示颗粒长大速率与颗粒半径无关，而式(3-10) 表示颗粒越大其生长速率也越大。这两种情况都导致宽的粒度分布。从液相中析出固相微粒的经典理论只考虑成核和生长。但一些研究者发现，伴随成核和生长过程另有聚积过程同时发生，即核与微粒或微粒与微粒相互合并形成较大的粒子。如果微粒通过聚积生长的速率随微粒半径增大而减小，则最终也可形成粒度均匀一致的颗粒集合体。小粒子聚积到大粒子上之后可能通过表面反应、表面扩散或体积扩散而"融合"到大粒子之中，形成一个更大的整体粒子，但也可能只在粒子间相互接触处局部"融合"形成一个大的多孔粒子。若"融合"反应足够快，即"融合"反应所需时间小于微粒相邻两次有效碰撞的间隔时间，则通过聚积可形成一个较大的整体粒子，之后则形成多孔粒子聚积体。后一种情况也可看做下面所讨论的团聚过程。从液相中生成固相微粒后，由于 Brown 运动的驱使，微粒互相接近，若微粒具有足够的动能克服阻碍微粒发生碰撞形成团聚体的势垒，则两个微粒能聚在一起形成团聚体。阻碍两个微粒互相碰撞形成团聚体的势垒可表达为：

$$V_b = V_a + V_e + V_c \tag{3-11}$$

式中，V_a 起源于范德华引力，为负值；V_e 起源于静电斥力，为正值；V_c 起源于微粒表面吸附有机大分子的形位贡献，其值可正可负。从式(3-11)可知：为使 V_b 变大，应使 V_a 变小，V_e 变大，V_c 应是大的正值。V_a 同微粒的种类、大小和液相的介电性能有关。V_c 的大小可通过调节液相的 pH 值、反离子浓度、温度等参数来实现。V_c 的符号和大小取决于微粒表面吸附的有机大分子的特性（如链长、亲水或亲油基团特性等）和有机大分子在液相中的浓度。只有浓度适当才能使 V_c 为正值。微粒在液相中的团聚一般来说是个可逆过程，即团聚和离散两个过程处在一种动态平衡状态。通过改变环境条件可以从一种状态转变为另一种状态。形成团聚结构的第二个过程是在固液分离过程中发生的。从液相中生长出固相微粒后，需要将液相从粉料中排除掉。随着最后一部分液相的排除，在表面张力的作用下固相颗粒相互不断靠近，最后紧紧地聚集在一起。如果液相为水，最终残留在颗粒间的微量水过氢键将颗粒紧密地粘连在一起。如果液相中含有微量盐类杂质，则会形成盐桥，促使颗粒相互粘连的更加牢固。这样的团聚过程是不可逆的，一旦形成团聚体就很难将它们彻底分离开。

3.2.2　溶胶-凝胶法（Sol-Gel）

材料性能的改进和完善以及新材料的开发，要求对材料制备的超结构过程加以控制，化学越来越深入地卷入无机非金属材料的设计和过程控制中。在所有化学手段中，Sol-Gel 过程是占压倒性多数的主题。这一过程把众多材料的制备纳入一个统一的过程之中，过去独立的玻璃、陶瓷、纤维和薄膜技术都成为溶胶-凝胶学科的一个应用分支。

溶胶-凝胶法的研究最早可追溯到 1846 年，当时 J. J. Ebelmen 发现用 $SiCl_4$ 与乙醇在湿空气中混合后发生水解并生成凝胶，但这个发现并未引起科学界的注意。到 1971 年德国 H. Dislich 报道其通过金属醇盐水解得到溶胶，经凝胶化，在一定温度和压力下得到 SiO_2-B_2O-Al_2O_3-Na_2O-K_2O 玻璃，才引起了材料科学界的极大兴趣和重视。此后，尤其自 20 世纪 80 年代以来，研究者发现若在制备材料初期进行控制，可使粉体粒子达到纳米级甚至分子级水平，也就是说，在材料制造早期就着手控制材料的微观结构，可对材料的性能进行剪裁，这一重大发现使溶胶-凝胶技术迅猛发展。

3.2.2.1　溶胶-凝胶技术的原理

溶胶-凝胶法中涉及胶体、溶胶、凝胶等基本部分。胶体（colloid）是一种分散相粒径很小的分散体系，分散相粒子的重力可以忽略，粒子之间的相互作用主要是短程作用力。溶胶（Sol）是具有液体特征的胶体体系，分散的粒子是固体或者大分子，分散的粒子大小在 $1\sim1000nm$ 之间。凝胶（Gel）是具有固体特征的胶体体系，被分散的物质形成连续的网状骨架，骨架空隙中充有液体或气体，凝胶中分散相的含量很低，一般在 $1\%\sim3\%$ 之间。简单地讲，溶胶-凝胶法就是用含高化学活性组分的化合物作前驱体，在液相下将这些原料均匀混合，并进行水解、缩合化学反应，在溶液中形成稳定的透明溶胶体系，溶胶经陈化胶粒间缓慢聚合，形成三维空间网络结构的凝胶，凝胶网络间充满了失去流动性的溶剂，形成凝胶。凝胶经过干燥、烧结固化制备出分子乃至纳米亚结构的材料。

Sol-Gel 法制备纳米粉体的基本原理是：将前驱体（无机盐或金属醇盐）溶于溶剂（水或有机溶剂）中，形成均相溶液，以保证前驱体的水解反应在均匀的水平上进行。前驱体与水进行的水解反应，水解反应为式（3-12）：

$$\mathrm{M(OR)}_n + x\mathrm{H_2O} \longrightarrow \mathrm{M(OH)}_x\mathrm{(OR)}_{n-x} + x\mathrm{ROH} \tag{3-12}$$

此反应可延续进行直至生成 $\mathrm{M(OH)}_x$，同时也发生前驱体的缩聚反应，分别式（3-13）与式（3-14）：

$$\mathrm{-M-OH + HO-M} \longrightarrow \mathrm{-M-O-M-} + \mathrm{H_2O}（失水缩聚） \tag{3-13}$$

$$\mathrm{-M-OR + HO-M} \longrightarrow \mathrm{-M-O-M-} + \mathrm{ROH}（失醇缩聚） \tag{3-14}$$

在此过程中，反应生成物聚集成 1nm 左右的粒子并形成溶胶；经陈化，溶胶形成三维网络而形成凝胶；将凝胶干燥以除去残余水分、有机基团和有机溶剂，得到干凝胶；干凝胶研磨后，煅烧，除去化学吸附的羟基和烷基团，以及物理吸附的有机溶剂和水，得到纳米粉体。其工艺过程如图 3-16 所示。

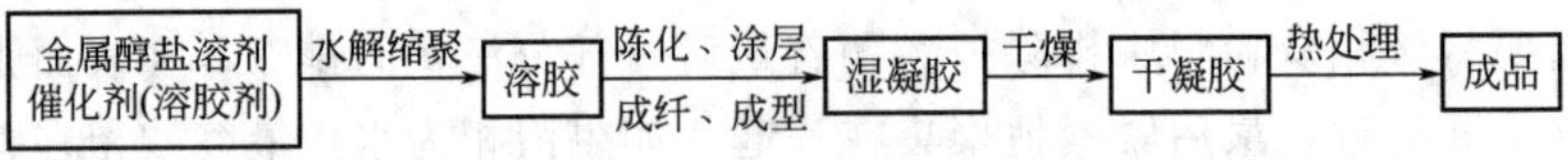

图 3-16　溶胶-凝胶技术工艺流程

3.2.2.2　溶胶-凝胶技术的前驱体分析

用于溶胶-凝胶法的原料很多，如金属醇盐、醋酸盐、乙酰丙酮盐、硝酸盐、氯化物等。其中，金属醇盐具有易蒸馏、重结晶技术纯化、可溶于普通有机溶剂、易水解等特性，而被广泛用于溶胶-凝胶法中作为前驱物以制备纳米氧化物材料。

作为溶胶-凝胶法中前驱物的无机化合物，和金属醇盐水解反应不同。金属无机盐在水中的性质受金属粒子半径大小、电负性、配位数的影响。它们溶于纯水中常电离析出 M^{z+} 离子并溶剂化。根据溶液的酸度和相应的电荷转移大小，水解反应存在式（3-15）的平衡关系：

$$[\mathrm{M-OH_2}]^{z+} \rightleftharpoons [\mathrm{M-OH}]^{(z-1)+} + \mathrm{H}^+ \rightleftharpoons [\mathrm{M=O}]^{(z-2)+} + 2\mathrm{H}^+ \tag{3-15}$$
$$\quad\quad 水合 \quad\quad\quad\quad 氢氧化 \quad\quad\quad\quad\quad 氧化$$

根据上述平衡，任何无机盐前驱物的水解产物都可以粗略地写成：

$$[\mathrm{MO}_N\mathrm{H}_{2N-h}]^{(z-h)+}$$

其中，N 是 M 的配位数；z 是 M 的原子价；h 称为水解摩尔比。当 $h=0$ 时，$[\mathrm{M(OH)}_N]^{z+}$ 是水合离子；当 $h=2N$ 时，$[\mathrm{MO}_N]^{(2N-z)-}$ 是 M=O 形式；当 $0<h<2N$ 时，可分为三种形式：

$$h=N \text{ 时，为} [\mathrm{M(OH)}_N]^{(N-x)-}$$
$$h>N \text{ 时，为} [\mathrm{MO}_x\mathrm{(OH)}_{N-x}]^{(N+x-z)-}$$
$$h<N \text{ 时，为} [\mathrm{M(OH)}_x\mathrm{(OH_2)}_{N-x}]^{(z-x)+}$$

这几种形态一般与溶液的 pH 值有关，图 3-17 为电荷与 pH 值的关系。

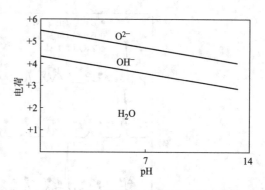

图 3-17　电荷与 pH 值的关系

作为溶胶-凝胶法中前驱体的金属醇盐一般要自己制备，通常有以下几种制备方法：①金属和醇直接反应或催化下直接反应制成，这种反应主要用于活泼性金属 Li、Na、K、Sr 等，所选用的烃基对反应也有影响；②金属卤化物与醇或醇金属盐反应，此法可用于合成大多数醇盐原料，并已用于众多高价元素醇盐的合成；③金属氢氧化物或氧化物与醇反应等方法。

金属醇盐除铂醇盐外均极易水解。水解反应是溶胶-凝胶法中醇盐原料转化为氧化物凝胶的主要反应。水解过程可表示为式(3-16)：

$$M—OR + H_2O \Longleftrightarrow M—OH + R—OH \qquad (3-16)$$

氢氧化物一旦形成，就发生式(3-17) 与式(3-18) 的缩聚反应：

$$M—OR + HO—M \longrightarrow M—O—M + ROH \qquad (3-17)$$

$$M—OH + HO—M \longrightarrow M—O—M + H_2O \qquad (3-18)$$

这三个反应几乎是同时发生的。在水解过程中，控制合适的工艺参数、控制醇盐水解、缩聚程度，可以得到预期结构的材料。不同元素的醇盐和烷基不同的元素水解差异极大。有的醇盐水解速率极快，为了控制水解速率，可采用二元醇、有机酸、β-二酮等螯合剂来降低反应活性，以控制水解速率。

金属醇盐水解中，水的加入量一般以水/醇盐的摩尔比计算，常以符号 r 表示。由于水本身是一种反应物，所以水的加入量对溶胶制备及其后续过程都有很大影响。如对醇盐缩聚产物的结构、所制备溶胶的黏度和胶凝时间都会产生影响。

3.2.2.3　溶胶-凝胶技术的应用举例

（1）溶胶-凝胶法制备 $YBa_2Cu_3O_{7-\delta}$ 超细粉体　$YBa_2Cu_3O_{7-\delta}$（简称 YBCO）粉体的均匀性及纯度，直接影响到最终薄膜的超导电性。陈源清等研究了以醋酸盐为原料，乙二醇甲醚为溶剂，通过加入合适的络合剂，制备稳定的 YBCO 溶胶及其粉体的方法。

采用醋酸盐为起始原料，乙二醇甲醚为溶剂，以二乙烯三胺、乳酸和丙酸为络合剂，按照摩尔比 Y∶Ba∶Cu＝1∶2∶3 的比例称取适量的醋酸钇、醋酸钡和醋酸铜，分别以二乙烯三胺、乳酸、丙酸为络合剂，溶解在乙二醇甲醚溶液中。上述三种溶液中，醋酸盐、络合剂、乙二醇甲醚的摩尔比分别为 1∶115∶30、1∶3∶30、1∶2∶30。三种溶液各自搅拌 2～3h 后，先将醋酸钡/乙二醇甲醚溶液与醋酸铜/乙二醇甲醚溶液混合，搅拌 2h 后再加入醋酸钇/乙二醇甲醚溶液，并在 40℃条件下加热搅拌 2～3h 形成 YBCO 溶胶。

配制好的溶胶放在 200℃的干燥箱中以蒸发掉有机溶剂，随时间的延长，溶胶浓度逐渐变大，最终形成较黏稠的黑色凝胶。随后将凝胶直接放在 300℃的马弗炉中热分解，进一步将残留的有机物去除，获得蜂窝状黑色多孔物质。继续升高温度到 500℃后形成黑色粉体。随后将粉体快速升温到 880℃并保温 3h，得到 YBCO 粉体。并对 500℃热分解后的粉末进行了 700℃、800℃烧结，以分析 YBCO 相的形成过程。图 3-18 为不同温度热处理的 X 射线衍射图谱。

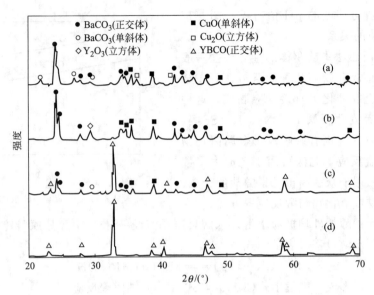

图 3-18　不同温度热处理后所得到的 X 射线衍射图谱

(a) 500℃；(b) 700℃；(c) 800℃；(d) 880℃

利用溶胶-凝胶法，以醋酸盐为原料，乙二醇甲醚为溶剂，乳酸、二乙烯三胺、丙酸为络合剂，获得了稳定的 YBCO 溶胶。该溶胶经凝胶化后，再经干燥，热分解，并在 880℃烧结，获得了粒径在几十纳米到几百纳米左右的 YBCO 粉体（图 3-19），X 射线衍射分析结果表明：利用该溶胶工艺，800℃以上 YBCO 相由 $BaCO_3$ 相、Y_2O_3 相、Cu_2O 相固相反应而生成，但仍残留 $BaCO_3$ 等杂相，880℃以上可获得几乎无杂相的 YBCO 粉体。

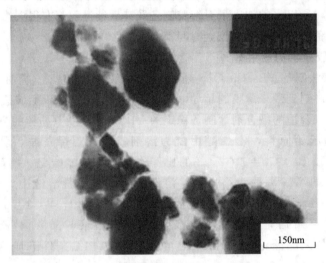

图 3-19　YBCO 粉体形貌

（2）溶胶-凝胶法制备纳米 $BaTiO_3$ 粉体　钛酸钡陶瓷材料是目前国内外应用最广泛的电子陶瓷原料之一，由于其具有高的介电常数，良好的铁电、压电、耐压及绝缘性能，主要用于制作高电容电容器、多层基片、各种传感器、半导体材料和敏感元件。近年来，随着科学技术的不断发展，对钛酸钡电子陶瓷材料提出了更高的要求。这些都需要组分均匀、粒径可控、分散性好、可结晶性的高纯钛酸钡粉体材料。本实验采用 Sol-Gel 法将 $BaTiO_3$ 制备成纳米粉，Sol-Gel 法是用金属有机物（如醇盐）或无机物为原料，通过溶液中的水解、聚合等化学反应，经过溶胶-凝胶-干燥-热处理过程制备 $BaTiO_3$ 纳米粉。实验使用原料为：醋酸钡（分析纯）、冰乙酸、（分析纯）、钛酸丁酯（分析纯）、无水乙醇（分析纯）。图 3-20 为制备过程图。首先计算配置 20mL 0.3mol/L 的钛酸钡前体溶液所需的醋酸钡和钛酸丁酯的用量（g），精确到小数点后 3 位；其次用电子天平称量所需钛酸丁酯的重量，并由此计算出实际所需的醋酸钡的用量，并称出醋酸钡；然后用量杯将 8mL 冰乙酸加入到烧杯中，用刻度吸管注入 2mL 去离子水，烧杯放在磁力搅拌器上搅拌，直至醋酸钡完全溶解，再将 3mL 无水乙醇和称量瓶里的钛酸丁酯缓慢倒入烧杯中，继续搅拌混合均匀，接着向烧杯中加入无水乙醇，使溶液达到 20mL，搅拌均匀，利用盐酸或氨水调节溶液的 pH 值（大约为 4）直至形成溶胶；将形成的溶胶放在 60℃ 的干燥箱中干燥得到凝胶；最后，在研钵中磨碎烘干好的凝胶，并过 45 目的筛子将筛好的原料放入坩埚中在马弗炉中 650℃ 保温 2h 合成，得到 $BaTiO_3$ 纳米粉体。

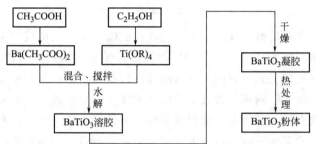

图 3-20　溶胶-凝胶法制备 $BaTiO_3$ 纳米粉体的流程

（3）溶胶凝胶法合成锂离子电池正极材料 $LiMn_2O_4$　目前，对高性能锂离子电池的需要与日俱增。已经实用化的锂离子电池正极材料有 $LiCoO_2$、$LiNiO_2$ 和 $LiMn_2O_4$、$LiCoO_2$ 以其良好的电化学性能占有 90% 的市场，但它的合成成本高、有污染，而 $LiNiO_2$ 则因合成条件苛刻而限制了它的广泛应用。锰资源丰富，价格便宜，对环境污染小，有可回收经验，故被认为是最有希望取代 $LiCoO_2$ 的一种正极材料。何向明等研究以己二酸作络合剂，由溶胶-凝胶法制得均匀的前驱体，再经高温固相反应合成性能优良的尖晶石锰酸锂，并优化了合成工艺条件。实验过程如下。

按比例精确称取 $CH_3COOLi \cdot 2H_2O$、$Mn(CH_3COO) \cdot 4H_2O$ 和己二酸，分别溶解于水中，然后将两溶液混合，在 80℃ 下搅拌 10h，使之形成金属盐的己二酸溶胶。再于 90～100℃ 蒸干形成凝胶。将烘干后的凝胶置入马弗炉 400℃ 下预烧 8h，研磨后再经 600～800℃ 灼烧 20h，得到粉末状的尖晶石锰酸锂正极活性电极材料。图 3-21 为由己二酸溶胶凝胶法合成的 $LiMn_2O_4$ 的 XRD 图谱。由图可见，在 3 个不同温度下合成的 $LiMn_2O_4$ 均为立方尖晶石相，而且从 700℃ 升到 800℃，衍射峰逐渐增强。根据（111）、（311）、（400）、（511）、（440）5 强峰的谱线强度，依次算出 $LiMn_2O_4$ 的晶格常数为 0.82422nm（700℃）、0.82456nm（750℃）、0.82504nm（800℃）。由此可见，随合成温度升高，该尖晶石 $LiMn_2O_4$ 的结晶度逐渐增加，晶格常数也同时增大。

溶胶-凝胶法是制备纳米粉体的一种有效方法，具有以下优势：①起始原料是分子级的能制备较均匀的材料和较高的纯度；②组成成分较好控制，尤其适合制备多组分材料；③可降低程序中的温度；④具有流变特性，可用于不同用途产品的制备；⑤可以控制孔隙度；⑥容易制备各种形状。从而显示出极大的潜在应用前景。但它也有一定的局限性，表现在：

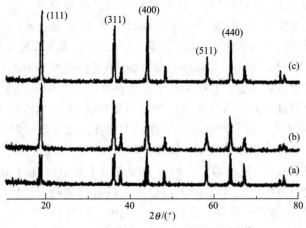

图 3-21 尖晶石 LiMn$_2$O$_4$ 的 XRD 图谱

(a) 700℃；(b) 750℃；(c) 800℃

①原料成本较高；②存在残留小孔洞；③存在残留的碳；④较长的反应时间；⑤有机溶剂对人体有一定的危害性。另外，制备纳米粉体的关键在于金属醇盐的合成，控制水解-聚合反应形成溶胶凝胶和热处理工艺三方面。金属醇盐比较昂贵，合成工艺研究在我国很少，难以实行大型化的生产；而且影响溶胶凝胶形成的因素如溶液 pH 值、溶液浓度、反应温度、反应时间和催化剂等没有深入的研究，使溶胶凝胶方法低温合成高性能材料的本质原因还不明确，从而难以在更低的温度下合成高性能的纳米粉体；再者，制备粉体时，粒子的团聚现象明显，影响烧结体的致密度和微观结构的均匀性，降低了材料的高温性能。这些因素都限制着它的发展，有待于进一步的解决。

3.2.3 微乳液技术

1943 年，Hoar 和 Schulman 首次报道了一种新的分散体系：水和油与大量表面活性剂和助表面活性剂（一般为中等链长的醇）混合能自发形成透明或半透明的体系。这种体系同样即可以是水包油（O/W）型，也可以是油包水（W/O）型。分散相质点为球形但半径非常小，通常在 10～100nm 之间。这种体系是热力学稳定的体系。相当长的时间里这种体系被称为亲水的油胶团或亲油的水胶团。直到 1959 年，Schulman 等才首次将上述体系称为"微乳状液"或"微乳液"。

微乳液是由两种互不相溶液体在表面活性剂的作用下形成的热力学稳定的、各向同性、外观透明或半透明的液体分散体系，分散相直径约为 1～100nm 范围内。通常所说的表面活性剂、水、油的分散体系就是微乳液。相应地把制备微乳液的技术称为微乳技术（microemulsion technology，MET）。根据表面活性剂、化学组成和连续相的不同，可将其分为水包油和油包水两种不同的分散状态。微乳法是在液相化学还原法基础上发展起来的新方法，这种方法具有原料便宜、制备方便、反应条件温和、不需要高温高压等特殊条件等特点，广泛应用于污水治理、萃取分离、材料制备和化学合成等领域。

微乳液通常是由表面活性剂、助表面活性剂（通常为醇类）、油类（通常为碳氢化合物）组成的透明的、各向同性的热力学稳定体系。微乳液中，微小的"水池"为表面活性剂和助表面活性剂所构成的单分子层包围成的微乳颗粒，其大小在几纳米至几十纳米间，这些微小的"水池"彼此分离，就是"微反应器"，它拥有很大的界面，有利于化学反应。这显然是制备纳米材料的又一有效技术。

3.2.3.1　微乳反应器原理

微乳体系中，用来制备纳米粒子的一般是 W/O 型体系，该体系一般由有机溶剂、水溶液、活性剂、助表面活性剂 4 个组分组成。常用的有机溶剂多为 $C_6 \sim C_8$ 直链烃或环烷烃；表面活性剂一般有 AOT（2-乙基己基磺基琥珀酸钠）、AOS、SDS（十二烷基硫酸钠）、SDBS（十六烷基磺酸钠）阴离子表面活性剂、CTAB（十六烷基三甲基溴化铵）阳离子表面活性剂、Triton X（聚氧乙烯醚类）非离子表面活性剂等；助表面活性剂一般为中等碳链 $C_5 \sim C_8$ 的脂肪酸。

W/O 型微乳液中的水核中可以看作微型反应器（microreactor）或称为纳米反应器，反应器的水核半径与体系中水和表面活性剂的浓度及种类有直接关系，若令 W＝[H_2O]/[表面活性剂]，则由微乳法制备的纳米粒子的尺寸将会受到 W 的影响。利用微胶束反应器制备纳米粒子时，粒子形成一般有三种情况（见图 3-22）。

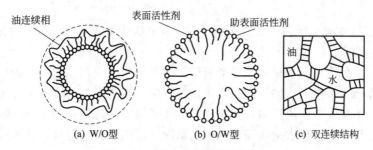

图 3-22　微乳液结构的三种类型

① 将 2 个分别增溶有反应物 A、B 的微乳液混合，此时由于胶团颗粒间的碰撞，发生了水核内物质的相互交换或物质传递，引起核内的化学反应。由于水核半径是固定的，不同水核内的晶核或粒子之间的物质交换不能实现，所以水核内粒子尺寸得到了控制，例如由硝酸银和氯化钠反应制备氯化钠颗粒。

② 一种反应物在增溶的水核内，另一种以水溶液形式（例如水含肼和硼氢化钠水溶液）与前者混合。水相内反应物穿过微乳液界面膜进入水核内与另一反应物作用产生晶核并生长，产物粒子的最终粒径是由水核尺寸决定的。例如，铁、镍、锌纳米粒子的制备就是采用此种体系。

③ 一种反应物在增溶的水核内，另一种为气体（如 O_2、NH_3、CO_2），将气体通入液相中，充分混合使两者发生反应而制备纳米颗粒，例如，Matson 等用超临界流体-反胶团方法在 AOT-丙烷-H_2O 体系中制备用 $Al(OH)_3$ 胶体粒子时，采用快速注入干燥氨气方法得到球形均分散的超细 $Al(OH)_3$ 粒子。

实际应用中，可根据反应特点选用相应的模式。一般地，将两种反应物分别溶于组成完全相同的两份微乳液中，然后在一定条件下混合。两种反应物通过物质交换而发生反应，当微乳液界面强度较大时，反应物的生长受到限制。如微乳液颗粒大小控制在几个纳米，则反应物以纳米颗粒的形式分散在不同的微乳液中。研究表明：纳米颗粒可在微乳液中稳定存在，通过超速离心或将水和丙酮的混合物加入反应后生成的微乳液中使纳米颗粒与微乳液分离，用有机溶剂清洗以去除附着在微粒表面的油和表面活性剂，最后在一定温度下进行干燥，即可得到纳米颗粒。

3.2.3.2　微乳反应器的形成及结构

同普通乳状液相比，尽管在分散类型方面微乳液和普通乳状液有相似之处，即有 O/W

型和 W/O 型，其中 W/O 型可以作为纳米粒子制备的反应器。但是微乳液是一种热力学稳定的体系，它的形成是自发的，不需要外界提供能量。正是由于微乳液的形成技术要求不高，并且液滴粒度可控，实验装置简单且操作容易，所以微乳反应器作为一种新的超细颗粒的制备方法得到更多的研究和应用。

（1）微乳液的形成机理　Schulman 和 Prince 等提出瞬时负界面张力形成机理。该机理认为：油/水界面张力在表面活性剂存在下将大大降低，一般为 $1\sim10$mN/m，但这只能形成普通乳状液。要想形成微乳液必须加入助表面活性剂，由于产生混合吸附，油/水界面张力迅速降低达 $10^{-3}\sim10^{-5}$ mN/m，甚至瞬时负界面张力 $Y<0$。但是负界面张力是不存在的，所以体系将自发扩张界面，表面活性剂和助表面活性剂吸附在油/水界面上，直至界面张力恢复为零或微小的正值，这种瞬时产生的负界面张力使体系形成了微乳液。若是发生微乳液滴的聚结，那么总的界面面积将会缩小，复又产生瞬时界面张力，从而对抗微乳液滴的聚结。对于多组分来讲，体系的 Gibbs 公式可表示为式（3-19）：

$$-\mathrm{d}\gamma=\sum\Gamma_i\mathrm{d}u_i=\sum\Gamma_iRT\mathrm{d}(\ln C_i) \tag{3-19}$$

式中，γ 为油/水界面张力；Γ_i 为 i 组分在界面的吸附量；u_i 为 i 组分的化学位；C_i 为 i 组分在体相中的浓度。

上式表明，如果向体系中加入一种能吸附于界面的组分（$\Gamma>0$），一般中等碳链的醇具有这一性质，那么体系中液滴的表面张力进一步下降，甚至出现负界面张力现象，从而得到稳定的微乳液。不过在实际应用中，对一些双链离子型表面活性剂如 AOT 和非离子表面活性剂则例外，它们在无需加入助表面活性剂的情况下也能形成稳定的微乳体系，这和它们的特殊结构有关。

（2）微乳液的结构　Robbins、MitChell 和 Ninham 从双亲物聚集体的分子的几何排列角度考虑，提出了界面膜中排列的几何排列理论模型，如图 3-23 所示，2 个反应物混合反应得到微乳体系。图 3-24 向微乳液中加入还原剂，生成金属沉淀，图 3-25 中气体鼓入微乳液，生成（氢）氧化物沉淀。成功地解释了界面膜的优先弯曲和微乳液的结构问题。

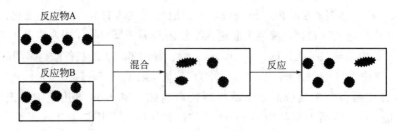

图 3-23　2 个微乳体系混合反应

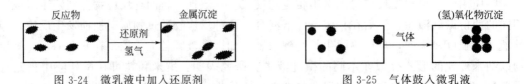

图 3-24　微乳液中加入还原剂　　　　　　图 3-25　气体鼓入微乳液

目前，有关微乳体系结构和性质的研究方法获得了较大的发展，较早采用的有光散射、双折射、电导法、沉降法、离心沉降和黏度测量法等；较新的有小角中子散射和 X 射线散射、电子显微镜法。正电子湮灭、静态和动态荧光探针法、NMR、ESR（电子自旋共振）、超声吸附和电子双折射等。

3.2.3.3　微乳液法的应用举例

（1）纳米催化材料的制备　利用 W/O 型微乳液法可以制备多相反应催化剂，如制备 Rh/SiO_2 和 Rh/ZrO_2 载体催化剂，Kishida 等报道了该方法。采用 NP-5/环己烷/氯化铑微乳体系，非离子表面活性剂 NP-5 的浓度为 0.5mol/L，氯化铑在溶液中的浓度为 0.37mol/L，水相体积分数为 0.11。25℃时向体系中加入还原剂水合肼并加入稀氨水，然后加入正丁醇锆的环己烷溶液，强烈搅拌加热到 40℃而生成淡黄色沉淀，离心分离和用乙醇洗涤，80℃干燥并在 500℃下灼烧 3h，450℃下用氧气还原 2h，催化剂命名为"ME"。通过性能检测，该催化剂活性远比采用浸渍法制得的高。

（2）无机化合物纳米颗粒的制备　清华大学王敏等人研究了用油包水型微乳液法制备超细硫酸钡颗粒，研究中所用试剂主要有环己烷、正己醇、Triton X-100、Tween 80、Span 80、氯化钡、丙酮、乙醇和无水硫酸钠。将一定量的有机相与助表面活性剂以及 $BaCl_2$ 溶液混合置于 200mL 锥形瓶中，用高速搅拌器 9000r/min 的速度搅拌，逐渐向锥形瓶中滴加表面活性剂，至液体突然由混浊转为透明或半透明为止，此时微乳液已经形成。微乳液用恒温磁力搅拌器搅拌，缓缓滴入 Na_2SO_4 溶液，至反应完全为止。把悬浊液转入离心试管中，以 4500r/min 离心 30min，倒去上层清液，用丙酮和乙醇洗 3 遍，离心分离，放入烘箱中 70℃烘干。烘干的成品放入电炉中 300℃烘 2h。用透射电镜（TEM）观察其形态，并拍摄照片。从照片中随机选取 150 个颗粒，测量其直径，求出 150 个颗粒的平均直径。研究结果表明，微乳液法制备的纳米颗粒直径大约在 10～90nm 之间，且分布窄，单分散性好。实验发现使用 Triton X-100 为表面活性剂比用 Tween 和 Span 系列制备的颗粒直径明显小；而且随着表面活性剂加入量的增加，超细硫酸钡颗粒变小；随着反应物浓度的上升，超细颗粒直径增大，实验还发现在一定范围内，微粒直径随着助表面活性剂加入量的增加而减小。

（3）磁性氧化物颗粒的制备　磁性材料中，铁氧体是一类应用最广泛的非金属磁性材料，特别是纳米铁氧体磁性材料，不仅具有纳米材料赋予的特殊的物理和化学性能，还具有特殊的磁性能，广泛用于磁记录介质、磁性流体、吸波材料以及在医疗应用中作为磁性靶向药物载体、细胞分离、磁控造影剂等。冯光峰、黎汉生研究了用双微乳液法制备 $CoFe_2O_4$ 纳米磁性颗粒，研究中试剂主要有 Triton X-100、正己烷、$CoCl_2 \cdot 6H_2O$、$Fe(NO_3)_3 \cdot 9H_2O$、甲胺水溶液和正己醇（CP）。将 Trtion X-100 和正己醇按质量比 3：2 配成混合表面活性剂，正己烷与混合表面活性剂的质量比为 3：7，搅拌均匀。将一定量 0.4mol/L Fe^{3+} 和 0.2mol/L Co^{2+} 溶液按 2：1（摩尔比）混合均匀，加入 Trtion X-100-正己醇-正己烷体系中强烈搅拌，超声分散 15min，得到均匀、透明的微乳液体系 A。采用同样的方法配制含适当过量甲胺的微乳液 B。先将微乳液 A 置于三口烧瓶中，水浴温度保持 30℃，快速搅拌，再倒入微乳液 B，体系立即变成红褐色，反应 0.5h 后，60℃下陈化 1h，离心分离，用丙酮、无水乙醇交替 4 次，去离子水洗至中性，经干燥、研磨和一定温度下煅烧 2h 得纳米 $CoFe_2O_4$ 微粒。研究结果表明：①双微乳液法合成 $CoFe_2O_4$ 纳米颗粒与共沉淀法相比，由于微粒表面被表面活性剂所包裹，在陈化及热处理过程未发生明显的团聚现象；②采用双微乳液法制的 $CoFe_2O_4$ 颗粒为纳米粒子，粒径分布均一。随着煅烧温度的升高，平均粒径增大。

微乳反应器作为一种新的制备纳米材料的方法，具有实验装置简单，操作方便，应用领域广，并且有可能控制微粒的粒度等优点。目前该方法逐渐引起人们的重视和极大兴趣，有关微乳体系的研究日益增多，但研究还是初步的，如微乳反应器内的反应原理、反应动力学、热力学及化学工程问题都有待解决。但是我们相信，微乳化技术作为一种新的制备纳米材料的技术，必将成为该领域不可替代的一部分。

3.2.4 喷雾热分解（SP）法

SP 技术是在喷雾干燥基础上发展起来的一种合成超细粉体及薄膜制备等的气溶胶技术。SP 技术与喷雾干燥技术有许多相似面，但是与喷雾干燥技术之间又存在区别，二者使用的溶液不同，雾滴的沉淀和缩聚过程不同，最主要的是 SP 技术需要在较高的温度（>300℃）下才能完成整个工艺流程。尤其是在 SP 技术中同时发生物理反应和化学反应（例如热分解），而喷雾干燥技术中仅仅发生物理反应。

SP 工艺过程中，溶液雾化后进入一系列的反应容器（图 3-26），在反应器中气溶胶雾滴经历蒸发和雾滴中溶质的浓缩，干燥，然后在高温下沉积物分解为具有微孔的颗粒，微孔颗粒经过烧结后形成致密的颗粒（图 3-27）。陶瓷粉体合成的溶液气溶胶技术具有很多优点，而且目前已发展很成熟，但是 SP 技术是唯一通过溶液形成雾滴控制颗粒大小的。这方面 SP 能保证每一雾滴具有均匀的化学计量比，特别是对合成金属氧化物有明显的优势。另外，如果控制好热分解反应的类型，它也可能合成非氧化物陶瓷、金属和复合物颗粒。

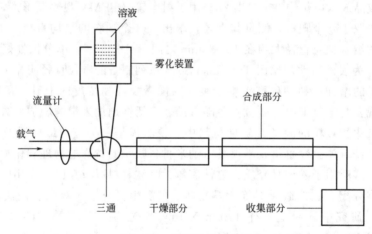

图 3-26 喷雾热分解装置

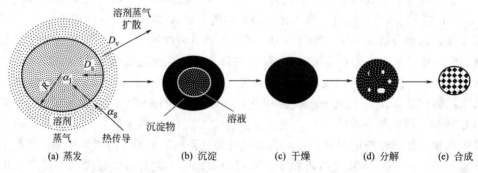

(a) 蒸发　　　　　(b) 沉淀　　　(c) 干燥　　　(d) 分解　　　(e) 合成

图 3-27 SP 技术的合成过程

3.2.4.1 喷雾技术

SP 技术中关键的操作过程是均匀和细密雾滴的制备和控制雾滴热分解过程，影响热分解过程的因素包括雾滴所处位置、环境和时间等。一般商业上的喷嘴雾化制备陶瓷粉体，既不能得到可供再生产的微米和亚微米尺寸雾滴，也不能控制雾滴尺寸分布。因此，一些新的或者改进的雾化技术发展起来。

（1）超声喷雾雾化技术　利用超声喷雾器得到了均匀分布的微米和亚微米尺寸雾滴。一般情况下，超声喷雾器的操作频率是 2.56MHz，超声喷雾器将前驱体溶液汽化（发生器的超声功率大约在 100W），产生的蒸气随载气传输到各个反应器中进行反应，最后由收集装置收集合成好的粉体。采用这种技术，前驱体溶液被超声波转化为小雾滴，雾滴的尺寸非常小，而且尺寸分布范围也非常窄；另外，产生的雾滴初速度小，从而可以随载气一起运动而进行粉末合成。这种技术的优点是气溶胶流动的速率依赖于载气流动的速率，调节载气的流量来控制气溶胶流动的速率，从而使反应更为完全。

（2）改进的喷雾热水解技术　SP 技术要制备较好的陶瓷粉体和薄膜，以下两个条件是必需的：一是雾滴要小，二是雾滴尺寸分布要均匀。为了满足条件，W.Siefert 发展了一种新的喷雾和沉积反应器，它在薄膜制备时可以提高到达基片雾滴的选择性。由于反应器的几何形状和引力与 r^3（r 是雾滴的半径）成正比，较大的雾滴不能随载气传输，而返回雾化反应器。系统有以下优点：①雾滴尺寸的选择性；②抑制雾化反应器中雾化气体的旋涡速率；③减少沉积反应器中热气的对流。

（3）电晕放电喷雾热分解技术　制备薄膜时，传统的气动喷雾热分解技术沉积效率较低（喷雾有效沉积在基片上的比率为沉积效率）。最近，用电晕放电方法控制气溶胶雾滴向基片传输提高沉积效率，沉积效率可以到达 80% 以上。这种技术中，利用频率为 250kHz 左右的超声换能器产生气溶胶，从而产生 10μm 大小的雾滴。换能器产生剧烈的超声波，从而使溶液形成尺寸分布较小的气溶胶雾滴。气溶胶雾滴随载气传输到各个反应器中进行反应，最终得到产品。这种技术的优点是：由于雾滴带电，沿电场方向运动，从而可以更好地控制喷雾的应用。

（4）静电喷雾热分解技术　具有多孔平板结构的水平静电喷雾热分解系统用来制备尖晶石结构的薄膜。不锈钢圆盘选做基片和多孔平板。利用一个加热装置控制基片的温度。喷嘴上加上 ±12.5kV 的高电压，前驱体溶液在外力作用下通过喷嘴，从而产生喷雾。在静电力的作用下，喷雾雾滴移向热的基片，并在基片附近发生分解。喷嘴和基片之间保持比较小的距离，大约是 6μm。这种技术的优点是：薄膜层的结构、致密的或者是多孔结构都可以通过调节沉积时间来控制。

（5）微型喷雾热分解技术　V.Vkilledar 等设计了一种基于微处理器的低成本和高效率的电子控制系统，这个系统可以调节喷雾喷嘴处谐波的波长到任意想要的长度。这种装置特别适应于大面积薄膜的均匀沉积。

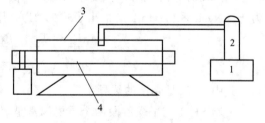

图 3-28　超声喷雾热分解系统
1—超声发生器；2—雾化室；3—热分解室；4—旋转装置

（6）改进的超声喷雾热分解技术　M.Liu 等制造了一种新的超声喷雾热分解装置，装置主要包括四部分（图 3-28）：超声发生器、雾化室、热分解室和旋转装置。此装置的特点是制备薄膜时，基片放在旋转装置上，可以随旋转装置旋转和前后运动。

3.2.4.2　喷雾热分解合成步骤

（1）前驱体　真溶液、胶态分散体、乳化液和溶胶等都可以作为气溶胶的前驱体，但是和 SP 技术有关联的前驱体主要是真溶液。水溶液由于成本低、安全、容易操作和水溶性金属盐的应用范围比较宽而得到广泛的应用。为了提高粉末的产量，前驱体溶质必须有大的溶解度。近年来为了合成非氧化物陶瓷粉体，研究醇类和有机溶液作为 SP 技术前驱体的报道越来越多。

（2）喷雾　前面介绍了多种喷雾技术，这些技术的不同之处在于形成雾滴的尺寸、喷雾效率和雾滴的初速度不同。离开雾化器时雾滴的速率是非常重要的，这是因为它决定着加热的速率和 SP 工艺中雾滴停留的时间。气动或压力喷嘴作为喷雾发生器时，通过喷嘴压力越大，产生的雾滴尺寸就越小。现存的这两种喷雾技术，喷雾时雾滴的速率从 0.5m/s 到 20m/s，流量很大，但是雾滴的最小尺寸仅为 $10\mu m$。相反地，超声喷嘴能耗很小，能量充分耦合得到喷雾雾滴。而且超声喷雾器可以很容易得到尺寸为 $2\sim4\mu m$ 的雾滴，但是流量很小（$<2cm^3/min$）。

对于一个特定的喷雾器，雾滴的特性与溶液浓度、黏滞度和表面张力等因素有关。有机金属和有机酸前驱体由于它的化学性质而有一定幅度的黏滞度（0.04N/m）。一般情况下，有机系统的表面张力远小于水溶液的表面张力（0.07N/m）。这些因素影响喷雾过程中雾滴的尺寸，更为重要的是初始雾滴尺寸分布决定了沉积后颗粒的尺寸。

（3）蒸发　随着 SP 工艺的持续，发生以下的物理现象：雾滴表面液相的蒸发、雾滴中气相的扩散、雾滴的收缩、雾滴温度的变化以及液相向雾滴中心的扩散（图 3-26）。

（4）干燥　雾滴的干燥阶段不同于蒸发阶段，它包含于盐类的沉淀。Nesic 和 Vodnik 得到了关于雾滴表面上溶剂质量迁移率的式(3-20)：

$$\frac{\mathrm{d}m}{\mathrm{d}t}=\frac{4\pi R_c D_v}{1+\dfrac{D_v}{D_{cr}}\times\dfrac{\delta}{R_c-\delta}}(\gamma_d-\gamma_\infty) \tag{3-20}$$

式中，R_c 是沉积时雾滴的半径；δ 是外壳的厚度；D_{cr} 是通过沉积层蒸气的扩散率；γ 是溶剂蒸气的质量浓度（下标 d 和 ∞ 分别代表蒸气的表面和内部）。在沉积层中，蒸气是通过孔扩散的，因此沉积层中的蒸气扩散率小于空气中溶剂蒸气的扩散率，质量迁移率的阻力随 δ 增大，而挥发速率明显降低。Nesic 和 Vodnik 处理时认为壳层的扩散率是常数，不受雾滴大小、尺寸分布、形状和孔的体积等因素的影响。

当溶质开始沉积时，挥发速率明显降低，而且雾滴的温度显著升高，一直升到环境温度为止。Nesic 和 Vodnik 又推出了式(3-21)，用来计算雾滴表面出现凝固体时热传导的变化。

$$\frac{4\pi R_c K(T_\infty-T_d)}{1+\dfrac{K}{K_{cr}}\times\dfrac{\delta}{R_c-\delta}}+\lambda\frac{\mathrm{d}m}{\mathrm{d}t}=mS\frac{\mathrm{d}T_d}{\mathrm{d}t} \tag{3-21}$$

式中，K_{cr} 是壳层的热导率。

控制 SP 工艺干燥阶段两个重要因素是溶液达到沸腾时的时间和环境温度。这主要是由于以下原因：一是在雾滴表面上出现的凝固体又成为溶液蒸气质量迁移附加的阻力，但对于热传导的阻力是非常小的，这将导致雾滴温度的升高，溶液挥发的速率却很低，如果溶质的溶解度与温度是正系数关系，那么溶质将再次溶解；二是如果沉积壳层的渗透率很低，而环境温度又高出溶液沸点很多，这时溶质可能蒸发形成气泡，从而引起雾滴的膨胀，最终导致雾滴的破裂。如果气孔很小而干燥速度又很快，那么凝固体与液体之间的毛细管作用力将引起足够大的应力导致颗粒破裂，这个过程与溶胶-凝胶过程类似。

（5）雾滴凝聚

前面关于 SP 工艺过程的分析都是针对单个雾滴的分析，但是在 SP 工艺过程中，液相雾滴要发生凝聚，即两个或更多个雾滴相互碰撞结合成一个大的雾滴。只要有液相存在，雾滴凝聚是不可避免的。S. K. Friedlander 分析了雾滴（或颗粒）团聚的动力学。颗粒数的衰减与雾滴平均尺寸增加之间的关系可以用式(3-22) 来描述。

$$\frac{N_t}{N_0} = \frac{1}{1 + \dfrac{t}{\tau_c}} \tag{3-22}$$

式中，N_0 是雾滴初始数；N_t 是在 t 时间的雾滴数；$\tau_c = 2/\beta N_0$ 是凝聚的时间常数；β 是凝聚速率常数。

G. L. Messing 等计算了 10% 雾滴凝聚需要的时间。他们得出凝聚时间与温度之间的关系并不敏感，而是与雾滴初始的数密度有着紧密的关系；初始数密度越大，凝聚的越快。很明显，雾滴的凝聚对于合成超细粉体是有害的。因此，可以采用降低初始时雾滴的数密度的方法来减少雾滴的凝聚。

（6）热分解和合成（烧结）　SP 工艺中，热分解形成的颗粒活性大，因此原位进行合成是 SP 工艺的优势。至今为止，已经设计了很多分解与合成交叠的反应器。设计中蒸发、分解和合成都独自在一个反应器中进行，这是为了尽量控制每一反应过程中温度与时间之间的关系。例如，热分解一般情况下发生在 $400 \sim 500\,℃$ 之间，而合成需要更高的温度。

Merck 和 SCC 过程用原位放热反应分解干燥后的颗粒。SCC 过程利用硝酸盐和尿素、甘氨酸或糖之间的放热反应。反应提供的热量足以使颗粒形成高温陶瓷相。在这个反应中，由于形成的气体快速挥发，因而形成的颗粒密度低，并且团聚，因此合成好以后的粉体经球磨处理来达到陶瓷制备的要求。Merck 过程也是采用硝酸盐和有机物原位产生热量，与 SCC 过程类似。

在气溶胶反应器中，热分解后带有纳米孔的颗粒不能合成为致密的粉体。而分解后的颗粒具有小孔、纯度高以及小晶粒等特征，这些特征与陶瓷低温烧结的特征相同。包含有纳米微晶的颗粒在高温下很容易致密化。Y. Tian 等将合成时间缩短到 5s 以内，合成了具有明显粗晶和多孔的陶瓷粉体。

SP 工艺中的烧结过程不经历常规烧结中的颗粒致密化过程，这是由于表面扩散时颗粒碰撞的时间太短而不能形成颈项以及微米尺寸颗粒间黏结系数小等原因造成的。Slamovich 和 Lange 说明了 ZrO_2 颗粒由最初微晶颗粒到单晶颗粒发生的颗粒内晶粒生长过程。

3. 2. 4. 3　喷雾热分解应用举例

（1）致密颗粒合成　制备先进的陶瓷材料要求粉体具有以下特点：化学纯度和均匀性高、颗粒直径小于 $1\mu m$、致密颗粒、颗粒形状一致以及颗粒分散好。利用 SP 技术制备的粉体具有这些特点，但是 SP 技术合成的粉体也容易形成空心和外层破裂的颗粒。

Zhang 和 Messing 等研究了溶质相对饱和度与形成致密颗粒的关系。与其他研究报道相似，相对饱和度越低越容易形成致密的颗粒，而相对饱和度越高得到空心或外层破裂颗粒的概率越大。

P. Odier、B. Dubois、C. Clinard 等研究了温度对形成致密颗粒的影响，他们研究发现，调节炉温使雾滴进入加热区有一定的温度梯度容易得到致密的颗粒。Pebler 使用超声喷雾方法，硝酸盐为前驱体得到了平均直径为 $0.4\mu m$ 的致密球形颗粒。

为了得到致密的颗粒，温度低于溶剂沸点时，较慢挥发对于防止雾滴在沉淀时浓度出现较大梯度是必要的。如果挥发速率较快，导致溶质沉淀在表面上，出现空心或外层破裂的颗粒。超声喷雾容易制备致密的颗粒，这是因为雾滴的速率很慢，挥发期间可以调节载气，使挥发停留时间在 $10\sim50s$，从而为得到致密颗粒提供了条件。

Gary. L. Messing 等总结了其他人的研究后认为，从金属盐溶液中利用喷雾热分解法得到致密颗粒，以下几个条件是必要的：

① 前驱体溶质的临界饱和溶液与平衡饱和溶液之间必须有较大的差别，才能得到致密的颗粒；

② 溶质具有高的溶解度和正的溶解度温度系数才可以得到满意的渗透标准；

③ 沉积的实体在 SP 工艺热分解阶段不是热塑性的而且不溶解。

在 SP 工艺的挥发阶段，利用超声喷雾器可以生产雾滴小、速率低、满足要求的气溶胶。

(2) 超细和纳米颗粒合成 由 SP 技术直接合成粉体，要控制雾滴的形成、凝结、挥发和分解过程。合成后，氧化物颗粒尺寸 D_p 近似为：

$$D_p = D_0 \left(\frac{C_0 \, \rho_{前驱体} W}{C_s \, \rho_{氧化物}} \right)^{1/3} \tag{3-23}$$

式中，D_0 是初始溶液雾滴的直径；C_0 是溶液初始浓度；$\rho_{前驱体}$ 是前驱体的理论密度；$\rho_{氧化物}$ 是氧化物的理论密度；W 是前驱体转化为氧化物的转化率。

超声和静电喷雾器可以产生小的雾滴。当用超声喷雾器时，雾滴的尺寸可以由超声的频率和溶液的表面张力控制，具体关系为：

$$d = 0.34 \left(\frac{8\pi\gamma}{\rho f^2} \right)^{1/3} \tag{3-24}$$

式中，ρ 是溶液的密度，g/cm^3；f 是频率，s^{-1}。R. Rajan 和 A. B. Pandit 详细地论述了超声喷雾技术中雾滴大小的问题。

Kato 等利用 1.7MHz 的超声喷雾热分解法得到了 $220\sim280nm$ 的 $Y\text{-}ZrO_2$ 和 $200\sim300nm$ 的 TiO_2 颗粒。Odier 等利用 2.5MHz 的超声喷雾热分解法得到了 $180\sim200nm$ 的 ZrO_2 颗粒。Toghe 等利用 70MHz 的超声喷雾热分解法制备了 TiO_2、SiO_2、Al_2O_3 和 $\alpha\text{-}Fe_2O_3$ 颗粒。Slamovich 和 Lange 利用静电喷雾合成了 $0.2\mu m$ 的 $Y\text{-}ZrO_2$ 颗粒。Hongchen-Gu 等以乙酸锌二水化合物为前驱体，利用喷雾热分解法合成了 $20\sim30nm$ 的 ZnO 颗粒。

对于制备粉体材料，SP 是一个通用的技术，它可以控制材料的成分、颗粒尺寸和形态。SP 工艺可以通过调节雾化、凝聚、挥发、热分解和合成过程的参数控制粉体、薄膜、纤维等材料的性质。使用 SP 技术时，要清楚前驱体及其溶液的性质，因为溶液的黏滞度等性质影响最终产物的形态和颗粒尺寸。SP 技术也面临着很多困难，前驱体及其溶液的性质也是限制 SP 技术使用的一个主要原因。

尽管使用 SP 技术有很多限制条件，但是 SP 技术也为制备新性能材料提供了更多的机会。

3.2.5 水热法

水热反应过程是指在一定的温度和压力下，在水、水溶液或蒸汽等流体中所进行有关化学反应的总称。按水热反应的温度进行分类，可以分为亚临界反应和超临界反应，前者反应温度在 $100\sim240℃$，适于工业或实验室操作。水热（hydrothermal）一词起源于地质学。英国地质学家 Roderick Murchison 是第一次使用"水热"一词来描述高温高压条件下地壳中的岩石形成。大自然向人们展示了水热制备材料最精彩的例子。许多矿物就是地球在表层长期演化变迁过程中发生的水热反应的产物。1845年，Shafhautl发现新沉淀的硅酸可以在Papin消化器中转变为石英微晶。1848年，Bunsen记录了用厚壁玻璃管制备$BaCO_3$和$SrCO_3$晶体过程。他在玻璃管中安全地获得了100～150atm压力，发现$BaCO_3$和$SrCO_3$的氨溶液自200℃、150bar（14.8atm）下冷却，可得到长约数毫米的$BaCO_3$和$SrCO_3$针状晶体，这一实验可看作水热法制备晶体的起点。1851年，De Senarmont以密闭玻璃容器为反应器，并将此反应器置入一高压釜内以防爆炸。他用这种方法合成了许多氧化物、碳酸盐、氟化物、硫酸盐及硫化物，其中包括具有很好的电学特性、在现代固体化学中起重要作用的Ag_3AsS_3。直到现在，水热制备技术逐渐得到广泛的应用。

自1982年4月召开第一届国际水热反应专题研讨会议以来，到2000年7月已经召开了6次国际水热反应研讨会。水热法引起了世界性的重视。目前，以水热法制备的超细粉末已有40余种，涉及元素有近30处。

3.2.5.1 水热法原理及特点

水热法制备纳米粉体的化学反应过程是在流体参与的高压容器中进行。水热反应过程初步认为包括以下过程：前驱体充分溶解→形成原子或分子生长→基原→成核结晶→晶粒生长。

高温时，密封容器中一定填充度的溶媒膨胀，充满整个容器，从而产生很高的压力。外加压式高压釜则通过管道输入高压流体产生高压。为使反应较快和较充分进行，通常还需在高压釜中加入各种矿化剂。水热法一般以氧化物或氢氧化物作为前驱体，它们在加热过程中的溶解度随温度升高而增加，最终导致溶液过饱和并逐步形成更稳定的氧化物新相。反应过程的驱动力是最后可溶的前驱物或中间产物与稳定氧化物之间的溶解度差。严格说来，水热技术中几种重要的纳米粉体制备方法或反应过程的原理并不完全相同，即并非都可用溶解-沉淀机理来解释。反应过程中有关矿化剂、中间产物和反应条件对产物的影响等问题还有待进一步研究。

与材料制备的其他方法相比，水热制备的方法有如下特点。

① 水热法可以制备其他方法难以制备的物质某些物相。由于水热反应是在一个密闭的容器中进行的，因此能够实现对反应气氛的控制，形成特定的氧化还原环境，制备其他技术难以制得的物质某些物相。这一技术尤其适合过渡金属化合物的制备。例如，在水热条件下，用过量的CrO_3氧化Cr_2O_3，可以制得铁磁性化合物CrO_2。在反应过程中，过量的CrO_3分解，生成O_2，并在水热条件下维持一定的氧分压，使得CrO_2能够在高温和水存在的条件下稳定存在。

② 水热法使用相对较低的反应温度，可以制备其他方法难以制备的物质低温同质异构体。例如，γ-CuI（m. p. 605℃）具有重要的电学性能，但是由于其在390℃会发生相变，所以不能在390℃以上的温度进行制备。在水热条件下，当HI存在时可在低于390℃下制取。又如，闪锌矿ZnS晶体在1296K时发生相变，转化为六方纤锌矿结构，因此不能用高温熔体法生长闪锌矿ZnS晶体，但是采用水热法，在温度为300～500℃（这一温度远低于闪锌矿ZnS向纤锌矿ZnS的相变温度）即可制得闪锌矿ZnS晶体。

③ 水热法可以制备其他方法难以制备的某些物质的含羟基物相。对某些物质含羟基的物相，如黏土、分子筛、云母等，或者某些氢氧化物等，由于水是它们的组分，所以只能由水热法进行制备。

④ 水热体系中发生的化学反应具有更快的反应速率。在水热条件下，当体系存在温度梯度时，溶液具有相对较低的黏度、较大的密度变化，使得溶液对流更加快速，溶质传输更有效，化学反应具有更快的反应速率。例如，在水热条件下，物质玻璃相或非晶相的晶化速率较通常条件下提高好几个数量级。

⑤ 水热法可以加速氧化物晶体的低温脱溶和有序-无序转变。这方面的典型工作是 D. M. Roy 和 R. Roy 等对 Al_2O_3 从尖晶石结晶固溶体中脱溶过程的示踪研究，以及 Datta 和 Roy 关于完全有序尖晶石生长的研究。

另外，水热法之所以能够引起人们的重视，还因为它采用低中温液相控制、能耗较低，且适用性广，可以制备纳米粉体、无机功能薄膜、单晶等各种形态的材料；而且原料相对价廉易得、产率高、物相均匀、纯度高、工艺较为简单、不需要高温灼烧处理就可直接得到结晶完好、粒度分布窄的粉体，且产物分散性良好，无须研磨，避免了由研磨而造成的结构缺陷和引入杂质；合成反应始终在密闭的反应釜中进行，有利于那些伴随有对人体健康有害的有毒物质体系，尽可能地减少环境污染。

但是水热法也存在着一些缺点。最明显的一个缺点就是，该法往往只适用于氧化物或少数对水不敏感的硫化物的制备，而对其他一些对水敏感的化合物如Ⅲ族～Ⅴ族半导体，新型磷（或砷）酸盐分子筛骨架结构材料的制备就不适用了。这些缺陷已被溶剂热法所弥补。还有一个缺点就是由于水热反应在高温高压下进行，需对高压反应釜进行良好的密封，所以水热反应是非可视性的，只有通过对反应产物的检测才能决定是否调整各种反应参数。前苏联科学院 Shubnikov 结晶化学研究所的 Popolitov 等人在 1990 年报道了用大块水晶晶体制造了透明高压反应釜，使得人们第一次直接看到了水热反应过程。

3.2.5.2 水热法的装置——高压釜

水热法是在高压下前驱体之间进行反应，因此高压反应器是水热法必不可少的实验装置。水热法中采用的高压反应器是高压釜，高压釜按压力来源分为内加压式和外加压式两种。内加压式靠釜内一定填充度的溶媒在高温时膨胀产生压力，而外加压式则靠高压泵将气体或液体打入高压釜产生压力。高压釜按操作方式又可分为间歇式和连续式。间歇式是在冷却减压后得到产物，而连续式可不必完全冷却减压，反应过程是连续循环的。粉体制备常用间歇式高压釜，温度、压力、耐腐蚀和水热反应时间等因素决定了制备高压釜所用的材料。高压釜常用的材料是低碳钢、不锈钢、Stellite 合金。为了防止内封流体釜腔的污染，一般高压釜针对不同溶媒加相应的防腐内衬，如 Al_2O_3 衬、Pt 衬、Teflon 衬等。

3.2.5.3 水热法的分类

水热法用于制备纳米材料已经较为广泛地应用于纳米材料制备领域，根据其在制备过程中所用的原理不同，可归纳为以下几个方面。

（1）水热氧化法 利用高温高压水（一些有机溶剂等）与金属直接反应生成新的化合物。在常温常压溶液中，不容易被氧化的物质，可以通过将其置于高温高压下来加速氧化反应的进行。

（2）水热晶化法 以一些非晶态的氢氧化物、氧化物或水凝胶为前驱体促使一些非晶化合物脱水结晶，在水热条件下结晶成新的氧化物晶粒。这种方法可以避免煅烧引起的团聚，也可以用来解决需灼烧反应制备过程的后处理。

（3）水热沉淀法 根据物质沉淀难易程度不同，非沉淀以新的物质沉淀下来，或本来的沉淀物在高温高压下溶解而又以一种新的更难溶的物质沉淀下来，从而得到产物的方法。

（4）水热分解　氢氧化物或含氧酸盐在酸或碱水热溶液中分解生成氧化物粉末或晶体，或者氧化物粉末在酸或碱的水热溶液中再分散为更细的粉末的过程称为水热分解。

（5）水热合成法　可以在很宽的范围内改变参数，使两种或两种以上的化合物起反应，重新生成一种或几种氧化物或复合氧化物。

近年来水热法制备粉体技术又有新的突破。如将微波技术引入到水热制备技术中，在很短的时间内即可制得优质的 TiO_2、Al_2O_3 等粉体。超临界水热合成装置问世后，可在该装置内连续制取 Fe_2O_3、TiO_2、ZrO_2、BaO、Fe_2O_3、Fe_3O_4、NiO、GeO_2 等一系列氧化物陶瓷粉体，既提高了功效，又降低了成本。反应电极埋弧（ResA）是水热法制备纳米材料的新技术。它是将两块金属板浸入能与金属反应的电解质流体中，电解质采用去离子水，借助于低电压、大电流的条件，在电极之间出现火花，使局部区域内温度和压力短暂升高，导致电极和周围的电解质流体蒸发并沉积。用这种方法已成功地制备出 ZrO_2、TiO_2、Cr_2O_3、ZnO 等粉体。

3.2.5.4　水热法应用举例

（1）羟基磷灰石纳米粉体制备　羟基磷灰石简称 HA 或 HAP，它具有与人体硬组织相似的化学成分和结构，可以作为理想的硬组织替代和修复材料，2001 年初，武汉理工大学李世普教授又发现羟基磷灰石纳米材料可以摧毁癌细胞。水热法制备羟基磷灰石通常采用 $Ca(NO_3)_2$ 和 H_3PO_4 进行反应，然后在一定的温度、压力下对沉淀物进行水热处理，得到 HA 粉体。中山大学薄颖慧等采用 $Ca(NO_3)_2$ 和 $(NH_4)_2HPO_4$ 水热反应制备了具有微晶结构的 HA 超细粉。实验中使用试剂为 $Ca(NO_3)_2$（AR）、$(NH_4)_2HPO_3$（AR）、$NH_3 \cdot H_2O$（AR）、聚（DL2 乳酸）（PDLLA，自合成，$M_v = 10.0 \times 10^4$）、棕榈酸（AR）、三甲基—氯硅烷（TMCS）。合成过程为：在一带有搅拌和冷凝管的三颈瓶中，加入 0.30mol/L（或 0.60mol/L）的 $Ca(NO_3)_2$ 溶液（预先用氨水调至 pH=10），开动搅拌，再加入同样体积的 0.18mol/L（或 0.36mol/L）的 $(NH_4)_2HPO_3$ 溶液（预先用氨水调至 pH=10），使羟基磷灰石混合体系的 $n(Ca):n(P)=10:6$，2 种溶液混合后即形成凝胶状的沉淀，体系的 pH 值有所下降。保持搅拌并升温至回流，凝胶状的沉淀逐渐形成极易分散的白色沉淀。搅拌反应一定时间后，使反应体系降至室温（期间保持搅拌）。静置，倾去上层清液，用水反复洗涤沉淀，至倾出液为中性为止。研究结果表明：在水热反应中，只要温度为 100℃，原料中的 Ca/P=10/6 并且维持反应体系一定的 pH 值，就可以获得结晶良好的平均粒径小于 100nm 的超细 HA。

（2）钛酸铋钠的水热合成　压电陶瓷在很多领域有着广泛的应用。传统的压电铁电陶瓷大多是含铅陶瓷，氧化铅在烧结过程中具有相当大的挥发性，对人体、环境造成极大危害。为了保护自然环境，缓解日益严重的污染问题，需要对目前应用的材料从基础上加以改进。因此发展非铅基环境协调性的压电铁电材料具有重大实用意义。近年来，钛酸铋钠 $Na_{1/2}Bi_{1/2}TiO_3$（NBT）系材料作为一种典型的无铅压电材料开始引起人们越来越多的注意。

武汉理工大学王燕等采用水热合成法制备了钛酸铋钠粉体，实验中以分析纯的五水硝酸铋 $Bi(NO_3)_3 \cdot 5H_2O$、钛酸正四丁酯 $Ti(OC_4H_9)_4$ 和氢氧化钠 NaOH 为原料，按照 $Na_{1/2}Bi_{1/2}TiO_3$ 的化学组成计量比配制水热反应混合溶液。实验过程为先将 $Bi(NO_3)_3 \cdot 5H_2O$ 用蒸馏水溶解，缓慢向水溶液中加入 $Ti(OC_4H_9)_4$，混合水溶液置于磁力搅拌器上搅拌约 0.5h，再将 NaOH 溶液加入，继续搅拌 0.5h。将反应液转移到聚四氟乙烯衬里的不锈钢高压釜中，填充度为 80%。在不同的反应温度和反应时间下充分合成。反应完成后将所得沉淀先用去离子水反复洗涤、过滤，再用无水乙醇洗涤至 pH＝9，在 100℃下干燥约 12h，得到钛酸铋钠粉体。研究结果表明如下。

① 采用氢氧化钠、钛酸正四丁酯、五水硝酸铋为原料，在 180℃下用 48h 水热合成获得了纯钙钛矿相结构的 NBT 粉末，粉末粒度均匀，粒径分布 0.2~1μm。

② 水热反应温度、反应时间、矿化剂 NaOH 浓度，体系酸度对水热合成 NBT 压电陶瓷粉体的结晶性有不同程度的影响。反应温度的提高和时间的延长能促使反应进行，矿化剂浓度和体系酸度控制得当，可以得到结晶程度完好的粉末。

③ 水热法陶瓷样品的压电性能参数 d_{33} 和 k_p 分别达到了 82pC/N 和 14.4％。均高于常规固相法制备的样品。

(3) 有机溶剂水热法合成纳米 TiO_2   近十多年来，随着环境污染日益严重，利用半导体粉末作为光催化剂催化降解有机物的研究已成为热点。纳米二氧化钛光催化氧化作为一种新兴的污染处理技术，具有处理速度快，降解没有选择性，设备简单，操作方便，无二次污染，处理效果好等特点，其可应用于废水及含油污水处理、空气净化、杀菌、病毒的破坏、除臭、有机物的降解等，它在环境污染治理方面的应用目前越来越广泛。

浙江大学唐培松等人采用新型有机溶剂热法制备了 TiO_2 纳米粉体。实验过程为高速搅拌下将钛酸丁酯原料稀释到丙酮中，置入石英容器，并放进 WHF-0.25L 型高压反应釜中。密封的反应釜以 2℃/min 升温至 240℃，保温进行水热反应。经 6h 反应后停止加热，自然冷却到室温取出样品，然后，将样品分别在 180℃、250℃、315℃和 365℃热处理 2h，得到 TiO_2 纳米粉体。研究结果表明，即使在尺寸、晶型基本相同的情况下，仍可用经合成条件的控制，调节表面吸附有机物含量与种类，提高 TiO_2 纳米粉体对可见光的有效吸收，达到优化材料光催化性能的目的。

水热法是制备高质量纳米粉体极有应用前景的方法，其在不同温度、压力、溶媒和矿化剂下实现了不同成分、粒径的粉体制备。这些粉体主要用于电子材料、磁性材料、生物材料、结构陶瓷材料、催化剂和吸附材料、色剂和染剂、低膨胀材料、化妆品和填料以及农业、核工业用材料。

当前，国际上水热技术与粉体技术的研究相当活跃。随着高温高压水热条件下反应机理，包括相平衡和化学平衡热力学、反应动力学、晶化机理等基础理论的深入发展和完善，其将得到更迅速、更广泛、更深入的发展和应用。随着各种新技术、新设备在水热法中的应用，可以预见，水热技术会不断地推陈出新，迎来一个全新的发展时期。

3.2.6   沉淀法

沉淀法是制备材料的湿化学方法中工艺简单、成本低、所得粉体性能良好的一种崭新的方法。根据沉淀方式的不同可分为直接沉淀法、共沉淀法和均相沉淀法三种。1967 年加拿大的矿业与技术调查部首先展开了这方面的研究工作。1976 年 M. Mnrata 等利用共沉淀法制备了 PLZT 压电陶瓷微粉。1989 年 Sossina M. Haile 等采用沉淀法制备了 ZnO 压敏陶瓷粉末。近年来，沉淀法已引起国内材料科学界的广泛关注，并得到迅速发展。从 20 世纪 80 年代初期起，沉淀法开始被广泛应用于铁电材料、超导材料、冶金粉末、功能陶瓷材料、结构陶瓷材料、颜料、薄膜及其他材料的制备等。

3.2.6.1   沉淀法的原理

通过加入某种试剂或改变溶液条件，使生化产物以固体形式（沉淀和晶体）从溶液中沉降析出的分离纯化技术称为固相析出技术。在固相析出过程中，析出物为晶体时称为结晶法；在固相析出过程中，析出物为无定形固体时则称为沉淀法。常用的沉淀法主要有盐析法、有机溶剂沉淀法和等电点沉淀法等。也就是说，沉淀法通常是在溶液状态下将不同化学成分的物质混合，在混合液中加入适当的沉淀剂制备前驱体沉淀物，再将沉淀物进行干燥或煅烧，从而制得相应粉体颗粒的方法。

与其他一些传统无机材料制备方法相比，沉淀法具有以下优点。

① 工艺与设备都较为简单，沉淀期间可将合成和细化一道完成，有利于工业化。

② 可以精确控制备组分的含量，使不同组分之间实现分子/原子水平上的均匀混合。

③ 在沉淀过程中，可通过控制沉淀条件及沉淀物的煅烧条件来控制所得粉料的纯度、颗粒大小、晶粒大小、分散性和相组成。

④ 样品烧结温度低、致密、性能稳定且重现性好。但是沉淀法制备粉体有可能形成严重的团聚结构，从而破坏粉体的特性。一般认为，沉淀、干燥及煅烧处理过程都有可能形成团聚体。因此欲制备均匀、超细的粉体，就必须对粉体制备的全过程进行严格控制。

3.2.6.2 沉淀法原料选择及溶液配制

原料的选择直接决定了生产成本的高低、工艺的复杂程度及产品粒子的性质。因此，原料选择对沉淀法制备材料的性质至关重要。由于制备材料的不同，通常选择可溶于水的硝酸盐、氯化物、草酸盐或金属醇盐等，根据所用原料的不同，沉淀法又可分为硝酸盐沉淀法、氯化物沉淀法、草酸盐沉淀法及醇盐水解法等。

溶液配制是沉淀法制备材料过程中第一个关键的操作步骤。通常将含有制备目标物质元素的几种溶液混合，或相应物质的盐类配制成水溶液，必要时还可以在混合液中加入各种沉淀剂，或向溶液中加入有利于沉淀反应的某些添加剂。为实现溶液均匀混合，同步沉淀。配制溶液时可按化学计量比来调整溶液中金属离子的浓度。对于某些特殊的难以同时共存的离子在配制溶液时，还需加热或严格控制各溶液的相对浓度。例如利用氯化物制备 PZT 铁电陶瓷粉体时，由于 Cl 离子和 Pb 离子在常温下或浓度较大时容易形成白色浑浊，致使溶液配制困难，需对溶液加热或降低溶液浓度。

3.2.6.3 沉淀法的应用举例

(1) 化学共沉淀法制备纳米四氧化三铁粒子　随着纳米技术的发展，有关磁性纳米粒子的制备方法及性质受到极大的重视。四氧化三铁纳米粒子在作为磁记录材料、磁流体的基本材料、特殊催化剂原料、功能材料和磁性颜料等方面显示出许多特殊的功能。目前，制备纳米四氧化三铁的方法有很多，如水热反应法、中和沉淀法、化学共沉淀法、沉淀氧化法、γ 射线辐照法、微波辐射法等，其中以共沉淀法最为简便。湖北大学黄菁菁等采用化学共沉淀法制备纳米 Fe_3O_4 粒子，并讨论了铁盐浓度、沉淀剂浓度以及超声波对微粒粒径的影响。研究中采用的试剂为：$FeCl_3 \cdot 6H_2O(AR)$、$FeSO_4 \cdot 7H_2O(AR)$、$NH_3 \cdot H_2O(AR)$。实验原理为：将二价铁盐（$FeSO_4 \cdot 7H_2O$）和三价铁盐（$FeCl_3 \cdot 6H_2O$）按一定比例混合，加入沉淀剂（$NH_3 \cdot H_2O$），搅拌，反应一段时间即得到纳米 Fe_3O_4 粒子，反应式为：

$$Fe^{2+} + 2Fe^{3+} + 8NH_3 \cdot H_2O \Longrightarrow Fe_3O_4 \downarrow + 8NH_4^+ + 4H_2O$$

由反应式可看出，反应的理论摩尔比为 $Fe^{2+} : Fe^{3+} = 1 : 2$，但由于二价铁离子容易氧化成三价铁离子，所以实际反应中二价铁离子应适当过量。制备的过程为：将一定量的二价铁盐（$FeSO_4 \cdot 7H_2O$）和三价铁盐（$FeCl_3 \cdot 6H_2O$）混合溶液加入到三口烧瓶中，滴液漏斗中加入一定浓度的沉淀剂 $NH_3 \cdot H_2O$，在氮气氛下将氨水溶液加到反应体系中，使体系的 pH≥

10，剧烈搅拌，水浴恒温。搅拌 30min 后结束反应，用蒸馏水反复洗涤直至中性，倾去上层清液，在 60℃下真空干燥后，研磨即得纳米 Fe_3O_4 粒子。研究结果表明：采用化学共沉淀法制备纳米 Fe_3O_4 粒子，其粒径大小随铁盐溶液浓度和氨水浓度的增加而增大。在搅拌的同时引入超声波，可使产物粒径减小。改变实验条件，可制得平均粒径在 10nm 以下的纳米 Fe_3O_4 粒子。

（2）直接沉淀法纳米氧化锌　纳米 ZnO 既是一种典型的催化材料，又是一类非常有代表性的电化学和光化学半导体。目前，用纳米氧化锌做防晒剂的化妆品，在国外已经成为防晒化妆品的主导品牌。与传统的杀菌材料相比，纳米氧化锌除具有杀菌、抑菌和紫外线防护功能外，还具有性能稳定、对人体无害以及产品外观色泽稳定等特点。此外，纳米氧化锌在精细陶瓷、微波吸收和电子器件制造业等领域也具有广泛的应用前景。关于纳米氧化锌的制备国内外有不少报道，如溶液沉淀法、微乳液法、非微乳液法和超声辐射沉淀法等。内蒙古师范大学斯琴高娃等以 $ZnCl_2 \cdot 2H_2O$ 和无水 $(NH_4)_2CO_3$ 为原料，在常温常压条件下，用直接沉淀法制备了不同粒径的纳米氧化锌。她们通过热分析、XRD 衍射、红外光谱和 TEM 的分析，得出了如下结论：利用直接沉淀法制备纳米氧化锌的最佳工艺为煅烧温度 300℃、煅烧时间 2h，温度太低或煅烧时间短，前驱体分解不完全，反之则颗粒增大，会导致严重团聚。直接沉淀法具有操作简便易行，对设备要求不高，成本低，样品粒径小、分布较均匀、纯度高和污染小等优点。

（3）草酸共沉淀法制备的 Y_2O_3：Eu^{2+}　Eu^{2+} 掺杂的铝酸盐、磷酸盐、硅酸盐、氧化物、硫化物和氟卤化物等基质的荧光粉已有很多报道。这些荧光粉多用于三基色荧光粉。Eu^{2+} 掺杂的磷荧光体的制备方法通常有高温固相法、微波辐射法、气溶胶法、水热法、微乳液法、溶胶-凝胶法、燃烧法、喷雾热解法、共沉淀法和表面扩散法等，这些制备方法都是要在反应阶段通入还原性气体（$H_2 + N_2$）或者掺入还原性固体（还原炭粉等物质）来还原得到 Eu^{2+}。用还原性气体还原时，一般都是在高温（1200℃以上）条件下完成的，反应条件苛刻，其危险性较高、生产成本高，而且高温烧结后需球磨，这会导致发光亮度下降；用还原性固体还原时，所得到的荧光粉纯度不高，使得其发光亮度降低。草酸共沉淀法是一种在较低的温度下制备超细颗粒、粒度分布均匀粉体的经济而适用的湿化学方法。该法反应的各组分的混合可在分子级别上进行，从而能达到分子水平上的高度均匀性，并能使合成温度降低、产物相纯度高、可获得较小颗粒，无须球磨、设备简单和易于操作；且在烧结过程中，能自身分解释放出还原性气体 CO 来还原周围的高价阳离子 Eu^{2+}。天津大学理学院范军刚等人利用草酸共沉淀法制备 Y_2O_3：Eu^{2+}，并研究了其发光性能。实验过程如下：以 $Eu(NO_3)_3 \cdot 6H_2O$（纯度为 99.99%）、$Y(NO_3)_3 \cdot 6H_2O$（纯度为 99.99%）为起始原料，按一定的化学计量比分别称量。将 $Eu(NO_3)_3 \cdot 6H_2O$ 和 $Y(NO_3)_3 \cdot 6H_2O$ 分别用去离子水溶解，然后加热到 40℃。首先向三口瓶加入一定量草酸和聚乙二醇（6000）的水溶液，搅拌加热至 40℃；其后在强力搅拌下，向三口瓶中逐滴加入含有 Y^{3+} 和 Eu^{2+} 的混合盐溶液，整个反应过程都保持在 40℃，产生大量白色沉淀后，继续搅拌 1h，以便 Y^{3+} 和 Eu^{2+} 完全沉淀；所得沉淀过滤洗涤后在 100℃下经 1h 烘干得疏松的白色粉末，最后将此前驱体粉经高温煅烧 2h，即得 Y_2O_3：Eu^{2+} 荧光粉。通过研究表明：以 Y、O 为基质，Eu 为发光中心，采用草酸共沉淀法，利用草酸盐的自氧化还原获得了 Y、O：Eu 荧光粉。该法煅烧温度低、操作简单，不需要外界置入任何还原性物质，即可还原体系中的高价阳离子 Eu^{3+} 为 Eu^{2+}，因此降低了反应的危险性和生产成本。

展望沉淀法研究的发展方向，今后应在以下方面做深入细致的工作：①研究沉淀法在制备新材料（如功能梯度材料等）方面的应用；②研究沉淀法制备超细粉体的成型行为和规律，以期获得结构均匀、密度较高的素坯，从而制备出高密度、纳米级细晶粒陶瓷；③研究利用沉淀法制备高纯度、高活性粉体材料的新工艺和新技术，以便用最低的成本、简单的工艺和设备制备性能良好的粉体。

3.3 纳米粉体材料的湿声化学法制备

3.3.1 湿声化学法简介

材料性能的改进和完善以及新材料的开发，要求对材料制备的超结构过程加以控制，化学越来越深入地卷入到无机非金属材料的设计和过程控制中。在所有化学手段中，溶胶-凝胶（sol-gel）过程是占压倒性多数的主题。这一过程把众多材料的制备纳入一个统一的过程之中，过去独立的玻璃、陶瓷、纤维和薄膜技术都成为溶胶-凝胶学科的一个应用分支。简单地说，溶胶-凝胶法就是利用液体化学试剂（或将粉末试剂溶于试剂）为原料（这种原料是高化学活性的含材料成分的化合物前驱体），在液相下将这些原料均匀混合，并进行一系列的水解、缩合（缩聚）的化学反应，在溶液中形成稳定的透明溶胶体系，溶胶经过陈化、胶粒间缓慢聚合，形成由氧化物前驱体为骨架的三维聚合物或是颗粒空间网络，其间充满失去流动性的溶剂，这就是凝胶。凝胶再经过低温干燥，脱去其间溶剂而成为一种多孔空间结构的干凝胶或气凝胶，最后，经过烧结固化制备出致密的氧化物材料。

溶胶-凝胶法制备材料的核心就是通过溶胶化这种湿化学法，将物质通过形成溶胶、凝胶、固化处理等过程形成最终产品。

声化学指的是利用功率超声的空化现象加速和控制化学反应，提高反应率和引发新的化学反应的一门20世纪80年代兴起的边缘交叉学科，它具有加速化学反应、降低反应条件、缩短反应诱导时间和能进行有些传统方法难以进行的化学反应等特点。声化学是声能量与物质间的一种独特的相互作用，它不同于传统的光化学、热化学和电化学。

超声化学的原理主要取决于超声波对化学介质的独特作用：机械作用和空化作用。将超声波引入化学反应体系，超声波可以使物质做激烈强迫运动，使产生的单向力加速了质量传递，可以代替机械搅动，能使物质从固体表面剥离，从而使界面更新。另外，将超声波引入化学反应体系，由于其在液体中的空化作用，反应体系中可形成许多"热点"，其压力和温度可达几千个大气压和几千开（K），致使反应物电离或自由基化，加速化学反应的进行。

超声波在液体中的空化作用，是指在强超声作用下，液体中的某一区域会形成局部的暂时负压区，于是在液体中产生空穴或气泡，这些充有蒸汽或空气的气泡处于非稳定状态。当它们突然闭合时，会产生激波，因而在局部微小的区域有很大压强，由于气泡的非线性振动和它们破灭时产生的巨大压力，伴随着这种空化现象会产生许多物理和化学现象。

超声空化一般分为瞬态空化和稳态空化两种类型。瞬态空化是在较高声强（大于 $10W/cm^2$）发生，只在一个声周期内完成。当声强足够高，在声压为负半周时，液体受到大的压力，气泡核迅速膨胀，可达到原来尺寸的数倍，继而在声压正半周时，气泡受压缩突然崩溃而裂解成许多小气泡，构成新的空化核。在气泡迅速收缩时，泡内的气体或蒸汽被压缩而产生约 $5000℃$ 的高温，类似太阳表面的温度，及局部高压约 $500atm$，相当于深海底的压力。

伴随着发光、冲击波，在水溶液中产生自由基·OH。稳态空化是一种较长寿命的气泡振动，常持续几个声周期，而且振动常常是非线性的。一般在较低声强（小于 $10W/cm^2$）下发生。当振动振幅足够大时，有可能由稳态空化转变为瞬态空化。气泡崩溃时所产生的局部高温、高压不如瞬态空化高。稳态空化所引起的微冲流会增加质的传输。声空化产生的难易程度与超声场、液体介质的性质以及周围环境等因素有关。

溶胶-凝胶工艺与喷雾热分解技术在纳米粉体制备中得到了广泛的应用，但是它们都存在着缺陷。在溶胶-凝胶工艺中的缺陷主要有：①溶胶-凝胶工艺中要求原料必须是可溶性盐，因而限制了材料制备的种类，并增加了制备成本；②溶胶-凝胶工艺虽然可以制备超细粉体，但是粉体粒度不可控，从而造成粉体粒度均匀性较差。喷雾热分解方法中的缺陷主要包括：①制得粉体容易形成中孔结构或颗粒发生破碎现象，而且喷雾热分解法的设备相对复杂；②喷雾热分解技术要求原料也必须是可溶性盐。这些都限制了喷雾热分解法在材料合成制备过程中的应用。

对于其他的湿化学方法也存在着原料必须是可溶性盐的问题，并且不易较大量的制备陶瓷粉体材料。常规固相合成法虽然能解决这个问题，但是制备出的粉体不能满足高性能陶瓷的要求。

基于溶胶-凝胶工艺与超声雾化技术制备粉体的优缺点，聊城大学徐志军等在科研过程中，充分调研了溶胶-凝胶工艺与超声雾化技术。国内外关于这两类技术的研究应用虽然很多，但多局限于各自独立合成制备陶瓷粉体上，对于二者结合起来制备陶瓷粉体的研究未见相关报道。充分考虑这两类技术的优缺点后，并结合相应的工作经验，将这两类方法有机结合进行粉体的合成制备研究，并将结合起来的方法称之为湿声化学法。湿声化学法中的一个突出特点就是在合成制备中引入部分不溶性前驱体替代湿化学中的可溶性前驱体，不仅扩大了制备材料的种类，而且能较大量的进行粉体制备。

3.3.2 湿声化学法工艺过程与特点

工艺过程就是利用溶胶-凝胶中的溶胶过程，将合成材料的部分前驱体进行溶胶化，然后加入剩余前驱体的不可溶性盐，再进行超声雾化处理，最后经过凝胶化等热处理手段得到陶瓷粉体。

湿声化学法工艺过程中，溶胶-凝胶工艺起的作用除了与一般溶胶-凝胶工艺相同外，另外就是为超声雾化处理准备前驱物。超声雾化的作用就是利用空化效应和产生的微射流将溶胶与不溶性盐的前驱体充分混合，并起到一定粉碎作用。超声雾化的空化效应对应的是瞬态空化，因为它都是在一个声周期内完成的，因此相对于超声辐射制备材料的技术来说，湿声化学法的能量利用率更高。湿声化学法的主要特点体现在不溶性盐与溶胶的混合以及利用超声雾化技术对混合物的处理上。本方法与溶胶-凝胶、共沉淀以及超声热分解等粉体合成技术相比，具有以下优点：

① 由于在合成过程中部分原料使用了氧化物等不溶性盐，因此生产成本要低于湿化学法的成本；

② 由于在合成过程中部分原料使用了氧化物等不溶性盐，因此热处理时废物排放量减少，从而降低了污染；

③ 能够在较低的温度合成出制备性能优异陶瓷所需的粉体材料，因此可以节约能源；

④ 使用的超声波频率为 25kHz，不同于 MHz 以上高频超声作用，主要利用的是超声波的功率超声作用。

3.3.3 湿声化学法的机理

湿声化学法结合了 sol-gel 工艺与超声雾化技术对材料作用的机理。柠檬酸等有机大分子在合成过程中不仅起到络合剂的作用，而且还起到了燃料剂的作用。当液体中含有固体颗粒非均匀相时，超声所发生的声空化与纯液体中的空化现象有很大不同。由于液-固交界面附近声场受扰动，观察不到纯液体中那种对称、球状的气泡崩溃，而是发现气泡崩溃时向固体表面喷出速度达 100m/s 的微射流，使固体表面发生凹蚀。这种现象只有固体的表面积比共振气泡大几倍时才发生。小的固体颗粒在湍流和冲击波的驱使下可使固体粒子产生高速冲撞。因此，声空化所产生的局部高温、高压、发光、冲击波、微射流等都能加强传质，使固体表面保持高的活性，使不相溶的液-液界面发生乳化分散，从而加快化学反应速率。

湿声化学法的机理正是由于溶胶-凝胶工艺与超声雾化技术的共同作用，使物质的合成温度下降，并且避免了某些不利因素的出现（例如合成过程中可以避免某些不稳定相的出现）。过程中起主要作用的是超声空化效应，即超声雾化过程中气泡的产生、长大以及崩溃的过程。在发生空化效应的瞬间，空化气泡内产生的高温以及高压，可以促使某些化学反应发生，从而为合成优质粉体创造条件。

3.3.4 湿声化学法的应用举例

3.3.4.1 PZT 粉体合成

选择乙酸铅 $[Pb(CH_2COO)_2 \cdot 3H_2O]$（纯度为 99.5%）、钛酸丁酯 $[Ti(C_4H_9O_4)]$（纯度为 98%）、二氧化锆 $[ZrO_2]$ 和柠檬酸 $[C_6H_8O_7H_2O]$（纯度为 99.5%）为原料。按照 $Pb(Zr_{0.52}Ti_{0.48})O_3$ 的化学计量比对各种原料进行称重。乙酸铅和钛酸丁酯分别溶解在去离子水和乙醇溶液中，磁力搅拌 20min 后将它们混合在一起。同时，一定量的柠檬酸溶解在去离子水中（柠檬酸与总金属离子摩尔比为 1.5）。随后将柠檬酸溶液缓慢倒入乙酸铅和钛酸丁酯的混合溶液中，并加入少量的氨水调节溶液的 pH 值，直到形成溶胶。最后将二氧化锆加入到溶胶中，磁力搅拌 30min 后，再球磨 2h。利用超声雾化（25kHz，150W）对球磨过的混合物进行雾化处理 3 次。雾化处理后的混合物在 120℃干燥 10h 形成干凝胶，在不同温度下煅烧干凝胶得到 PZT 粉体材料。图 3-29 为 600℃合成 PZT 粉体的显微图谱，粉体粒度接近纳米级。

图 3-29　600℃合成 PZT 粉体的 SEM 显微图谱

3.3.4.2 SBT 粉体合成

试剂 $Sr(NO_3)_2$、$Bi(NO_3)_3 \cdot 5H_2O$、TiO_2 和柠檬酸用做反应前驱体。硝酸盐和 TiO_2 按照 SBT 的化学计量比分别称重。然后将 $Sr(NO_3)_2$ 和

图 3-30　650℃合成 SBT 粉体的 SEM 显微图谱

$Bi(NO_3)_3 \cdot 5H_2O$ 溶于去离子水中，利用磁力搅拌器搅拌 10min。同时，一定量的柠檬酸溶于去离子水中（按照柠檬酸与金属粒子之比为 1.5 加入适当的柠檬酸），也搅拌 10min。然后将柠檬酸水溶液缓慢倒入硝酸盐的混合溶液中，并不断搅拌。小量的氨水滴入混合液中，调节混合液的 pH 值，直至形成稳定的溶胶为止。形成溶胶后，加入 TiO_2 固体颗粒，继续磁力搅拌 30min 后进行超声雾化处理 3 次（25kHz，150W）。干燥后在 650℃煅烧 2h，图 3-30 为其显微图谱。

通过湿化学中的溶胶-凝胶工艺与声化学中的超声雾化技术有机结合，探索出一种先进的粉体合成技术——湿声化学法。对几种压电陶瓷粉体合成研究表明：湿声化学法是一种操作简便，合成温度相对较低，合成粉体化学活性较高，成本相对较低，有利于低温制备、性能优异的粉体材料，从而为制备高性能陶瓷创造了条件。

参 考 文 献

[1] 任瑞铭. 纳米粉体制备技术. 大连铁道学院学报，1999，20（3）：68-73.

[2] Gleiter H. Nanocrystalline Materials. Prog Mater Sci，1989，33：223-315.

[3] 田春霞. 纳米粉末制备方法综述. 粉末冶金工业，2001，11（5）：19-24.

[4] 张立德. 中国粉体技术，2000，6（1）：1-5.

[5] 盖柯，李锡恩，刘文君. 纳米材料制备方法简介. 甘肃教育学院学报. 自然科学版，2001，（1）：22.

[6] 薛群基，徐康. 纳米化学. 化学进展，2000，12（4）：431-446.

[7] 陈文娟，杨渭. 机械合金化 $Fe_{40}Ni_{40}Si_{20}$ 纳米晶固溶体. 四川理工学院学报：自然科学版，2005，18（4）：36-38.

[8] 郭秀艳，周振华. 机械合金化在新材料开发研制中的应用. 有色金属加工，2005，34（5）：7-9.

[9] Feeht H J，Hellstern E，Fu W L Johnson. Nanocrystalline metals prepared by high-energy ball milling. Metallurgical Transactions A Sept，1990，21A：2333-2337.

[10] Suryanarayana C. Mechanical alloying and milling. Progress in Materials Science，2001，46：1-184.

[11] Weeber A W，Bakker H. Amorphize by ball milling. Physica，1998，153B：93-134.

[12] 柳林，李兵，丁星兆等. 机械合金化法制备超高熔点金属碳化物纳米材料. 科学通报，1994，39（5）：471-474.

[13] 王福明，李文超，张宁欣，韩其勇. 铜基合金中溶质元素的 Lnrio 的模型计算. 稀有金属，1998，22（4）：300-303.

[14] 张代东，郑建玉. 机械合金化制备纳米材料. 铸造设备研究，2004，4：18-21.

[15] 张立德，牟季美. 纳米材料和纳米结构. 北京：科学出版社，2001.

[16] 夏峰，王晓莉，姚熹. PZN-PMN-PT 陶瓷的介电、压电性能. 材料研究学报，1999，13（4），416-418.

[17] Essier P，Zaluski L，Yan Z H，et al. Nanophase and nanocomposite materials. MSR Symposium Proceedings. Boston USA，1992，286：209.

[18] Gleiter H. Encyclopedia of physical science and technology. Berlin：Academic press. Inc，1991，375.

[19] Suryanarayana C. Mechanical alloying and milling Progress in Materials Science. Ann Rer Meteer Sci，2001，46：1.

[20] 余立新等. 机械合金化过程理论模型研究发展. 材料导报，2002，16（8）：11.

[21] Oleszak D，Matyja H. Nanocrystalline Fe-based alloys obtained by mechanical alloying. Nanostru Mater，1995，6：425.

[22] 张汉林，王柱. 超细硬质合金制备. 硬质合金，1995，12（1）：53.

[23] 黎文献，唐嵘. 用机械合金化制备超细 WC-Co-Cr₃C₂ 复合粉末. 中国有色金属学报，1998，8（增1）：90.

[24] 赵海锋，马学鸣，朱丽慧. 纳米 WC 硬质合金制备新工艺. 材料科学与工程学报，2003，21（1）：130.

[25] 马学鸣，赵龄等. 机械合金化制备 WC-Co 纳米硬质合金. 上海大学学报，1998，4（2）：156.

[26] 张生龙，尹志民. 高强高导铜合金设计思路及其应用. 材料导报，2003，17（11）：26-27.

[27] 方善锋等. 高强高导 Cu-Cr-Zr 系合金材料的研究进展. 材料导报，2003，17（9）：21.

[28] 张雷，颜芳，孟亮. 高强高导 Cu-Ag 合金的研究现状与展望. 材料导报，2003，17（5）：15-16.

[29] 吕大铭，张桂芬. CuCrCuCrFe 真空触头材料. 高压电器，2002，(5)：55.

[30] 陈津文，叶仲屏，曾跃武等. 机械合金化 Cu-9Ni-6Sn 合金的失效. 材料科学与工程，2000，18 (2)：69-72.

[31] 雷景轩，马学鸣等. 机械合金化制备电触头材料进展. 材料科学与工程，2003，20 (3)：457.

[32] Gayle F W，Biancaniello F S. Stacking faults and crystallite sizein mechanically alloyed Cu-Co. Anoestrus. mater.，1995，6：429-432.

[33] 张代东，范爱玲. MA 过程中 W-Cu 系纳米粉末的 X 射线相分析. 铸造设备研究，2001，6：14-16.

[34] 李懋强. 湿化学法合成陶瓷粉料的原理和方法. 硅酸盐学报，1994，22 (1)：85-91.

[35] Nam Hee-dong，Lee Byung-ha，Kim Sun-jae，et al. Preparation of ultrafine crystslline TiO_2 powders from aqueous $TiCl_4$ solution by precipitation. Jpn J Appl Phys，1998，37：4603-4608.

[36] Naoufal Bahlawane，Tadahiko Watanabe. New sol-gel route for the preparation of pure α-alumina. J Am Ceram Soc，2001，83 (9)：2324-2326.

[37] 施尔畏等. 水热法制备的粉体晶粒粒度. 硅酸盐学报，1997，25 (3)：287-293.

[38] 曹茂盛. 超微颗粒制备科学与技术. 哈尔滨：哈尔滨工业大学出版社，1995.

[39] Tadao Sugimoto. Preparation of monodispersed colloidal particles. Advances in Colloid and Interface Science，1987，28：65-108.

[40] 邵海成. 铁氧体纳米粒子的制备及表征. 武汉理工大学 [D]，2005，29-33.

[41] 郑昌琼，冉均国. 新型无机材料. 北京：科学出版社，2003，43-45.

[42] 季敏霞，刘立强，王淑峰. 化工科技市场，2006，29 (3)：44.

[43] 陈源清，赵高扬. 溶胶-凝胶法制 $YBa_2Cu_3O_{7-\delta}$ 超细粉体. 材料热处理学报，2006，27 (1)，1-4.

[44] Huhtinen H，Laiho R，et al. YBCO nanopowder：novel material for PLD preparation of thin films. Physica C，2000，341-348：2377-2378.

[45] 姚敏琪，卫英慧，胡兰青，许并社. 稀有金属材料与工程，2002，21 (5)：325.

[46] 杨南如，于桂郁. 硅酸盐通报，1992，(2)：56.

[47] 王文龙，杨宏秀. 材料合成中的溶胶-凝胶法. 化学工业与工程，1992，V9：22-27.

[48] Briuker C J，Scherer G W. Sol-gel Science：The Physics and Chemistry of S-G Processing. Academic Press INC，1990.

[49] 徐志军. 实验二　溶胶-凝胶法制备纳米 $BaTiO_3$ 粉体. 聊城大学材料科学与工程学院综合实验讲义，2006，6：6-9.

[50] 何向明，王莉，张国昀，姜长印，万春荣. 溶胶凝胶法合成锂离子电池正极材料 $LiMn_2O_4$. 电化学，2006，12：104-106.

[51] Brian L Cushing，Vladimir L Kolesnichenko，Charles J O'Connor. Chem Rev，2004，104：3893-3946.

[52] Dong-Hwang Chen，Szu-Han Wu. Chem Mater，2000，12：1354-1360.

[53] 刘春强，杨一军，戴建明. 微乳法制备无机纳米材料的研究进展. 淮北煤师院学报，2003，24 (4)：26-27.

[54] Shinoda K，Friberg S. Microemulsion technology. Colloid Interface Sei，1977，4：281-287.

[55] Jun Zhang，Lingdong Sun，Huayong Pan，Chunsheng Liaoa，Chunhua Yan. New J Chem，2002，26：33-34.

[56] Jiaxing Huang，Yi Xie，Bin Li，Yu Liu，Jun Lu，Yitai Qian. Journal of Colloid and Interface Science，2001，236：382-384.

[57] Boutonnet M，Kizling J，Stenuis P，et al. Colloids Surf，1982，5 (3)：209-225.

[58] Hiroyuki Ohde，Jose M Rodriguez，Xiang-Rong Yea，Chien M Wai. Chem Commun，2000，2353-2354.

[59] Hoar T P，Schulman J H. Nature，1943，152：102.

[60] Lopez-Quintela M Arturo. Current Opinion in Colloid and Interface Science，2003，8：137-144.

[61] 齐艳华. 微乳化技术在纳米材料制备中的应用研究 [J/OL]. 化工之友，2006，(10)：26 [2007-1-27]. http://www. lwsir. com/ligong /jixie/ 200701/ 24531 _ 2. html.

[62] Hoar T P，Schulman J H. Nature，1943，152：102.

[63] 李珍，李正浩. 微乳液合成多孔纳米碳酸钙实验研究. 中国粉体技术，2002，8 (6)：34-36.

[64] 颜肖慈，余林颇. 纳米氧化锌微乳法的制和表征. 十堰职业技术学院学报，2002，15 (2)：67-68.

[65] 周彦昭. 微乳液法制备纳米粉体综述. 陕西科技大学学报，2004，22 (5)：167-170.

[66] 张鹏，高濂. 水热乳化液合成硫化镉纳米晶棒. 无机材料学报，2003，18（4）：772-776.

[67] 崔正刚，殷福珊. 微乳化技术与应用. 北京：中国轻工业出版社，1999.

[68] 李和平，刘庆献. 微乳液-微波辐射法制备 Fe_2O_3 纳米粒子. 精细化工中间体，2002，5（32）：28-29.

[69] 王敏，王玉军. 用油包水型微乳液法制备超细硫酸钡颗粒. 清华大学学报：自然科学版，2002，42（12）：1594-1597.

[70] 冯光峰，黎汉生. 双微乳液法制备 $CoFe_2O_4$ 纳米颗粒及其磁性能研究. 材料导报，2007，21（5）：36-38.

[71] 徐志军，初瑞清，李国荣，殷庆瑞. 喷雾热分解合成技术及其在材料研究中的应用. 无机材料学报，2004，19（6）：1240.

[72] Gary L Messing，Shi-Chang Zhang，Gopal V Jayanthi. Ceramic powder Synthesis by Spray Pyrolysis. J Am Ceram Soc，1993，76：2707-2726.

[73] Pramod S Patil. Versatility of chemical spray pyrolysis technique. Mater Chem Phys，1999，59：185-198.

[74] Huang C S，Tao C S，Lee C H，J Electrochem Soc，1997，144：3556-3561.

[75] Arya S P S，Hinterman H E. Thin Solid Films，1990，193-194：841-846.

[76] Yoshida M M，Andrade E. Thin Solid Films，1993，224：87-96.

[77] Siefert W. Thin Solid Films，1984，121：267-274.

[78] Msears W，Gee M A. Thin Solid Films，1988，165：265-277.

[79] Blandenet G，Court M，Lagarde Y. Thin Solid Films，1981，77：81-90.

[80] Chen C H，Buysman A A，Kelder E M，Scnoonman J. Solid State Ionic，1995，80：1.

[81] Vkilledar V，Uplane M D，Lokhande C D，Bhosale C H. Ind J Pure and Appl Phys，1995，33：773.

[82] Liu M，Zhou M L，Zhai L H，Liu D M，Gao X，Liu W，Physica C，2003，386：366-369.

[83] Gardner T J，Messing G L. Am Ceram Soc Bull，1984，64：1498-1501.

[84] Uismail M G M，Nakai Z，Minegishi K，Somiya S. Int J High Technol Ceram，1986，2：123.

[85] Lefebvre A H. Atomization and Sprays. New York：Hemisphere，1989.

[86] Nesic S，Vodnik J. Chem Eng Sci，1991，46：527-537.

[87] Scherer G W. J Non-Cryst Solid，1992，144：210-216.

[88] Friedlander S K. Smoke，Dust，and Haze：Fundamentals of Aerosol Behavior. New York：Wiley，1977.

[89] Messing G L，Zhang S C. Ceramic Nanoparticle Synthesis by Spray Pyrolysis//Ziegler G，Hausner H. Deutsche Keramische Gesellschaft. Germany：Cologne，1993.

[90] Hilarius V，Hohenberger G. Chemical Powder Procssing of ZnO Varistor Material. presented at 94th Annual Meeting of the American Ceramic Society，Minneapolis，1992.

[91] Martin C B，Kurosky R P，Maupin B，Han C，Javadpour J，Aksaky I. Spray Pyrolysis of Multicomponent Ceramic Powders//Messing G L，Hirano S，Hausner H. Westerville，OH：American Ceramic Society，1990.

[92] Barringer E A，Bower H K，J Am Ceram Soc，1982，65C：199-201.

[93] Tian Y，Dewan H，Brodwin M，Johnson D L. Microwave Sintering of Alumina Ceramics//Handwerker C，Blendell J，Kaysser W. Westerville，OH：American Ceramic Society，1990.

[94] Slamovich E B，Lange F F. Spherical Zirconia Particles via Electrostatic Atomization：Fabrication and Sintering Characteristics// Materials Research Society Symposium Proceedings. Materials Research Society，1988.

[95] Roy D M，Neurgaonkar R R，Holleran T P O，Roy R. Am Ceram Soc Bull，1997，56：1023-1024.

[96] Kodas T T，Engler E M，Lee V，Jacowitz R，Baum T，Roche K，Parkin S. Appl Phys Lett，1988，52：1622-1624.

[97] Odier P，Dubois B，Clinard C，Stroumbos H，Monod P. Processing of Ceramic Powder by the Spray Pyrolysis Method：Influence of the Precursors. Examples of Zirconia and $Yba_2Cu_3O_7$//Messing G L，Hirano S，Hausner H. Westerville，OH：American Ceramic Society，1990.

[98] Dubois B，Ruffier D，Odier P. Homogeneous and Fine YO-Stabilizer ZrO Powders Prepared by a Spray Pyrolysis Method//Hausner H，Messing G L，Hirano S. Germany：Deutsche Keramische Gesellschagt，1988.

[99] Dubois B，Ruffier D，Odier P，J Am Ceram Soc，1989，72（4）：713-715.

[100] Sakurai O，Miyauchi M，Mizutani N，Kato M. J Ceram Soc Jpn，1989，97：398-403.

[101] Ciminelli R R，Messing G L. Ceramica，1984，30 (174)：131-138.

[102] Zhang S C，Messing J L，Borden M. J Am Ceram Soc，1990，73：61-67.

[103] Yano T，Nonaka K，Saito K，Otssuka N. Yogyo Kyokaishi，1987，95：111-116.

[104] Kato A，Nitta K，Hirata Y. J Chem Soc Jpn，1983，10：1544-1546.

[105] Pebler A R. J Mater Res，1990，5：680-682.

[106] Jayanthi G V，Zhang S C，Messing G L，J Aerosol Sci Technol，1993，19 (4)：478-490.

[107] Lang R，J Acoust Soc Am，1959，31：68-74.

[108] Tohge N，Tatsumisago M，Minami T，Okuyama K，Adachi M，Kousaka Y，Jpn J Appl Phys，1988，27 L(6)：
1086-1088.

[109] Xinyu Zhao，Baicun Zheng，Chunzhong Li，Hongchen Gu. Powder Technology，1998，100：20-23.

[110] 唐井元. 纳米材料的水热法合成与表征 [D]. 扬州大学，2007，6.

[111] 李竞先，吴基球，鄢程. 纳米颗粒的水热法制备. 中国陶瓷，2002，38 (5)：36-40.

[112] 施尔畏，陈之战，元如林，郑燕青. 水热结晶学. 北京：科学出版社，2004，36.

[113] Lou X W，Zeng H C. Hydrothermal Synthesis of MoO₃ Nanorods via acidification of Ammonium Heptamolybdate
Tetrahydrate. Chem Mater，2002，14：4880.

[114] Tok A I Y，Boey F Y C，Dong Z，Sun X L. Hydrothermal synthesis of CeO₂ nano-particles. J Mater Process Technol，2007，190：217.

[115] Rstum Roy，Osborn E F. the System Al₂O₃-SiO₂-H₂O. Am Mineralogist，1954，39：853 .

[116] Qadri S B，Skelton E F，Hsu D，Dinsmore A D，Yang J. Size-induced transition-temperature reduction in nanop-articles of ZnS. Phys Rev B，1999，60：9191.

[117] Laudise R A，Ballman A A. Hydrothermal Synthesis of Zinc Oxide and Zinc Sulfide. J Phys Chem，1960，64：688.

[118] Ohshima E，Ogino H，Niikura I. Growth of the 2-in-size bulk ZnO single crystals by the hydrothermal method. J
Crystal Growth，2004，260：166.

[119] Laudise R A，Ballman A A. Hydrothermal Synthesis of Sapphire. J Am Chem Soc，1958，80：2655.

[120] Wang J W，Li Y D. Hydrothermal synthesis of M₂S₃ （M＝Sb，Bi）bulk single crystals and nanorods. Mater Chem
Phys，2004，87：420.

[121] 施尔畏，夏长泰，王步国. 水热法的应用与发展. 无机材料学报，1996，11：193-206 .

[122] 卢荣丽. 低温水热法制备纳米氧化物及其性质研究 [D]. 华东师范大学，2007，5.

[123] 王秀峰，王永兰，金志浩. 水热法制备纳米陶瓷粉体. 稀有金属材料与工程，1995，24 (4)：1-6.

[124] 仲维卓，华素坤. 纳米材料及其水热法制备（上）. 上海化工，1998，23：25-27.

[125] Kumar A，Roy R. J Am Ceram Soc，1989，72 (2)：354.

[126] 王步国，施尔畏，仲维卓等. 硅酸盐学报，1997，25 (2)：223.

[127] Kommarneni S，Roy R，Liq H. Mat Res Bull，1992，27 (12)：1393.

[128] 苗鸿雁，董敏，丁常胜. 水热法制备纳米陶瓷粉体技术. 中国陶瓷，2004，40 (4)：25-28.

[129] 薄颖慧，廖凯荣，卢泽俭，郑臣谋. 聚乳酸/羟基磷灰石复合材料的研究 Ⅰ—— 超细微羟基磷灰石的合成及表面
处理. 中山大学学报：自然科学版，1999，38 (3)：43-47.

[130] 王燕，陈文，周静，徐庆，李月明，孙华君，廖梅松. 钛酸铋钠的水热合成与表征. 功能材料，2004，35：
1383-1386.

[131] Takanaka T，Sakata K. Dielectric and pyroelectric properties of Na₀.₅Bi₀.₅TiO₃ based ceramics. Ferro- electric，
1989，95：153-156.

[132] Takanaka T，Maruyama K I. Na₀.₅Bi₀.₅TiO₃-BaTiO₃ system for lead-free piezoelectric ceramics. Jap J Appl Phys，
1991，30 (9B)：2236-2239 .

[133] 田玉明，黄平，冷叔炎，梁丽萍. 沉淀法的研究及其应用现状. 材料导报，2000，14 (2)：47-48.

[134] 田王明等. 电子工艺技术，1998，19 (3)：99.

[135] 徐华蕊等. 化工进展，1996，5：29.

[136] Weston T B，Webster A H，Menamara V M. J Can Ceram Soc，1967，36：15.

[137] Murata M. Wakino K. Mat Res Bul，1976，11（3）：323.

[138] Sossina M Haile，David W，Johnson Jr. J Am Ceram Soc，1989，72（10）：2004.

[139] 田明原等. 无机材料学报，1998，13（2）：129.

[140] 许迪春等. 硅酸盐学报，1992，20（11）：48.

[141] 黄菁菁，徐祖顺，易昌凤. 化学共沉淀法制备纳米四氧化三铁粒子. 湖北大学学报：自然科学版，2007，29（1）：50-52.

[142] Yamguchi K，Mat sumoto K，Fiji T. Magnetic anisot ropy by ferromagnetic particles alignment in a magnetic field. J Appl Phys，1990，67：4493-4495.

[143] Odenbach S. Magnetic fluids. Adv Colloid Interface Sci，1993，46：263-282.

[144] Atarshi T，Imai T. On the preparation of the colored water based magnetic fluids cred，yellow blue and black. Magn Mater，1990，85：36.

[145] Caceres P G，Behbehani M H. Microst ructural and surface area development during hydrogen reduction of magnetite. Appl Catal A，1994，109：211-223.

[146] Chikov V，Kuznetsov A. Single cell magnetophoresis and its diagnostic value. J Magn Magn Mater，1993，122：367-370.

[147] Fan R，Chen X H，Gui Z，et al. A new simple hydrothermal prepation of nanocrystalline magnetite Fe_3O_4. Materials Research Bulletin，2001，36：497-502.

[148] 丁明，曾桓兴. 中和沉淀法 Fe_3O_4 的生成研究. 无机材料学报，1998，13：619-624.

[149] 秦润华，姜炜，刘红缨等. 纳米磁性四氧化三铁的制备和表征. 材料导报，2003，17：66-68.

[150] Zhu Yihua，Wu Qiufang. Synthesis of magnetite nanoparticles by precipitation with forled mixing. Journal of Nanoparticle Research，1999，1：393-396.

[151] Wang Shizhong，Xin Houwen，Qian Yitai. Preparation of nanocry stalline Fe_3O_4 by γ-ray radition. Materials Letters，1997，33：113-116.

[152] Khollam Y B，Dhage S R，Potdar S B，et al. Microwave hydrothermal preparation of submicron sized spherical magnetite（Fe_3O_4）powders. Materials Letters，2002，56：571-577.

[153] 戴德昌，李沅英，蔡少华等.（$Ce_{0.67}Tb_{0.33}$）$MgAl_{11}O_{19}$ 和 $BaMgAl_{10}O_{17}$：Eu^{2+} 荧光体的微波辐射合成及其发光性能. 中国稀土学报，1998，16（3）：284-288.

[154] 张占辉，王育华，都云昆. $BaMgAl_{10}O_{17}$：Eu^{2+} 荧光粉的化学沉淀法合成及其发光性质. 功能材料，2004，5：35-39.

[155] 范军刚，孙淑清，马向辉. 草酸共沉淀法制备的 Y_2O_3：Eu^{2+} 发光性能. 化学工业与工程，2007，24（6）：497-501.

[156] 徐志军. 压电陶瓷粉体的湿声化学法合成研究. 中国科学院上海硅酸盐研究所博士后研究工作报告，2005，3.

[157] 霍地，张劲松，杨洪才，曹小明. 东北大学学报：自然科学版，2003，24：61.

[158] 冯若，李化茂. 声化学及其应用. 合肥：安徽科学技术出版社，1992，27-151.

第**4**章 一维纳米材料——纳米碳管

　　一维纳米材料研究起步较晚，大约在 20 世纪 90 年代中期才开始被广泛的研究。这主要归功于 1991 年日本 Lijima 等人对纳米碳管的发现。一维纳米材料，诸如纳米管、纳米棒、纳米线和纳米纤维，是纳米材料的一个重要分支，金属和半导体纳米线是纳米组装技术的关键材料。一维纳米材料的广泛研究为器件的微型化提供了材料基础。

　　准一维实心的纳米材料是指在两维方向上为纳米尺度，长度比上述两维方向上的尺度大得多，甚至为宏观量的新型纳米材料。

　　纵横比（长度与直径的比率）小的称为纳米棒，纵横比大的称作纳米丝。至今，关于纳米棒与纳米丝之间并没有一个统一的标准，通常把长度小于 1mm 的纳米丝称为纳米棒，长度大于 1mm 的称为纳米丝线。半导体和金属纳米线通常称为量子线。

　　在席卷全球的"纳米热"中，一种新型一维纳米材料——纳米碳管（carbon nanotubes）脱颖而出。一维纳米结构如纳米线和纳米管，不仅在基础理论研究方面对于探索材料的维数和尺寸对其光学、电学和力学等性质的影响有很大的研究价值，而且其实际应用涉及领域十分广泛，如探针显微镜的针尖、纳米电子器件的连接等。碳是自然界分布非常普遍且极为奇特的元素，它的显著特点是存在着众多的同素异形体，其原子间除以 sp^3 杂化轨道形成单键外，还能以 sp^2 及 sp 杂化轨道形成稳定的双键和三键，从而形成零维（C_{60}，C_{36}）、一维（纳米碳管）到二维（石墨）、三维（金刚石）等结构和性质完全不同的碳材料。自 1991 年日本 NEC 公司的 Iijima 在用高分辨率电镜研究石墨棒放电所形成的阴极沉积物时，意外地发现了直径为 4～30nm、长度约几十微米的纳米碳管以来，该材料已成为国际上众多科学家关注和研究的前沿热点。该材料涵盖了地球上大多数物质的性质，甚至相对立的两种性质，如从高硬度到高韧性、从全吸光到全透光、从绝热到良导热以及绝缘体、半导体、高导体和高临界温度的超导体等。正是由于纳米碳管具有这些独特奇异的特性，决定着它在微电子和光电子领域具有广阔的应用前景。

　　纳米碳管的发展历程如下：1991 年，日本科学家发现纳米碳管；1992 年，科研人员发现纳米碳管随管壁曲卷结构不同而呈现出半导体或良导体的特异导电性；1995 年，科学家研究并证实了其优良的场发射性能；1996 年，我国科学家实现纳米碳管大面积定向生长；1998 年，科研人员应用纳米碳管作电子管阴极；1998 年，科学家使用纳米碳管制作室温工作的场效应晶体管；1999 年，韩国一个研究小组制成纳米碳管阴极彩色显示器样管；2000 年，日本科学家制成高亮度的纳米碳管场发射显示器样管。

　　该材料的出现与发展，得益于诸如电弧放电法、激光烧蚀法以及化学气相沉积法等微细加工技术。专家预测，以纳米碳管为代表的新型碳纳米材料有可能扮演 20 世纪硅在微电子和信息科学中所扮演过的角色，并有可能在更大程度上影响人类社会的生产和生活。

4.1 纳米碳管的性质及其应用

4.1.1 纳米碳管的结构

　　纳米碳管是由类似石墨的六边形网格所组成的管状物，一般由多层网络组成，两端封闭，直径在几纳米到几十纳米之间，长度可达数微米，它的层片间距为 0.34nm，比石墨的层片间距（0.335nm）稍大。纳米碳管的结构，可以形象地认为是由单层或多层石墨片按一定的螺旋度卷曲而成的无缝纳米级圆筒，两端的"碳帽"由五元环或六元环封闭而成，图 4-1 为其结构示意。根据组成石墨片层数的不同，纳米碳管可分为单壁管（SWNTs）和多壁管（MWNTs），如图 4-2 所示。

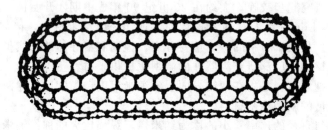

图 4-1　纳米碳管的结构

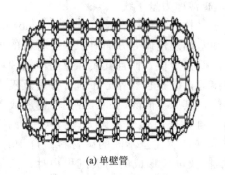

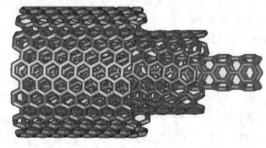

(a) 单壁管　　　　　　　　　　　　　　　　　　(b) 多壁管

图 4-2　单壁管和多壁管的结构

　　实际制备的纳米碳管并不完全是笔直、均匀的，而局部出现凹凸弯曲现象，这是由于在碳六边形网格中引入了五边形和七边形缺陷所致。当出现五边形时，由于张力的关系导致纳米碳管凸出，如果五边形正好出现在纳米碳管顶端，即形成纳米碳管封口，当出现七边形时，纳米碳管则凹进。

4.1.2　纳米碳管的性质

　　纳米碳管又称巴基管（Buckytube），属富勒碳系，它主要是由石墨的碳原子层卷曲成圆柱状的径向尺寸很小的碳管。管壁一般由碳六边形环构成。此外，还有一些五边形碳环和七边形碳环对存在于纳米碳管的弯曲部位，碳管的直径一般在 1～30nm，而长度可达微米级。这种针状的碳管，管壁有单层，也有多层，分别称之为单壁和多壁纳米碳管。一般说来，多壁纳米碳管是由许多柱状碳管同轴套构而成，层数在 2～50 层之间不等。层与层之间距离约为 0.34nm，与石墨中碳原子层与层之间的距离 0.335nm 为同一数量级。观测发现多数纳米碳管在两端是闭合的。作为一种纳米级的小颗粒，纳米碳管与其他纳米微粒一样，表现出小尺寸效应、表面与界面效应和量子尺寸效应。所谓小尺寸效应，是说当纳米粒子的尺寸与光波波长、德布罗意波长以及超导态的相干长度或透射深度等物理特征尺寸相当或更小时，周期性边界条件将被破坏，声、光、磁等特征会呈现出新的尺寸效应，如磁有序态变为磁无序态，声子谱发生改变等；表面与界面效应源于纳米微粒尺寸越小，比表面积越大，使纳米粒子的活性大大增强，这种表面原子的活性能引起纳米粒子表面原子输运和结构的变化，也会引起表面电子自旋构象和电子能谱的变化；而量子尺寸效应是指当颗粒尺寸下降到一定值时，电子的能带和能级，微粒的磁、光、声、热和超导电性与宏观特征显著不同，这一效应在微电子学和光电子学中也占有显赫的地位。

纳米碳管的物理性质与其结构紧密相连。首先，纳米碳管有较大的强度和韧性，例如，由一层碳原子的六边形网格卷曲而成的理想的单壁纳米碳管的强度约为钢的 100 倍，而密度只有钢的 1/6，而且它的弯曲性和管卷曲能力都比一般材料要强得多，所以纳米碳管作为力学材料的前景十分乐观。另外，纳米碳管的导电性能取决于其管径和管壁的螺旋角。通常，高度旋转对称的纳米管有两种方式，即扶手椅方向（armchair）和锯齿面方向（zig）。人们用紧束缚近似模型计算了纳米碳管的能带结构，设 n 为构成纳米碳管一个周长的六元环结构的单元数，当管轴方向平行于 C—C 键时，由于 n 不同，纳米碳管可能是导体，也可能是半导体，具体研究表明，当 n 为 3 的倍数时，纳米碳管为金属性，否则为半导体。其次，用纳米碳管制成的三极管在室温下表现出典型的库仑阻塞和量子电导效应。还有，纳米碳管管束在磁场作用下，可以发生金属-绝缘体转变，而且这种转变和纳米碳管的半径、螺旋性质以及所加外磁场的方向有关。综合起来，纳米碳管主要具有以下几个方面的特性。

① 纳米碳管具有很高的杨氏模量和拉伸强度，杨氏模量估计可高达 5TPa；同时纳米碳管还具有极高的韧性，十分柔软。

② 纳米碳管的导电性与本身的直径和螺旋度有关，随着这些参数的变化可表现出导体或半导体性质。

③ 纳米碳管管壁在生长过程中有时会出现五边形和七边形缺陷，使其局部区域呈现异质结特性。

④ 不同拓扑结构的纳米碳管连接在一起会出现非线性结效应，有近乎理想的整流效应。

⑤ 在室温条件下，纳米碳管能够吸收较窄频谱的光波，能以新的频谱发射光波，还能发射与原来频谱完全相同的光波。

4.1.3 纳米碳管的应用

由于纳米碳管的出色特性，科学家们探索如何利用它们。初步的研究表明，在今后人类文明基于纳米技术和纳米结构的革命化过程中，纳米碳管将起重要作用。纳米碳管的应用，特别是在微电子方面的应用有巨大的潜力。陈会明研究员等根据应用的尺度范围，对纳米碳管可能的应用领域进行了归类，见表 4-1。本书中只对主要应用方面给予介绍，对其他方面有兴趣的读者可查阅相关的文献进行了解。

4.1.3.1 纳米电子学方面

作为典型的一维量子输运材料，用金属性单层纳米碳管制成的三极管在低温下表现出典型的库仑阻塞和量子电导效应。纳米碳管既可作为最细的导线被用在纳米电子学器件中，也可以被制成新一代的量子器件。纳米碳管还可用作扫描隧道显微镜或原子力显微镜的探针。纳米碳管还为合成其他一维纳米材料的控制生长提供了一种模板或框架，纳米碳管在高温下非常稳定，利用纳米碳管的限制反应可制备其他材料的一维纳米结构。这一方法用于制备多种金属碳化物一维纳米晶体和制备氮化物的一维纳米材料。在硅衬底上生长纳米碳管阵列的工艺与现行的微电子器件的制备工艺完全兼容，这就为纳米碳管器件与硅器件的集成提供了可能。美国 IBM 公司于 2001 年用单分子纳米碳管成功制成了当时世界上最小的逻辑电路。美国 IBM 于 2002 年成功开发出了当时最高性能的纳米碳管晶体管，比当时用硅制成的最先

表 4-1 纳米碳管的可能应用领域

尺度范围	领 域	应 用
纳米技术	纳米制造技术	扫描探针显微镜的探针,纳米类材料的模板,纳米泵,纳米管道,纳米钳,纳米齿轮和纳米机械的部件等
	电子材料和器件	纳米晶体管,纳米导线,分子级开关,存储器,微电池电极,微波增幅器等
	生物技术	注射器,生物传感器
	医药	胶囊(药物包在其中并在有机体内输运及放出)
	化学	纳米化学,纳米反应器,化学传感器等
宏观材料	复合材料	增强树脂、金属、陶瓷和炭的复合材料,导电性复合材料,电磁屏蔽材料,吸波材料等
	电极材料	电双层电容(超级电容),锂离子电池电极等
	电子源	场发射型电子源,平板显示器,高压荧光灯
	能源	气态或电化学储氢的材料
	化学	催化剂及其载体,有机化学原料

进的晶体管的速度还要快。

2004 年出版的《应用物理通讯》称,由美国华裔科学家王洋领导的美国波士顿学院科学家小组,采用纳米碳管观测到对可见光的基本天线效应,入射可见光引起纳米管产生微弱电流。据王洋称,他们想直接测量这些微弱电流,但这要求能处理光频下、电脉冲震荡的"纳米二极管" 1015Hz,但还不能获得这种纳米二极管。专家们认为,未来最好的成果是观测到由微弱电流发射的次级辐射。纳米碳管不仅以偶极天线的方式,对入射光做出响应,而且它们还展示极化效应;当入射光在同纳米管方向成直角方向被极化时,响应消失。

对接收可见光纳米天线的实际应用,专家认为,纳米天线可制成光电视,即将电视信号加到在光纤上传送的激光束,而在终端,由一系列纳米管(每个功能类似于高速二极管)将信号解调,而大大提高电视信号的效率和图像的品质。这种纳米天线可成为高效太阳能转化器。即入射光被转化成电荷存储在电容器中,从而可使太阳能转化成电能的效率大大提高。目前传统的利用太阳能发电的方法,是使用大面积太阳能电池板接收阳光,再转化成电能。纳米电子器件由于纳米碳管管壁能被某些化学反应所"溶解",因此它们可以作为易于处理的模具。只要用金属灌满纳米碳管,然后把碳层腐蚀掉,即可得到纳米尺度的导线。目前,除此之外无其他可靠的方法来得到纳米尺度的金属导线。本法可进一步地缩小微电子技术的尺寸,从而达到纳米的尺度。理论计算表明,纳米碳管的电导取决于它们的直径和晶体结构。某些管径的纳米碳管是良好的导体,而另外一些管径的则可能是半导体。现在日本NEC 公司的研究人员证实巴基管具有比普通石墨材料更好的导电性,因此纳米碳管不仅可用于制造纳米导线的模具,而且还能够用来制造导线本身。物理学家 J. Q. Broughton 认为,将来可以采用纳米碳管制造出分子水平的线圈筒、活塞和泵等微型零件来组装成微型引擎或其他装置,来恢复病体功能。利用纳米碳管的电子特性,可用来制作晶体管开头电路或微型传感器元件。它还可以作为锂离子电池的正极和负极,使电池寿命增长,充放电性能好。此外,纳米碳管被认为是制造新一代平面显示屏极有希望的材料。

4.1.3.2 复合材料领域

由于纳米碳管具有非常高的强度,且耐强酸、强碱,600℃以下基本不氧化,又具有纳米级尺寸,若与工程材料复合,可起到强化作用。因此关于纳米碳管复合材料的研究也成为其应用研究的一个重要领域。用纳米碳管制作复合材料研究，首先在金属基上进行，如 Fe/纳米碳管、Al/纳米碳管、Ni/纳米碳管、Cu/纳米碳管等。复合方法一般有快速凝固法和粉末冶金法。由于纳米碳管的尺寸与金属晶格相比显得太大，无法进入，被排斥在晶界上。因而，当纳米碳管加入量超过一定值（一般为 3%）时，就在晶界上集聚成团，削弱晶格间连接力，反而降低基体的强度。另外，如 Fe/纳米碳管、Al/纳米碳管、Ni/纳米碳管，在复合过程中部分纳米碳管与高温液态金属化合形成金属碳化物，将纳米碳管与金属基体割裂开，在纳米碳管与金属基体之间形成一层脆性界面。将纳米碳管与纳米 SiC 陶瓷复合也进行过尝试（清华大学机械工程系）。考虑到纳米碳管与高分子材料具有相近的结构，近年，纳米碳管复合材料的研究重心已转移到高分子/纳米碳管复合材料方面。由于高分子材料的机械性能，特别是其拉伸强度普遍较低，因而，研究高分子/纳米碳管复合材料，用纳米碳管增强高分子材料，以扩展高分子材料的应用领域，具有很高的研究、推广价值。如用原位复合法复合纳米碳管/PMMA，纳米碳管在复合过程中参与 PMMA 的加成聚合反应，与 PMMA 形成牢固的结合界面，将 PMMA 的机械性能大幅度提高。在目前研究中的尼龙 6/纳米碳管复合材料中，也显示出同样的效果。

4.1.3.3 能源方面

能源方面最有代表性的是储氢材料和超级纳米碳纤素电池。

清华大学纳米碳材料研究小组近日发现一种经处理后表现出显著储氢性能的纳米碳管，它有望成为新的清洁能源——氢能电池的制造材料。研究小组的科技人员对定向纳米碳管的电化学储氢特性进行了系统研究，发现这种纳米碳管具有许多全新的力学、电学、热学和光学性能，尤其是将它混以铜粉后表现出的显著的储氢性能。课题小组将纳米碳管制成电极，进行恒流充放电电化学实验，结果表明，混铜粉定向多壁纳米碳管电极的储氢量是石墨电极的 10 倍，是非定向多壁纳米碳管电极的 13 倍，比电容量高达 $1625mA \cdot h/g$，对应储氢量为 5.7%（质量分数），具有优异的电化学储氢性能。根据美国能源部（DOE）对车用储氢技术制订的标准，该研究小组这次发表的实验结果，已经接近其对储氢材料的重量和储氢密度的要求。该项技术可以应用在燃料电池的制造中，起到持续稳定的氢源的作用。燃料电池是一种不经过燃烧而以电学反应连续把燃料中的化学能直接转换为电能的发电装置。其中，质子交换膜燃料电池（PEMFC）以纯氢为燃料，具有工作温度低、输出功率大、体积小、重量轻、"零排放"的优点，特别适合交通运输工具使用。

超级纳米碳纤素电池是中美科学家历时十年时间，投入大量的人力、物力，最新工艺研制的新材料、新技术的最新绿色能源，重量轻，只有铅酸电池的 1/10，体积只有一般电池的 1/16，能量可大的惊人，每颗纳米材料为 $10\sim30nm$，长度为 150mm，光、声、电都产生一般分子级材料难以产生的能量，导电阻接近 0，这是一般任何传统电池无法比拟的。该产品具有快速充电的特性，又有突发功率的特性，能量重量比可在 $170\sim230W \cdot h/kg$ 之间，而能量体积比可达 $500\sim1000W/L$，充放电可达 1000 次以上，寿命长达 10 年。而价格仅为锂电池的一半。它广泛应用于电动车、潜艇、电力机车等需储能大、重量轻的电动力机械上。它的推出是超导及储能科学的一场革命，为更高性能电化学超级电容器的研究开辟了新的途径。

4.1.3.4 医疗领域及生物工程

在美国加利福尼亚大学莱斯利·威尔逊和齐鲁斯·萨费尼亚博士领导下研制成的一种所谓"智能"生物纳米管，将来能在人体内运送药物。在实验过程中，研究人员利用从母牛脑组织中萃取的微细管，微细管是能进入细胞骨骼的纳米大小圆柱体，在人体内微细管能完成几种功能，其中包括实现物质运输和神经脉冲传递。研究发现，在带负电的微细管与带正电的脂膜相互作用时会发生微细"容器"的自行组合，不仅如此，如果对含有这些微细管的溶液加上电压，则可以改变"容器"的形状，打开"容器"的两端或其中一端。这种"容器"的外部直径大约为 40nm，而其内径约为 16nm。

科学家认为，将来在生物"容器"内部可以放入药物，并可以在任何所需地点释放药物。研究人员已经进行了一系列实验，证明新方法可靠有效。不过，科学家目前尚未作出很快就能实际应用"智能"生物纳米管的预测。

生物分子世界里，结构与功能扮演重要角色，而细胞功能的维持是由细胞质液内的丝状蛋白所完成，也就是所谓的细胞骨架（cytoskeleton）。细胞骨架提供细胞机械性支撑以维持细胞形状，细胞骨架至少由三种纤维组成，即微管（microtubules）、微丝（microfilament）、中间丝（intermediate filament）。微管为中空管状，由 α-位和 β-位蛋白组成二聚体，微管外径为 25nm，内径 15nm，主要功能为细胞的运动。微丝为两条绞合的肌动蛋白（actin）链组成，直径为 7nm，另有肌凝蛋白（myosin），这两种蛋白负责肌肉收缩与细胞运动。而中间丝为纤维蛋白超绞结而成，直径为 8～12nm，目的在维持细胞的形状。我们发现细胞骨架结构几乎是纳米单位组成，在如此微细成分中却影响到整个生物分子运转。例如细胞骨架中的微管和微丝在细胞运动功能中靠一种蛋白质复合物相互作用完成的，此蛋白质复合物叫做运动分子（moto rmolecules）。各种不同形式的运动分子是借由改变形状来达到目的，每次改变形状都是释放游离一端，并沿着微管或微丝伸向远程。

比方说，在细胞的肌肉学里面，如阿米巴原虫的变形虫运动，其实是一连串分子的事件。另外，著名的"生物马达"微生物的鞭毛（flagella）运动，其一跟鞭毛的挥动即具有推动整个微生物前进的推进力，因此常被用来当作生物组件作为纳米机械的一个例子。其原理是利用微管的滑动，微管在鞭毛中的排列为"9＋2"的特殊结构，9 个绕成一圈的微管两两成对（双胞胎），2 个在中心的微管则为单独（singlet）"排排站"，前段所述微管中具 α 和 β 二聚体的蛋白质称为微管蛋白（42000），并有动力蛋白（4×10^5），扮演类似骨骼肌中肌球蛋白的角色，为微管蛋白与动力蛋白两种蛋白质局部结合而彼此滑动，造成这两种纤维缩短，故可发挥力的"收缩状态"。

自然界的机械原理常是在运用蛋白质的结构变动，而且这些工作单位都是在纳米级的。这么小的一个工作机器，却可以产生足以让整个微生物变形或移动所需要的力道，而在第一部分所提的人工 DNA 纳米机械应该也有类似潜力，操作一些自然界可能原先并没有去操作的功能。利用蛋白质分子的移动和做功原理，我们称为"生物机械系统"（molecular machine system），利用此生物分子组件工作原理可应用于其他科技产业。如何利用生物分子微小能量，转换成巨大力量，将是未来努力的方向。

4.1.3.5 化学领域

纳米碳管有极大的表面积和中空结构，使其在化学领域也有广泛的用途，可用作催化剂载体、吸收剂、超滤膜等。纳米碳管用浓 HNO_3 回流处理后将有 90％的纳米碳管封闭端口被打开，可将催化剂填入纳米碳管中，做成分子水平的催化剂，大大提高其催化效果。由于纳米碳管能与某些化学物质反应被"溶解"，因此可以用作纳米模具，制备纳米尺寸的金属导线。美国得克萨斯 A&M 大学研究生约瑟夫·K·坎贝尔用纳米碳管制作了用于电化学实验的纳米电极，这种纳米电极强度高，长径比大，特别适用于扫描电化学显微镜和生物电化学。研究人员还发现纳米碳管在室温下与 NO_2 或 NH_3 接触，其电阻会立即有较大的变化；因此，可以制造化学元素检测设备，来检查空气中的 NH_3 或汽车尾气中的 NO_2。另外，它还可以用于污水处理，吸附有害物质；将纳米碳管制成列阵的取向膜，利用其纳米级的微孔，对某些分子或病毒进行过滤等。

由于纳米碳管独特的纳米中空结构、封闭的拓扑构型，使其具有大纳米中空结构，使得它有可能作为一种纳米反应器；作为碳家族的新成员，它有合适的孔径分布，便于金属组分更好地分散；它独特而又稳定的结构及形貌，尤其是表面性质，能依据人们的需要进行不同方法的修饰，使其适合作为新型催化剂载体。与传统催化材料相比，纳米碳管具有可调控的纳米管腔结构、大的长径比和边界效应，处于管内的气体或液体有着完全不同的物理性能；纳米碳管还具有较大的比表面积，能够填充和吸附颗粒；而且在许多条件下具有很高的热稳定性，因而在作为催化剂载体方面有着很好的应用前景。

4.2 纳米碳管的制备

纳米碳管的制备是对其开展研究与应用的前提。能够获得足够量的、管径均匀的、具有较高纯度和结构缺陷少的纳米碳管，是对其性能及应用研究的基础；而大批量、廉价的合成工艺也是纳米碳管能实际工业应用的保证，因此对纳米碳管制备工艺的研究具有重要的意义。纳米碳管的生长机制一直是人们比较感兴趣的问题，也是纳米碳管研究领域最具争议的问题。不同研究者提出了很多关于纳米碳管的生长机制，建立了不同的物理模型，因为这一问题的正确解决直接影响着纳米碳管的制备。一般认为纳米碳管生长机制的研究必须以理解其制备工艺条件为前提；另外通过不同工艺条件下纳米碳管的生长机制存在的相似性的比较，找出纳米碳管生长的本质性问题，应是在此领域内的研究者的一项很重要的任务。

高纯度和高产率纳米碳管的制备是纳米碳管研究的一个重点。目前制备纳米碳管的方法主要有电弧法、催化裂解法（又称 CVD 法）和离子或激光溅射法等。

4.2.1 电弧法

电弧法是最早用于制备纳米碳管的方法，也是最主要的方法。其原理为石墨电极在电弧产生的高温下蒸发，在阴极沉积出纳米管。传统的电弧法是在真空的反应容器中充以一定量的惰性气体，在放电过程中，阳极石墨棒不断消耗，同时在阴极石墨电极上沉积出含有纳米碳管的结疤。这种方法的特点是简单快速，但产量不高，且纳米碳管烧结成束，束中还存在很多非晶碳杂质。但 Ebbsen 等人通过优化工艺后，每次制得克级的纳米碳管，使这种方法被广泛应用。Colbert 又对其改进后，大大地提高了纳米碳管的质量，同时，Iijima、Bethune、Lin 等人引入催化剂进行电弧反应，提高纳米碳管的产率，降低了反应温度，减少了融合物。因此，电弧法仍是一种制备纳米碳管的好方法。图 4-3 是石墨

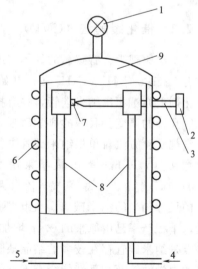

图 4-3　石墨电弧法的工艺简图

1—真空计；2—进料系统；3—石墨阳极；
4—接真空泵；5—惰性气体；6—水冷系统；
7—石墨阴极；8—冷却循环系统；9—真空泵

电弧法的工艺简图。

石墨电弧法是在真空反应器中充以一定压力的惰性气体或氢气，采用较粗大的石墨棒为阴极，细石墨棒为阳极，在电弧放电的过程中阳极石墨棒不断被消耗，同时在石墨阴极上沉积出含有纳米碳管的产物。另外，Jones 在阳极沉积物中也发现了纳米碳管，并认为其与阴极产物有相似的生长过程。

石墨电弧法合成纳米碳管的方法上，工艺参数的改变将大大影响纳米碳管的产率，一般认为高气压低电流有利于阴极产物的形成，电弧等离子体中电场与温度场也有协同作用。

电弧催化法是在电弧放电法的基础上发展起来的，在阳极中搀杂不同的金属催化剂（如 Fe、Co、Ni、Y 等），利用两极的弧光放电来制备纳米碳管。电弧催化法主要是用来制备单壁纳米碳管。图 4-4(a) 为用电弧放电法加金属催化剂制备的纳米碳管在 TEM-2000EX 透射电镜上的形貌图，（b）和（c）为在 JEM-2010 电镜上的高分辨图，由此可以看出，电弧催化法制备的纳米碳管非常直。

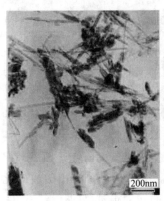 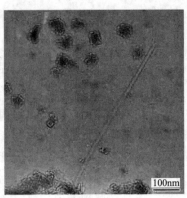 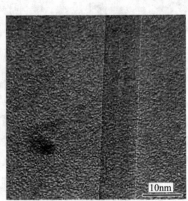

(a) TEM形貌图　　　　　　　(b) TEM高分辨图　　　　　　　(c) TEM高分辨图

图 4-4　电弧催化法制备的纳米碳管

4.2.2　催化裂解法（CVD）

此法原理为含有碳源的气体（或蒸汽）流经催化剂表面时分解，生成纳米碳管。碳源气体有 C_6H_6、C_2H_2、C_2H_4 等。开始使用 Fe、Co、Ni 等催化剂，后来在不含金属的固体酸催化剂上亦沉积出纳米碳管，并有报道通过 Fe/NaY 催化剂合成纳米碳管，且实现了对纳米碳管孔径的调变。我国的科学家通过催化裂解法制备了 2～3mm 的超长纳米碳管，这使得用常规实验方法对单根纳米碳管进行精确测试成为可能，对纳米碳管的性质和应用研究有重要意义。Yacaman 等人最早采用 2.5%（质量分数）铁/石墨颗粒作为催化剂，常压下 700℃时分解 9%乙炔/氮气（流量为 $150\mu L/min$），获得了长度达 $50\mu m$，直径与 Iijima 所报道的尺寸相当的纳米碳管。催化裂解法的特点是操作简单，可大规模生产，且产率高。目前，单程产率已由原来的 0.1g 增加到 10g，具备了工业化的条件；但这种制备方法存在的缺点是纳米碳管存在较多的结晶缺陷，常常发生弯曲和变形，石墨化程度较差，这对纳米碳管的力学性能及物理性能会有不良的影响。因此对由此法制备的纳米碳管采取一定的后处理是必要的，如高温退火处理可消除部分缺陷，使管变直，石墨化程度变高。

关于催化裂解法制备纳米碳管的机理，跟气相生长碳纤维相似。在一定的温度下，碳源气体首先在纳米级的催化剂表面裂解形成碳源，碳源通过催化剂扩散，在催化剂表面长出纳米管，同时推着小的催化剂颗粒前移。直到催化剂颗粒全部被石墨层包覆，纳米管生长结束。实际上，用此法制备的纳米碳管的顶端或中部都发现了催化剂颗粒，从而验证了此机理的正确性。

图 4-5 为催化裂解法常用的工艺简图，其常用的工艺参数（参考）如下：裂解温度为 600~800℃，乙烯：氢气为 1：1，流量为 200~300mL/min，裂解时间＜30min。与电弧法和激光蒸发法相比，催化裂解法反应温度较低，设备也比较简单，实验条件易于控制，可半连续或连续制备，得到的单壁纳米碳管纯度高，从而有可能实现低成本、大量合成单壁纳米碳管。

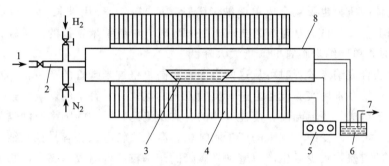

图 4-5　催化裂解法常用的工艺简图

1—乙烯；2—计量器；3—陶瓷器皿；4—高温炉；5—温控仪；
6—净化器；7—废气；8—反应器

4.2.3　激光蒸发法

激光蒸发法是制备单壁纳米碳管最为常用的一种方法，且产率较高。其制备方法是：置于加热炉中的水平石英管中放入含量约 1％的 Ni 和 Co 压成的石墨靶，在其前后，各置一个 Ni 收集环，管中通有流量 300mL/min、压力 66.66kPa 的氩气，在 1473K 以上的高温下，用 Nd-TAG（波长 532nm 或 1064nm）激光轰击石墨靶，每个脉冲的宽度为 8nm，功率约 3J/cm^2。石墨靶将生成气态碳，这些气态碳和催化剂粒子被气流从高温区带向低温区，在催化剂的作用下生长成单壁纳米碳管。1996 年，A. Thess 等对实验条件进行改进，在 1473K 下，采用 50ns 的双脉冲激光照射含有 Ni/Co 催化剂颗粒的石墨靶，获得了高质量的单壁纳米碳管管束。产物中的单壁纳米碳管含量大于 70％，直径在 1.38nm 左右。该方法首次得到相对较大数量的单壁纳米碳管，但在制备纳米碳管的过程中，随石墨的蒸发，金属/石墨靶的表面产生金属富集，致使单壁纳米碳管的产率降低，M. Yudasaka 采用双靶装置，即将金属/石墨混合靶改为纯过渡金属或其合金及纯石墨两个靶。将两靶对向放置，并同时受激光照射。这样可消除因石墨挥发而导致石墨靶表面金属富集引起的产量下降。

M. Yudasaka 还研究了采用石墨/硝酸多孔靶材的激光蒸发法。在升温过程中，靶材分解出的颗粒直径较小，提高了催化能力，同时，提高了能量的利用率，故单壁纳米碳管的产量得以提高。T. Guo 等研究了金属催化剂与单壁纳米碳管产量的关系，发现随着催化剂的改变，纳米碳管的产量会发生很大的变化。当催化剂用 Ni/Co 合金时，单壁纳米碳管的产量是以纯金属做催化剂时的 10~100 倍。同时以 Co/Pt 合金及 Ni/Pt 合金为催化剂也可获得高产量的单壁纳米碳管，但是以 Pt 为催化剂时所得产物中单壁纳米碳管的含量较低。以 Co/Cu 合金为催化剂可获得少量单壁纳米碳管，而以 Cu 为催化剂时则生成半球形帽状物。

张海燕等研究 CO_2 连续激光蒸发制备单壁纳米碳管的结果表明，在室温下大功率 CO_2 连续激光蒸发可制备出直径 1.1～1.6nm 的单壁纳米碳管，即在激光法中只要达到一定的温度，长波长的红外激光也能产生单壁纳米碳管。纳米碳管的最终产物受激光波长影响，同时环境温度（炉温）、催化剂的种类和含量、惰性气体压力和流量、激光能量密度等亦影响单壁纳米碳管的生成。通常情况下炉温应大于 1373K，但也不是越高越好。H. Kataura 等发现，采用 C/NiCo 靶时，低于 1623K 时，炉温越高，单壁纳米碳管的产量越高；在高于 1623K 时，其产量大大下降。而采用 C/RhPt 靶时，炉温越高（大于 1723K）时，单壁纳米碳管的产量越高。采用 N_2 或 Ar 作载气时得到的纳米碳管的产量远高于用 He 作载气时的产量。惰性气体的压力也影响合成单壁纳米碳管，E. Munoz 等用波长为 $10.6\mu m$ 的 CO_2 连续激光源，当 N_2、Ar 的压力为 26.66～53.33kPa 时，单壁纳米碳管的产量较大；当压力小于 26.66kPa 时，单壁纳米碳管的产量大大降低。

激光蒸发法合成纳米碳管时可从这两方面来提高单壁纳米碳管的产量：①对设备或者靶材设置的改进；②在常用实验设备上进行实验工艺的优化。后者中的影响因素主要有激光束的强度、催化剂组成、环境温度、惰性气体的种类及流速、脉冲的频率及间隔时间等。改变这些工艺参数，可以改变纳米碳管的产量和结构。激光法较电弧法容易控制纳米碳管的生长环境，产物上的覆盖物较少且生产单壁纳米碳管的产率较高，但成本高，产物夹杂多，分离提纯困难。

4.2.4 化学气相沉积法

化学气相沉积法是在制备碳纤维的基础上制备单壁纳米碳管的。在制备中，常采用浮动裂解法，在 1100～1200℃ 的温度范围内，以二茂铁为催化剂，通过其引入量来控制催化剂颗粒的大小和碳氢比，以苯为碳源，添加适量的噻吩可以制得纳米碳管，如图 4-6 所示。

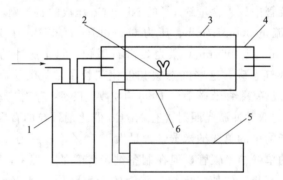

图 4-6　化学气相沉积法制备纳米碳管装置
1—气体混合；2—催化剂；3—电源；4—石英管；5—温度控制；6—热电偶

此方法条件较为苛刻，需对反应温度、硫添加量及氢气流量比进行优化，才能得到直径较为均匀的单壁纳米碳管。

4.2.5 热解聚合物法

通过热解某种聚合物或聚乙烯、有机金属化合物，也得到了纳米碳管。Cho 通过把柠檬酸和甘醇聚酯化作用，得到的聚合物在 400℃ 空气气氛下热处理 8h，然后冷却到室温，得到了纳米碳管；可以认为热处理温度是形成纳米碳管的关键因素，聚合物的分解可能产生碳悬键并导致碳的重组从而形成纳米碳管。在 $420\sim450℃$ 下用金属 Ni 作为催化剂，在 H_2 气氛下热解粒状的聚乙烯，合成了纳米碳管。Sen 在 $900℃$ 下，Ar 和 H_2 气氛下热解二茂铁、二茂镍、二茂钴，也得到了纳米碳管。这些金属化合物热解后不仅提供了碳源，而且同时也提供了催化剂颗粒，它的生长机制跟催化裂解法相似。

合成制备纳米碳管的方法还有激光蒸发石墨棒法、火焰法、离子（电子束）辐射法等。近年来，研究者们积极探索新的纳米碳管制备方法，在对传统方法进行改进的同时，还积极探索和研究全新的制备技术，已取得了很多成果。如水热法、固相复分解反应制备法、超临界流体技术、水中电弧法、气相反应法等。

纳米碳管的制备方法很多，但目前实验研究如其电磁性能的测试等应用的纳米碳管主要是采用石墨电弧法制备的，因为电弧法制备的管缺陷少，比较能反映纳米碳管的真正性能。特别是用此法制备单层纳米碳管是当前研究的热点。随着纳米碳管工程应用的研究，催化裂解法因其能大批量制备而显示出它的工业应用前景。纳米碳管的理论性能研究已渐趋成熟，而其工程应用研究如作为纳米增强纤维在复合材料中的应用、电子方面的应用等才刚刚起步。相信在不久的将来，纳米碳管的应用将会对人类文明作出巨大贡献。

参 考 文 献

[1] 张臣. 纳米碳管及其制备技术. 微细加工技术，2003，3：42-48.

[2] Iijima S. Helical microtubes of graphitic carbon. Nature，1991，354：56-58.

[3] Liu C，Cong H T，Li F，et al. Semi-continuous synthesis of SWCNTs by a H_2 are discharge method. Carbon，1999，37 (11)：1865-1868.

[4] Sun L F，Xie S S，Liu W，et al. Creating the narrowest carbon nanotubes. Nature，2000，403：384.

[5] Yudasaka M，Ichihashi T，Komatsu T. Singl-wall carbon nanotubes formed by a single laser-beam pulse. Chem Phys Lett，1999，299 (1)：91-96.

[6] Sun L F，Mao J M，Pan Z W，et al. Growth of straight nanotubes with a cobalt-nickel catalyst by chemical vapor deposition. Appl Phys Lett，1999，74 (5)：644-646.

[7] 程筠，甘仲惟. 纳米碳管研究综述. 高等函授学报：自然科学版，2000，13 (2)：21-23.

[8] 成会明. 纳米碳管制备、结构、物性及应用. 化学工业出版社，2002：8.

[9] 李玲，李忠. 纳米碳管的性质及应用. 山东师范大学学报：自然科学版，2005，20 (1)：98-99.

[10] Harris P J F. Carbon Nanotubes and Related Structur-New Materials for the Twenty-first Century. Cambridge University Press，1999.

[11] Sun L F，Liu Z Q，Ma X C，et al. Growth of carbon nanofibers array under magnetic force by chemical vapor deposition. Chemical Physics Letters，2001，(336)：392-396.

[12] Chopra N G，Luyken R J，Cherrey K，et al. Boron nitride nanotubes. Science，1995，(269)：966-967.

[13] Han Weiqiang，Fan Shoushan，Li Qunqing，et al. Synthesis of gallium nitride nanrods through a carbon nanotube-confined reaction. Science. 1997，(277)：1287-1289.

[14] Shen Ziyong，Liu Saijin，Hou Shimin，et al. In situ splitting of carbon nanotube bundles with atomic force microscopy. Journal of Physics D：Applied Physics，2003，(36)：2050-2053.

[15] Hou S M，Zhang Z X，Liu W M，et al. Field emission patterns with atomic resolution of single-wall carbon nanotubes by field emission microscopy. Science in China Series G，2003，46 (1)：33-40.

[16] Wind S，Appenzeller J，Martel R，et al. Vertical scaling of carbon nanotube field-effect transistors using top gate electrodes. Applied Physics Letters，2002，(80)：3817-3819.

[17] 纳米碳管的应用. [2007-5-15]. http：//www. 6yes. com/bbs/archiver/tid-146101. html.

[18] Ruoff R S，Lorents D C. Carbon，1995，7 (33)：925-930.

[19] Barrera E V，Sims J，Callahan D L. J Mater Res，1994，10 (9)：2662-2669.

［20］ 马仁志，朱艳秋，魏秉庆等. 复合材料学报，1997，2：92-96.

［21］ Barrera E V，Sims J，Callahan D L. J Mater Res，1995，2 (10)：366-371.

［22］ Xu Z D，Chen W X，et al. Journal of Materials Science Letters，1995，(14)：1030-1031.

［23］ Gao H J，Xue Z Q，Wu Q D，et al. Solid State Communication，1996，7 (97)：579-582.

［24］ 李凡庆，毛振伟，李晓光. 纳米碳管的提纯、填充及用作场发射电子源. 物理，1997，26 (5)：305.

［25］ 纳米碳管用作电化学电极. 现代化工，1999，19 (9)：50.

［26］ 卢艳霞. 纳米碳管在催化剂载体中的应用研究进展. 河南化工，2007，24 (01)：18-21.

［27］ 朱绍文，贾志杰. 纳米碳管及其应用的研究现状. 功能材料，2000，31 (2)：29-30.

［28］ 蒋美丽. 纳米碳管的制备. 塑料科技，2004，8：5-9.

［29］ 韩峰，王国庆，黎载波. 新型材料——纳米碳管. 江苏化工，2001，29 (4)：35-38.

［30］ Ebbsen T W，A jayan P M. Large-scale synthesis of carbon nanotubes. Nature，1992，358：220.

［31］ 解思深，潘正伟. 超长定向纳米碳管列阵的制备. 物理，1999，28 (1)：1.

［32］ Iijima S. Growth of carbon nanotube. Materials scienceand engineering，1993，B19：172.

［33］ Bethnue D S. Catalytic growth of single walled nanotubes. Nature，1993，363：605.

［34］ Lin X，Wang X K，David V P，et al. Carbon nanotubes synthesized in ahydrogen are discharge. Applied Physics Letter，1994，64 (2)：181.

［35］ 何农跃，肖鹏峰，匡跃平，等. Fe/ NaY 催化合成纳米碳管及对纳米碳管孔径的调变. 湘潭大学自然科学学报，1999，(2)：34.

［36］ 耀星. 化学催化合成法制备纳米碳管获成功. 粉末冶金工业，1999，9 (5)：45.

［37］ Yacaman M J，Yoshicla M M，Rando L. Catalyticgrowth of carbon microtubules with fullerene structure. Applied Physics Letter，1993，62：202-204.

［38］ 孔纪兰，周上祺，左汝林，吕建伟. 单壁纳米碳管制备的新进展. 重庆大学学报：自然科学版，2004，27 (6)：55-59.

［39］ Thess A，Lee R，Nikolave P，et al. Crystalineropes of metallic carbon nanotubes. Science，1996，273：483-487.

［40］ Yudasaka M，Komatsu T，Ichihashi T，et al. Single-wall carbon nanotube formation by laser ablation using double-targets of carbon and metal. Chem Phys Lett，1997，278 (1-3)：102-106.

［41］ Yudasaka M，Zhangm F，Iijima S. Porous target enchancesproductor of singer-wall carbon nanotubes by laser ablation. Chem Phys Lett，2000，323：549-553.

［42］ Guo T，Niko P，Thess A，et al. Catalytic growth ofsingle-walled nanotubes by laser vaporization. Chem Phys Lett，1995，243：49-54.

［43］ 张海燕. 研究 CO_2 连续激光蒸发制备单壁纳米碳管及其 Raman 光谱. 物理学报，2002，51 (2)：444-447.

［44］ Kataura H，Kumazawa Y，Maniwa Y，et al. Diameter control of single-wall carbon nanotubes. Carbon，2000，38：1691-1697.

［45］ Master W K，Munoz E ，Benito A M，et al. Production of high-density single-wall carbon nanotube material by a simple laser-ablation method. Chem Phys Lett，1998，292：587-593.

［46］ 杨晓华，兑卫真，丁晓坤. 纳米碳管制备方法及其微观形貌. 电子显微学报，2005，24 (4)：255.

第5章 纳米固体材料

纳米微粒是指颗粒尺度为纳米量级的超细微粒，它的尺度大于原子簇（cluster），小于通常的微粉（powder），由它所构成的致密凝聚体称为纳米固体。纳米固体是人工合成的一类具有纳米微结构的新型固态材料，其特征是：晶粒（或晶区）尺寸在 $5 \sim 50nm$ 范围，界面区域的原子数约占总数的 $30\% \sim 50\%$，晶体与晶粒之间存在相互作用。构成纳米固体的纳米微粒可以是单相的，也可以是不同材料或不同相的，分别称为纳米相材料和纳米复合材料。1963 年，日本名古屋大学教授田良二首先用蒸发冷凝法获得了表面清洁的纳米粒子。1984 年，由德国 H. 格莱特教授领导的小组首先研制成第一批人工金属固体（Cu、Pa、Ag 和 Fe）。同年，美国阿贡实验室研制成 TiO_2 纳米固体。20 世纪 80 年代末，合金、半导体和陶瓷离子晶体等人工纳米固体相继问世。

5.1 纳米固体材料的分类

按照材料的形态，可将纳米材料分为四种：纳米颗粒型材料、纳米固体材料、纳米膜材料和纳米磁性液体材料。纳米颗粒型材料的概念是：应用时直接使用纳米颗粒的形态称为纳米颗粒型材料。被称为第四代催化剂的超微颗粒催化剂，利用高的比表面积显著地提高催化效率，例如，以粒径小于 $0.3\mu m$ 的镍和钢-锌合金的超微颗粒为主要成分制成的催化剂可使有机物氯化的效率达到传统镍催化剂的 10 倍；超细的铁微粒作为催化剂可以在低温将二氧化碳分解为碳和水，超细铁粉苯气相热分解中起成核作用，从而生成碳纤维。

录音带、录像带和磁盘等都是采用磁性颗粒作为磁记录介质。随着社会的信息化，要求信息处理速度高，推动着磁记录密度日益提高，促使磁记录用的磁性颗粒尺寸趋于超微化。目前用金属磁粉（20nm 左右的超微磁性颗粒）制成的金属磁带、磁盘，国外已经商品化，其记录密度可达 $4106 \sim 4107bit/cm$（$107 \sim 108bit/in$），即每厘米可记录 $4 \times 10^6 \sim 4 \times 10^7$ 的信息单元，与普通磁带相比，它具有高密度、低噪声和高信噪比等优点。

超细的银粉、镍粉烧结体作为化学电池、燃料电池和光化学电池中的电极，可以增大与液体、气体的接触面积，增加电池效率，有利于电池的小型化。超微颗粒的烧结体可以生成微孔过滤器。例如超微镍颗粒所制成的微孔过滤器平均孔径可达 10nm，从而可用于气体同位素、混合稀有气体、有机化合物的分离和浓缩，也可用于发酵、医药和生物技术中。磁性超细微粒作为药剂的载体，在外磁场的引导下作用于病患部位，利于提高药效，这方面的研究国内外均在积极地进行。采用超微金颗粒制成金溶胶，接上抗原或抗体就能进行免疫学的间接凝集试验，可用于快速诊断。如将金溶胶妊娠试剂加入孕妇尿中，未孕呈无色，妊娠则呈显著红色，仅用 0.5g 金即可制备 10^4mL 的金溶胶，可测 1 万人次，其判断结果清晰可靠。有一种超微颗粒乳剂载体，极易和游散于人体内的癌细胞融合，若用它来包裹抗癌药物，可望制成克癌"导弹"。

在化学纤维制造工序中掺入铜、镍等超微金属颗粒，可以合成导电性的纤维，从而制成电热纤维，亦可与橡胶、塑料合成导电复合体。

在海湾战争中，美国执行空袭任务的F-117A型隐身战斗机，其机身外表所包覆的材料中亦包含有多种超微颗粒，它们对不同波段的电磁波有强烈的吸收能力。在火箭发射的固体燃料推进剂中添加1%（质量分数）的超微铝或镍颗粒，每克燃料的燃烧热可增加1倍。此外，超细、高纯陶瓷超微颗粒是精密陶瓷必需的原料。因此，超微颗粒在国防、国民经济各领域均有广泛的应用。

纳米固体材料通常指由尺寸小于15nm的超微颗粒在高压力下压制成型，或再经一定热处理工序后所生成的致密型固体材料。

纳米固体材料的主要特征是具有巨大的颗粒间界面，如5nm颗粒所构成的固体，每立方厘米将包含1019个晶界，原子的扩散系数要比大块材料高1014～1016倍，从而使纳米材料具有高韧性。通常陶瓷材料具有高硬度、耐磨、抗腐蚀等优点，但又具有脆性和难以加工等缺点，纳米陶瓷在一定的程度上可以改善脆性。

如将纳米陶瓷退火使晶粒长大到微米量级，又将恢复通常陶瓷的特性，因此可以利用纳米陶瓷的韧性对陶瓷进行挤压与轧制加工，随后进行热处理，使其转变为普通陶瓷；或进行表面热处理，使材料内部保持韧性，但表面却显示出高硬度、高耐磨性与抗腐蚀性。电子陶瓷发展的趋势是超薄型（厚度仅为几微米），为了保证均质性，组成的粒子直径应为厚度的1%左右，因此需用超微颗粒为原材料。随着集成电路、微型组件与大功率半导体器件的迅速发展，对高热导率的陶瓷基片的需求量日益增长。高热导率的陶瓷有金刚石、碳化硅、氮化铝等，用超微氮化铝所制成的致密烧结体的热导率为$100\sim220W/(K\cdot m)$，较通常产品高2.5～5.5倍。用超微颗粒制成的精细陶瓷有可能用于陶瓷绝热涡轮复合发动机，陶瓷涡轮机耐高温、耐腐蚀轴承及滚球等。

复合纳米固体材料亦是一个重要的应用领域。例如含有20%超微钴颗粒的金属陶瓷是火箭喷气口的材料；金属铝中含进少量的陶瓷超微颗粒，可制成重量轻、强度高、韧性好、耐热性强的新型结构材料。超微颗粒亦有可能作为渐变（梯度）功能材料的原材料。例如，材料的耐高温表面为陶瓷，与冷却系统相接触的一面为导热性好的金属，其间为陶瓷与金属的复合体，使其间的成分缓慢连续地发生变化，这种材料可用于温差达1000℃的航天飞机隔热材料、核聚变反应堆的结构材料。渐变功能材料是近年发展起来的新型材料，预期在医学生物上可制成具有生物活性的人造牙齿、人造骨。可制成复合的电磁功能材料、光学材料等。

颗粒膜材料是指将颗粒嵌于薄膜中所生成的复合薄膜，通常选用两种在高温互补相溶的组元制成复合靶材，在基片上生成复合膜。当两组分的比例大致相当时，就生成迷阵状的复合膜。因此改变靶材中两种组分的比例可以很方便地改变颗粒膜中的颗粒大小与形态，从而控制膜的特性。对金属与非金属复合膜，改变组成比例可使膜的导电性质从金属导电型转变为绝缘体。

颗粒膜材料有诸多应用，例如作为光的传感器，金属颗粒膜从可见光到红外线的范围内，光的吸收效率长的依赖性甚小，从而可作为红外线传感元件。铬-三氧化二铬颗粒膜对太阳光有强烈的吸收作用，可以有效地将太阳光转变为热能；硅、磷、硼颗粒膜可以有效地将太阳能转变为电能；将氧化锡颗粒膜置于温湿度多功能传感器上，通过改变工作温度，可以用同一种膜有选择地检测多种气体。颗粒膜传感器的优点是高灵敏度、高响应速度、高精度、低能耗和小型化，通常用作传感器的重量仅为$0.5\mu g$，因此单位成本很低。超微颗粒虽有众多优点，但在工业上尚未形成较大的规模，其主要原因是价格较高，而颗粒膜的应用则不受价格因素的影响，这是超微颗粒实用化的很重要方向。

纳米磁性液体材料是由超细微粒包覆一层长键的有机表面活性剂，高度弥散于一定基液中，而构成稳定的具有磁性的液体。它可以在外磁场作用下整体地运动，因此具有其他液体所没有的磁控特性。常用的磁性液体采用铁氧体微颗粒制成，它的饱和磁化强度大致上低于0.4T。目前研制成功的由金属磁性微粒制成的磁性液体，其饱和磁化强度可比前者高4倍。国外磁性液体已商品化，美、日、英等国均有磁性液体公司，供应各种用途的磁性液体及其器件。磁性液体的用途十分广泛。

① 旋转轴转动部分的动态密封一直是工程界较为头痛的课题。磁性液体用于旋转轴的动态密封是较为理想的一种方式。用环状的静磁场将磁性液体约束于被密封的转动部分，形成液体的O形环，可以进行真空、加压、封水、封油等情况下的动态密封，目前已广泛用于机械、电子、仪器、船舶等领域，如计算机硬盘转轴处的防尘密封、单晶炉转轴处的真空密封及X射线机转靶部分的密封。

② 提高扬声器输出功率时，为了增进扬声器中音圈的散热，可在音圈部分填充磁性液体，由于液体的热导率比空气高5~6倍，从而使得在相同结构的情况下，使扬声器的输出功率增加1倍。

③ 各种阻尼器件，如在步进电机中滴加磁性液体，可阻尼步进电机的余振，使步进电机平滑的转动。用磁性液体所构成的减震器可以消除极低频率的振动。

④ 分离不同密度的非磁性金属与矿物，物体在磁性液体中的浮力是随着磁性液体的磁化状态而变化的，因此可采用一梯度磁场，控制磁场的强弱就可以分离不同密度的非磁性金属与矿物。磁性液体的可能应用面十分广泛，如射流印刷用的磁性墨水、超声波发生器、X射线造影剂（代替钡剂）、磁控阀门、磁性液体研磨、磁性液体的光学与微波器件、磁性显示器、火箭和飞行器用的加速计、磁性液体发电机、定位润滑剂等。

总的来说，纳米固体分为块体和膜两类。但根据研究方向的不同，又有不同的分类方式，如根据原子排列的对称性和有序程度，纳米固体分为纳米晶体材料、纳米非晶材料、纳米准晶材料。如按照纳米微粒键的形式，纳米固体可分为纳米金属材料、纳米离子晶体材料、纳米半导体材料、纳米陶瓷材料。按照组成纳米固体微粒的相状态分为纳米相材料、纳米复相材料。

5.2 纳米固体材料的微结构及其特性

纳米固体材料的基本构成是纳米微粒以及它们之间的分界面。纳米固体材料的结构和特性与构成它的纳米微粒紧密相关。纳米微粒尺寸在1~100nm之间，处在微观粒子和宏观物体交界的过渡区，具有许多既不同于微观粒子，又不同于宏观物体的特性。

在纳米固体中由于晶界组分占相当高的比例，例如晶粒直径为5nm时，晶界体积分数可达50%。因此晶界的结构和特征对纳米固体材料的物理和化学性质有重要影响，从而导致了它具有许多特异性能，如高硬度、高强度、高韧性、高比热容、低扩散激活能、高扩散系数、高磁化率、高热膨胀系数、低密度等，因而引起各国科学家的极大兴趣。迄今为止，关于纳米固体材料晶界结构的研究较少，人们提出了不同的结构模型，颇有争议。目前主要存在以下几类模型。

5.2.1 类气态模型

德国 Gleiter 等人根据 Fe 的 X 射线衍射及 Mossbauer 谱、Cu 和 Pd 的 EXAFS 测量结果，指出纳米固体材料中晶界上的原子分布呈完全无序状态，既无长程有序也无短程有序，故称为类气态结构（gas-like）。

5.2.2 扩展结构

Ishida 等人根据纳米固体材料 Pd 的 HREM 研究结果指出，纳米固体材料的晶界与常规材料的晶界不同，呈扩展结构（extended structure）。

5.2.3 短程有序

界面原子排列呈短程有序，其性质是局域化的。Siegel 等人根据 TiO_2 纳米固体的 Raman 光谱以及 Thomas 等人根据纳米固体 Pd 的 HREM 研究结果指出，纳米固体材料的晶界结构与一般的多晶材料十分相似，找不到晶界是无序的证据，畸变区域在晶界两侧 $\pm0.2nm$ 的区域。

5.2.4 界面缺陷态模型

中心思想是界面中包含大量缺陷，其中三叉晶界对界面的影响起关键性的作用。

5.2.5 界面可变结构模型

主要强调纳米结构材料中的界面结构是多种多样的。中科院上海硅酸盐研究所温树林等的研究结果表明，纳米材料晶界结构是因材料和制备工艺而异的。有些纳米材料晶界的确是无序的；而有些纳米材料的晶界结构是有序的；还有一些材料其纳米固体的晶界中，有无序区域，也有有序的区域。

总的看来，大量的界面结构都处于有序与无序之间的中间过渡状态，有些界面处于混乱状态，有些界面呈现很差的有序，有些为有序状态。统计平均的结果对某一种纳米结构材料其界面结构在一定条件下呈现某种结构状态，它或者是短程有序，或者是差的有序，甚至是接近有序。

纳米固体与纳米微粒同样具有小尺寸效应、表面界面效应、量子尺寸效应和宏观量子隧道效应等特性。这些特性使纳米固体表现出许多奇异的物理化学特性。例如：①颗粒为 6nm 的铁晶体，其断裂强度比普通多晶铁提高约 12 倍，普通陶瓷在常温下很脆，而纳米陶瓷不仅强度高，而且具有良好的韧性；②纳米金属的比热容比是普通金属的 2 倍，热膨胀率提高 1～2 倍，纳米晶体熔化时具有所谓准熔化相的中间相变过程，纳米铜晶体的自扩散率是普通点阵扩散的 10^6～10^{19} 倍，这与纳米固体中存在较大空隙有关；③金属是电的良导体，纳米态下可能变为绝缘体，无极性的氮化硅是典型的共价键结构和绝缘体，在纳米态下不再是共价键结构，而且具有很强的极性，其高频交流电导急剧增大，一些典型的铁电体在纳米态下变为顺电体；④铁磁性物质在纳米态下矫顽力几乎增大 1000 倍，但当尺寸减小到 5nm 时，磁有序向磁无序转变，铁磁性消失变为顺磁性，磁性金属的磁化率和饱和磁化强度均有很大改变；⑤纳米固体在较宽的波长范围内显示出对光的均匀吸收，几十纳米厚的薄膜相当于几十微米厚的普通材料的吸收效果，普通金属对光的反射率很高，而纳米金属微粒的反射率显著下降，通常低于 1%。因等离子共振频率随粒子尺寸而变，当粒子尺寸改变时，对微波的吸收峰将发生频移。

5.3 纳米陶瓷

纳米陶瓷是 20 世纪 80 年代中期发展起来的先进材料，所谓纳米陶瓷，是指显微结构中的物相具有纳米级尺度的陶瓷材料，也就是说，晶粒尺寸、晶界宽度、第二相分布、缺陷尺寸等都是在纳米量级的水平上。纳米陶瓷中大部分原子停留在晶粒边界或界面上（如 5nm 的纳米颗粒，界面原子数为 50%），使原子排列情况与正常晶态材料相异。材料性质主要由原子的短程有序性决定，可望通过原子排列的变化而使材料具有新的性能。纳米颗粒与光子、电子或位错的相互作用，能导致产生不寻常且有用的光学、电子及磁、力学等性能，从而使纳米陶瓷比传统陶瓷具有优异的性能。拓宽了陶瓷材料的应用领域，因而纳米陶瓷材料的研究成为近年来材料研究的热点。

5.3.1 纳米陶瓷的性质与应用

纳米陶瓷较之传统陶瓷，在声、光、电、热、磁等方面具有许多优异性能，具有如下特性与应用。

5.3.1.1 力学性能及应用

纳米陶瓷由于晶粒很小，使得材料中的内在气孔或缺陷尺寸大大减少，材料不易造成穿晶断裂，有利于提高材料的断裂韧性；同时晶粒的细化又使晶界数量大大增加，有助于晶粒间的滑移，使纳米陶瓷表现出独特的超塑性。这不但改善了陶瓷材料的脆性，而且还提高了陶瓷材料的机加工性，在很大程度上扩大了陶瓷材料的应用范围，甚至可以直接制备精密尺寸的零件。1987 年，德国的 Karch 等人首次报道了纳米陶瓷具有高韧性和低温超塑性行为。他们不但发现了纳米 CaF_2 陶瓷具有超塑性行为，还发现用纳米 TiO_2 粒子（8nm）制成的纳米陶瓷在 180℃下呈正弦性弯曲，而不发生裂纹扩展。高濂等采用共沉淀-喷雾干燥法制得的纳米 ZrO_2（3Y）粉体（20nm），热压烧结制备了纳米 Y-TZP 陶瓷，经循环疲劳实验，发现其确实具有室温超塑性行为；高濂等还发现纳米 Al_2O_3-ZrO_2 陶瓷具有很高的断裂韧性。有研究指出，利用碳纤维增强纳米 SiC/Sialon 陶瓷复合材料的强度和冲击韧性比用微米增强分别提高了 124% 和 140%。

5.3.1.2 电学性能及应用

纳米陶瓷在电学方面也具有优异的性能，可以利用其制作导电材料、绝缘材料、电极、超导体、量子器件、静电屏蔽材料、压敏和非线性电阻以及热电和介电材料等。例如用纳米 $BaTiO_3$（70nm）陶瓷的室温相对介电常数达 30000 以上，可用于超小型、大容量陶瓷叠层电容器（MLC）等现代电子元器件的制造。通过对纳米 ZnO 陶瓷的研究，发现其有很强的界面效应，有着很高的电导率、透明性和传输率等优异性能，其有效介电常数比普通 ZnO 陶瓷高出 5~10 倍，而且具有非线性伏安特性，可用于压电器件、超声传感器、太阳能电池等的制造。

5.3.1.3 光学性能及应用

纳米陶瓷具有很好的光谱迁移性、光吸收效应和光学催化性，在光反射材料、光通信、紫外线防护材料、吸波隐身材料及红外传感器等领域有很广泛的应用前景。关于光学催化性将在纳米陶瓷的催化性能及应用方面作详细介绍。研究表明，纳米 Al_2O_3 对 250nm 以下的紫外线有很强的吸收能力；纳米 TiO_2 对 400nm 以下的紫外线有较强的吸收能力；纳米 Fe_2O_3 对 600nm 以下的光有良好的吸收能力。焦恒等发现，纳米 Si/C/N 涂层对 $8\sim18GHz$ 范围的电磁波有较好的吸收作用。

5.3.1.4 磁学性能及应用

纳米陶瓷具有高磁化率、超顺磁性、高矫顽力、低饱和磁矩和低磁耗等优异性能，可用于制备永磁材料、磁致冷材料、磁记录器件、磁光元件、磁存储元件和磁探测器等磁元件。研究发现，纳米镍铁氧体磁性材料因具有较高的磁导率虚部而对电磁波磁致损耗很大，是一种优质的磁性材料。

5.3.1.5 催化性能及应用

纳米陶瓷因自身结构的特殊性而具有促使其他物质快速进行化学变化的性质，从而具有杀菌、消毒、除臭、防霉、自洁等作用，在家电制品、建筑材料、文具、玩具、日用品等方面有广阔的应用前景。纳米 TiO_2 陶瓷是目前光催化的首选材料，在紫外线的照射下，纳米级的 TiO_2 不但能有效减少光生电子和光子的复合，使得更多的电子和空穴参与氧化还原反应，还能利用其巨大的表面能吸附反应物，从而消除和降解有机物污染，可用于污水处理和环保健康等领域。研究显示，纳米 TiO_2 作为光催化剂可以处理卤代脂肪烃、卤代芳烃、有机酸类、酚类、硝基芳烃、取代苯胺等以及空气中的诸如甲醇、丙酮等有害污染物；霍爱群等发现锐钛矿型纳米 TiO_2 具有较高的光催化降解有机磷的能力。

5.3.1.6 敏感性能及应用

纳米颗粒表面积巨大，表面活性高，对周围环境（温度、湿度、气氛、光等）有很高的灵敏度，据此可制作敏感度高的超小型、低能耗、多功能的传感器。王兢等发现用纳米 $LaFeO_3$ 制成的湿敏元件有很好的湿敏特性；牛新书等发现纳米 ZnS 对 H_2S 有很高的灵敏度，且抗干扰能力强；焦正等发现纳米 $ZnFe_2O_4$ 厚膜气敏元件对 CO 有一定的选择性，且没有出现一般气敏元件经常会出现的电阻漂移现象；张爽等采用 In_2O_3 纳米晶粉体材料通过掺杂烧结，发现其对乙醇有较高的灵敏度和选择性；林伟等发现掺 Sn 的纳米 Fe_2O_3 气敏元件对丁烷有较高的气敏度和选择性；还有研究表明，敏化 TiO_2 纳米晶可以用来制作太阳能电池。

5.3.1.7 其他性能及应用

纳米陶瓷由于具有超硬、耐磨损、耐腐蚀等特点，可以利用其制作生物陶瓷，如人造牙齿、人造骨等。研究发现，采用纳米颗粒进行复合制备的磷酸钙骨水泥，与肌体亲和性好，无异物反应，并且材料具有可降解性，能被新生骨逐步吸收；纳米生物活性钙磷酸盐材料，具有极好的生物活性、极强的骨生长诱导能力、可控生物降解性和极大的表面积特性等，因此在生物医学领域也能发挥巨大的作用和影响。

5.3.2 纳米陶瓷的制备

纳米陶瓷的制备工艺主要包括纳米粉体的制备、成型和烧结。制备陶瓷粉体一般必须满足以下几个条件：①粒子纯度及表面的清洁度高；②粒子粒径及粒度分布可控；③粒子几何形状规则统一，晶相稳定性好；④粉体无团聚或团聚程度低；⑤粉体流动性好。有关纳米粉体的制备方法在第 4 章中给予了详细介绍，在这里仅介绍成型与烧结。

5.3.2.1 纳米陶瓷的成型

纳米粉体由于晶粒尺寸很小，比表面积大，利用传统的成型方法易出现坯体开裂等现象，为此，需采用一些特殊的成型方法来提高素坯的成型强度。一种方法为脉冲电磁力成型法，即脉冲电磁力在纳米粉体上产生 $2\sim10GPa$，持续几个微秒的压力脉冲能使样品达到 $62\%\sim83\%$ 的理论密度。另外一种成型方法为二次加压成型法。第一次加压导致纳米粉体软团聚的破碎，第二次加压导致晶粒的重排，以使颗粒间能更好地接触，用这种方法可使素坯达到更高的密度。

5.3.2.2　纳米陶瓷的烧结

由于纳米陶瓷粉体具有巨大的比表面积，使作为粉体烧结驱动力的表面能巨增，扩散速率增大，扩散路径变短，烧结活化能降低，烧结速率加快，这就降低了材料烧结所需的温度，缩短了材料的烧结时间。目前，纳米陶瓷的致密化主要有如下几种烧结方法。

（1）热压烧结和反应热压烧结　所谓热压烧结，即烧结的同时，加上一定外压力的一种烧结方法。若烧结的过程中伴随化学反应，则称反应热压烧结。这种烧结方法是一种使纳米粉体聚集成纳米陶瓷而保持完全致密，且没有显著粒径增长的方法。

（2）热等静压烧结　热等静压烧结是一种成型和烧结同时进行的方法。它利用常温等压工艺与高温烧结相结合的新技术，解决了普通热压中缺乏横向压力和制品密度不均匀的问题，并可使纳米陶瓷的致密度进一步提高。

（3）微波烧结　微波烧结是利用在微波电磁场中材料的介质损耗使陶瓷整体加热至烧结温度而实现致密化的快速烧结技术。它与常规烧结相比，具有以下优点：①改进材料的显微结构和宏观性能；②省时节能；③有极高升温速度。

（4）超高压烧结　超高压烧结，即在 $1GPa$ 以上压力下所进行的烧结。其特点是不仅能迅速达到高致密度，而且使晶体结构甚至原子、电子状态发生变化，从而赋予材料在通常烧结下达不到的性能。

（5）真空（加压）烧结　真空（加压）烧结，即在真空条件下施加一定压力，使坯体气孔排除、强度增加的一种烧结方法。该种烧结方法在纳米陶瓷的制备中也得到了应用。

虽然纳米技术的前景非常广阔，但是目前还没有真正意义上的纳米陶瓷材料。当物质颗粒细小到纳米数量级后，材料会产生物理性质、化学及生物效应的变化，对于纳米陶瓷材料也是如此。可以想象当制备陶瓷材料的粉体达到纳米数量级，那么我们制备得到的陶瓷材料将具有什么样的功能，而与此同时纳米技术也给我们提出了一系列的问题，需要我们去解决。

纳米粉体在制造过程中的最大困难是如何解决团聚问题，团聚给烧结带来了很大的麻烦，因为团聚的粉体在烧结后将引入大量的缺陷和气体，严重影响烧结产物的致密度和性能，而且团聚的粉体将使粉体在烧成过程中易形成大晶粒，从而使产物达不到纳米级，因而粉体中团聚体的抑制和消除，是实现纳米陶瓷成功制备的前提。

在成型工艺中，由于纳米粉体的比表面积大，常规的陶瓷成型方法应用于纳米粉体会出现一系列的问题，如成型烧结过程中易出现素坯开裂等不同于常规微粉制备的现象，因此纳米粉体的成型工艺有待研究。

烧结时，由于纳米粉体的大比表面积和表面活性，能加速纳米陶瓷的烧结速率、减低烧结温度、缩短烧结时间，因此将大大改变陶瓷烧结动力学过程。若采用传统的烧结方法，很难抑制晶粒的长大。

如何表征纳米粉体，如何确认它是高纯的、符合化学计量的、球状和无团聚的纳米粉体。常规的表征微米粉体的手段和方法无能为力，必须寻求新的测试方法或几种方法对照分析才能得到所需的表征结果。因此，纳米陶瓷研究为粉体学的研究增加了新的内涵，可能会形成一个新的学科分支——纳米粉体学。

要解决纳米陶瓷所面临的问题，应注意以下几方面。在制备过程中应采取合适的措施与较好的方法，例如：选择合适的沉积条件，沉淀前或干燥过程中进行特殊处理、选择最佳焙烧条件以抑制团聚；在团聚形成后采用沉积或沉降、研磨处理、超声波处理、加入分散剂及采用高的生成压力来消除团聚；采用连续加压的方法避免压制和烧结过程中的开裂、密度低等问题；为控制烧结过程中晶粒过分长大，必须采用一些特殊的烧结方式。通过大量的实验，加强对纳米陶瓷烧结理论体系的研究，解决纳米粉体的团聚、素坯的开裂以及烧结过程中的晶粒长大等，以提高纳米陶瓷质量，使纳米陶瓷材料得到更广泛的应用。

5.4 纳米薄膜

纳米薄膜是指尺寸在纳米量级的颗粒（晶粒）构成的薄膜或者层厚在纳米量级的单层或多层薄膜，通常也称作纳米颗粒薄膜和纳米多层薄膜。这类薄膜具有许多独特的性能，因此越来越受到人们的重视。制备纳米薄膜的思想起源于纳米材料研究。与纳米材料相比，尽管纳米薄膜已有了新的内容，但它仍属于纳米材料在薄膜领域的推广应用。

5.4.1 纳米薄膜的分类

纳米薄膜具有纳米结构的特殊性质，目前可以分为两类：①含有纳米颗粒与原子团簇的基质薄膜；②纳米尺寸厚度的薄膜，其厚度接近电子自由程和 Denye 长度，包括单层膜和多层膜。可以利用其显著的量子特性和统计特性组装成新型功能器件。例如，镶嵌有原子团的功能薄膜会在基质中呈现出调制掺杂效应，该结构相当于大原子-超原子膜材料，具有三维特征；纳米厚度的信息存储薄膜具有超高密度功能，这类集成器件具有惊人的信息处理能力；纳米磁性多层膜具有典型的周期性调制结构，导致磁性材料的饱和磁化强度的减小或增强。对这些问题的系统研究具有重要的理论和应用意义。

纳米薄膜是一类具有广泛应用前景的新材料，按用途可以分为两大类，即纳米功能薄膜和纳米结构薄膜。前者主要是利用纳米粒子所具有的光、电、磁方面的特性，通过复合使新材料具有基体所不具备的特殊功能。后者主要是通过纳米粒子复合，提高材料在机械方面的性能。由于纳米粒子的组成、性能、工艺条件等参量的变化都对复合薄膜的特性有显著影响，因此可以在较多自由度的情况下人为地控制纳米复合薄膜的特性，获得满足需要的材料。一般分为纳米光学薄膜、纳米磁性薄膜、纳米气敏薄膜、纳米滤膜、纳米耐磨损与纳米润滑膜等。

按薄膜的构成与致密程度，可分为颗粒膜和致密膜。颗粒膜是纳米颗粒粘在一起形成的膜，颗粒间可以有极小的缝隙，而致密膜则是连续膜。

按纳米薄膜的沉积层数划分，可分为纳米（单层）薄膜和纳米多层薄膜。纳米多层膜是指由一种或几种金属或合金交替沉积而形成的组分或结构交替变化的合金薄膜材料，且各层金属或合金厚度均为纳米级，它也属于纳米复合薄膜材料。多层膜的主要参数为调制波长 A，指的是多层膜中相邻两层金属或合金的厚度之和。当调制波长 A 比各层薄膜单晶的晶格常数大几倍或更大时，可称这种多层膜结构为"超晶格"薄膜。组成薄膜的纳米材料可以是金属、半导体、绝缘体、有机高分子等材料，因此可以有许多种组合方式，如金属、半导体，金属、绝缘体，半导体、绝缘体，半导体、高分子材料等，而每一种组合都可衍生出众多类型的复合薄膜。

按纳米薄膜的微结构，可分为含有纳米颗粒的基质薄膜和纳米尺寸厚度的薄膜。纳米颗粒基质薄膜厚度可超出纳米量级，但由于膜内有纳米颗粒或原子团的掺入，该薄膜仍然会呈现出一些奇特的调制掺杂效应；纳米尺寸厚度的薄膜，其厚度在纳米量级，接近电子特征散射的平均自由程，因而具有显著的量子统计特性，可组装成新型功能器件，如具有超高密度与信息处理能力的纳米信息存储薄膜、具有典型的周期性调制结构的纳米磁性多层膜等。

按纳米薄膜的组分，可分为有机纳米薄膜和无机纳米薄膜。有机纳米薄膜主要指的是高分子薄膜，而无机纳米薄膜主要指的是金属、半导体、金属氧化物等纳米薄膜。

5.4.2 纳米薄膜的特性

纳米薄膜是二维纳米材料，在空间有一维是受纳米尺度约束的。表现了纳米微粒特有的光学、力学、磁学、催化、电学等方面的特殊优异性能。由于多层纳米薄膜和纳米复合薄膜中各层的性能和结构相互制约和互补，除了具备纳米微粒的性能外，又表现出一些新的性能特点。

5.4.2.1 机械力学性能

（1）硬度　位错塞积理论认为，材料的硬度与微结构的特征尺寸 A 之间具有近似的 Hall-Petch 关系式：

$$\sigma = \sigma_0 + (A/A_0)^n \tag{5-1}$$

式中，σ_0 为宏观材料的硬度；A_0 为常数。对于纳米薄膜来说，特征尺寸 A 为膜的厚度。由该关系式可以得出，特征尺寸 A 很小的纳米薄膜将具有很高的硬度。此外，纳米多层膜的硬度还与薄膜的组分、组分的相对含量有关。一般来说，在纳米薄膜中添加适量的硬质相可使薄膜的硬度得到进一步的提高。如 TiC-Fe 系统中，当单层膜厚为 $h_{TiC} = 8nm$、$h_{Fe} = 6nm$ 时，多层膜的硬度达到 42GPa，远远超过其硬质成分 TiC 的硬度。对于其他系统尚未发现此特点，薄膜硬度远低于其硬质相的硬度。

（2）耐磨性　研究表明，多层纳米膜的调制波长越小，其磨损临界载荷越大，抗磨损力越强。之所以如此，可从以下几个方面来进行解释。首先，从结构上看，多层膜的晶粒很小，原子排列的晶格缺陷的可能性较大，晶粒内的晶格点阵畸变和晶格缺陷很多，这畸变和缺陷使得晶粒内部的位错滑移阻力增加；此外，多层膜相邻界面结构非常复杂，不同材料的位错能各异，这也导致界面上位错滑移阻力增大；最后，纳米薄膜晶界长度也比传统晶粒的晶界要长得多，这也使晶界上的位错滑移障碍变得显著。总之，上述的这些因素使纳米多层膜发生塑性变形的流变应力增加，且这种作用随着调制波长的减小而增强。

（3）韧性　纳米薄膜，特别是纳米多层膜的增韧机制可归结为裂纹尖端钝化、裂纹分支、层片拔出以及沿界面的界面开裂等诸多因素。这种增韧机制通常可通过薄膜界面作用和单层材料的塑性来加以解释。当调制波长不是很小时，多层膜中的子层材料基本保持其本征的材料特点，即薄膜的塑性主要取决于基体本身的变形能力；但是，当调制波长减小至纳米量级，多层膜界面含量增加时，各单层膜的变形能力增加，同时裂纹扩展的分支也增多，但是，这种裂纹分支又很难从一层薄膜扩展至另一层薄膜，因此，纳米多层薄膜的韧性增大。

5.4.2.2 电磁学性能

纳米薄膜的电磁学特性包括纳米薄膜的电学特性、磁学特性与巨磁电阻特性。纳米磁性微粒具有不少优良的磁性能，纳米磁性微粒材料制造的磁性纳米薄膜，能使这些优良磁性能得以实际充分应用。例如磁性膜涂覆磁力显微镜的探针尖，可提高磁力显微镜的测量分辨率；纳米级颗粒磁粉制造的纳米磁性薄膜，可明显提高磁信号的记录密度等。1988年，法国Fert教授首先在（Fe/Cr）$_n$多层膜中发现了巨磁阻效应，即在一定磁场作用下，电阻急剧减小，其磁电阻变化率达20%。后来有人发现某些磁性多层膜具有特别强的巨磁阻效应，可高达80%～100%。1994年，IBM公司制成巨磁阻效应的读出磁头，将磁盘的记录密度一下提高了17倍，达到5GB/in^2。当导体或半导体的颗粒减小到纳米尺度时，电学行为发生很大变化。当材料颗粒变细时，电导增加，但粒径小于某临界值后，它有可能失掉原来的导电性能。

5.4.2.3 光学性能

纳米微粒对光的宽频带吸收效应、对光吸收带的蓝移和红移现象、纳米微粒的发光现象等，同样也表现在纳米薄膜上。另外，纳米薄膜还表现出光学非线性。弱光强的光波透过宏观介质时，介质中的电极化强度常与光波的电场强度具有近似的线性关系。但是，当纳米薄膜的厚度与激子玻尔半径相比拟或小于激子玻尔半径a_0时，在光的照射下，薄膜的吸收谱上会出现激子吸收峰。这种激子效应将连同纳米薄膜的小尺寸效应、宏观量子尺寸效应、量子限域效应一道使得强光场中介质的极化强度与外加电磁场的关系出现附加的2次、3次乃至高次项。简单地讲，就是纳米薄膜的吸收系数和光强之间出现了非线性关系，这种非线性关系可通过薄膜的厚度、膜中晶粒的尺寸大小来进行控制和调整。纳米薄膜利用这些特殊的光学特性而开拓了多种实际应用：红外吸收薄膜可制作保暖材料和红外隐身材料；日光灯内壁加紫外线吸收膜，可提高电光转换效率和延长日光灯的寿命；利用对电磁波的吸收效应，可制作雷达隐形材料等。

5.4.2.4 气敏特性

采用等离子体增强化学气相沉淀法制备的SnO_2超微粒薄膜，具有比表面积大、存在大量的配位不饱和键、表面活性大、容易吸附各种气体并在表面进行反应等特性。SnO_2超微粒薄膜是制备传感器很好的功能膜材料，该薄膜表面吸附很多氧，而且只对醇敏感。测量不同醇（甲醇、乙醇、正丙醇、乙二醇）的敏感性质和对薄膜进行红外光谱测量，可以解释SnO_2超微粒薄膜的气敏特性。

5.4.3 纳米薄膜的制备

传统的薄膜制备方法有气相生成法、液相生成法（或气、液相外延法）、氧化扩散与涂布法、电镀法等。而纳米薄膜的制备方法与传统薄膜制备，只要把制备常规薄膜的方法适当加以改进，控制必要的参数，一般可以获得纳米薄膜。

5.4.3.1 薄膜的形成过程与影响因素

薄膜的形成过程一般可分为四个阶段：

① 外来原子在基底表面相遇结合在一起形成原子团，如图5-1所示，只有当原子团达到一定数量形成"核"后，才能不断吸收新加入的原子而稳定地长大形成"岛"；

② 随着外来原子的增加，岛不断长大，如图5-2所示，进一步发生岛的结合；

③ 很多岛结合形成如图5-3所示的通道网络结构；

④ 后续的原子将填补网络通道间的空洞，成为如图5-4所示的连续薄膜。

基片的温度对沉积原子在基片上的附着以及在其上移动都有很大影响，是决定薄膜结构

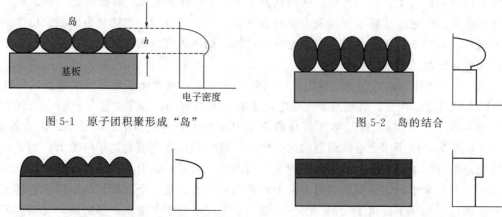

图 5-1　原子团积聚形成"岛"　　　　　　图 5-2　岛的结合

图 5-3　岛结合的网络结构　　　　　　图 5-4　连续薄膜

的重要条件。即是薄膜生长过程中的主要影响因素。

一般说来，基片温度越高，则吸附原子的动能也越大，跨越表面势垒的概率增多，则需要形成核的临界尺寸增大，越易引起薄膜内部的凝聚，每个小岛的形状就越接近球形，容易结晶化，高温沉积的薄膜易形成粗大的岛状组织。而在低温时，形成核的数目增多，这将有利于形成晶粒小而连续的薄膜组织，而且还增强了薄膜的附着力，所以寻求实现薄膜的低温成型一直是研究的方向。

5.4.3.2　纳米薄膜的制备技术简介

（1）真空镀膜　一些光学零件的光学表面需要用物理方法或化学方法镀上一层或多层薄膜，使得光线经过该表面的反射光特性或透射光特性发生变化，许多机械加工所采用的刀具表面也需要沉积一层致密的、结合牢固的超硬镀层而使其得以硬化，延长其使用寿命，改善被加工部件的精度和光洁度。

目前，作为物理镀膜方法的真空镀膜，尤其是纳米级超薄膜制作技术，已广泛地应用在电真空、无线电、光学、原子能、空间技术等领域及我们的生活中。

真空镀膜实质上是在高真空状态下利用物理方法在镀件的表面镀上一层薄膜的技术，它是一种物理现象。真空镀膜按其方式不同可分为真空蒸发镀膜、真空溅射镀膜和现代发展起来的离子镀膜。真空蒸发镀膜主要包括以下几个物理过程：

① 采用各种形式的热能转换方式，使镀膜材料蒸发或升华，成为具有一定能量（0.1～0.3eV）的气态粒子（原子、分子或原子团）；

② 气态粒子通过基本上无碰撞的直线运动方式传输到基片；

③ 粒子沉积在基片表面上并凝聚成薄膜。

影响真空镀膜质量和厚度的因素很多，主要有真空度、蒸发源的形状、基片的位置、蒸发源的温度等。固体物质在常温和常压下，蒸发量极低。真空度越高，蒸发源材料的分子越易于离开材料表面向四周散射。真空室内的分子越少，蒸发分子与气体分子碰撞的概率就越小，从而能无阻挡地直线达到基片的表面。

（2）溅射法　溅射法是物理气相沉积（PVD）三个薄膜制备的主要方法之一，它包括直流溅射、射频溅射、磁控溅射、离子束溅射、反应溅射等。

直流溅射是利用直流辉光放电产生的离子轰击靶材进行溅射镀膜的技术。直流溅射装置主要由真空室、真空系统和直流溅射电源构成。靶材（接阴极）表面溅射出来的原子沉积在基片或工件（阳极）上，形成镀层。两极之间加 2～3kV 直流电压，阴极附近形成高密度的等离子体区，直流电压使离子加速轰击靶材表面，发生溅射效应。由靶材表面溅射出来的原子趋向基片。如在平行于靶面的方向加上环形磁场，则称为直流磁控溅射。直流溅射由于镀膜速率太低，限制了大规模工业化应用。

20 世纪 60 年代利用射频辉光放电，可以制取从导体到绝缘体任意材料的薄膜，因此在 20 世纪 70 年代得到普及。射频是指无线电波发射范围的频率，为了避免干扰电台工作，溅射专用频率规定为 13.56MHz。在射频电源交变电场作用下，气体中的电子随之发生振荡，并使气体电离为等离子体。射频溅射的两个电极，既然是接在交变的射频电源上，似乎就没有阴极与阳极之分了。实际上，射频溅射装置的两个电极并不是对称的。放置基片的电极与机壳相连，并且接地，这个电极相对安装靶材的电极而言，是一个大面积的电极。它的电位与等离子相近，几乎不受离子轰击。另一电极对于等离子处于负电位，是阴极，受到离子轰击，用于装置靶材。其缺点是大功率的射频电源不仅价高，对于人身防护也成问题。因此，射频溅射不适于工业生产应用。

磁控溅射是 20 世纪 70 年代迅速发展起来的新型溅射技术，目前已在工业生产中实际应用。这是由于磁控溅射的镀膜速率与二极溅射相比提高了一个数量级。具有高速、低温、低损伤等优点。高速是指沉积速率快；低温和低损伤是指基片的温升低、对膜层的损伤小。1974 年，Chapin 发明了适用于工业应用的平面磁控溅射靶，对进入生产领域起了推动作用。磁控溅射特点是在阴极靶面上建立一个环状磁靶（图 5-5），以控制二次电子的运动，离子轰击靶面所产生的二次电子在阴极暗区被电场加速之后飞向阳极。实际上，任何溅射装置都有附加磁场以延长电子飞向阳极的行程。其目的是让电子尽可能多产生几次碰撞电离，从而增加等离子体密度，提高溅射效率。只不过磁控溅射所采用的环形磁场对二次电子的控制更加严密。

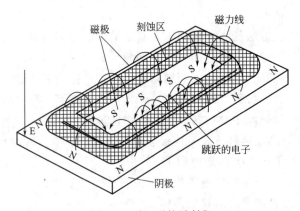

图 5-5　平面磁控溅射靶

磁控溅射所利用的环状磁场迫使二次电子跳栏式地沿着环状磁场转圈。相应地，环状磁场控制的区域是等离子体密度最高的部位。在磁控溅射时，可以看见溅射气体——氩气在这部位发出强烈的淡蓝色辉光，形成一个光环。处于光环下的靶材是被离子轰击最严重的部位，会溅射出一条环状的沟槽。环状磁场是电子运动的轨道，环状的辉光和沟槽将其形象地表现了出来。

能量较低的二次电子在靠近靶的封闭等离子体中作循环运动，路程足够长，每个电子使原子电离的机会增加，而且只有在电子的能量耗尽以后才能脱离靶表面落在阳极（基片）

上，这是基片温升低、损伤小的主要原因。高密度等离子体被电磁场束缚在靶面附近，不与基片接触。这样电离产生的正离子能十分有效地轰击靶面，基片又免受等离子体的轰击。电子与气体原子的碰撞概率高，因此气体离化率大大增加。

磁控溅射靶大致可分为柱状靶和平面靶两大类。柱状靶原理结构简单，但其形状限制了它的用途。在工业生产中多应用的是矩形平面靶，目前已有长度达 4m 的矩形靶用于镀制窗玻璃的隔热膜，让基片连续不断地由矩形靶下方通过，不但能镀制大面积的窗玻璃，还适于在成卷的聚酯带上镀制各种膜层。还有一种是溅射枪，它的结构较复杂，一般要配合行星式夹具使用，应用较少。

磁控溅射靶的溅射沟槽一旦穿透靶材，就会导致整块靶材报废，所以靶材的利用率不高，一般低于 40%，这是磁控溅射的主要缺点。

在阴极溅射中，真空槽中需要充入气体作为媒介，使辉光放电得以启动和维持。最常用的气体是氩气。如果在通入的气体中掺入易与靶材发生反应的气体（如 O_2、N_2 等），因而能沉积制得靶材的化合物膜（如靶材氧化物、氮化物等化合物薄膜）。这种成膜方式称为反应溅射。

由离子源、离子引出极和沉积室三大部分组成，在高真空或超高真空溅射镀膜法称为离子束溅射。离子束溅射中利用直流或高频电场使惰性气体（通常为氩气）发生电离，产生辉光放电等离子体，电离产生的正离子和电子高速轰击靶材，使靶材上的原子或分子溅射出来，然后沉积到基片上形成薄膜。离子束溅射沉积法除可以精确地控制离子束的能量、密度和入射角度来调整纳米薄膜的微观形成过程，溅射过程中的基片温度较低外还有以下优点：

① 可制备多种纳米金属，包括高熔点和低熔点金属，而常规的热蒸发只能适用于低熔点金属；

② 能制备多组元的化合物纳米微粒，如 $Al_{52}Ti_{48}$、$Cu_{91}Mn_9$ 和 ZrO_2 等；

③ 通过加大被溅射的阴极表面可提高纳米微粒的获得量。

（3）溶胶-凝胶工艺制备纳米薄膜　溶胶-凝胶法制备薄膜的基本步骤是：首先用金属无机盐或有机金属化合物溶于溶剂中，在低温下液相合成为溶胶，然后将衬底浸入溶胶，以一定速度进行提拉或甩胶，使溶胶吸附在衬底上，经胶化过程成为凝胶，再经一定温度加热后即可得到纳米微粒的薄膜，膜的厚度可通过提拉或甩胶的次数来控制。

溶胶-凝胶工艺制备薄膜的方法主要有三类：浸渍法、旋涂法、层流法。其中浸渍法、旋涂法较为常用，可根据衬底材料的尺寸与形状以及对所制薄膜的要求而选择不同的方法。

与其他几种常用的制备纳米薄膜材料的方法相比，溶胶-凝胶法存在以下优点。

① 利用基片浸渍溶胶后热处理的简单方法即可制备薄膜，设备简单，生产效率高。

② 反应在溶液中进行，均匀度高，多组分均匀度可达分子或原子级。在水溶胶的多元组分体系中，若不同金属离子在水解中共沉积，其化学均匀性可达到原子水平。而对于醇溶胶体系，若金属醇盐的水解速度与缩合速度基本上相当，则其化学均匀性可达分子水平。因此，溶胶-凝胶法增进了多组分体系的化学均匀性。

③ 对衬底的形状及大小要求较低，可以大面积在各种不同形状、不同材料的基底上制备薄膜，甚至可以在粉末材料的颗粒表面制备一层包覆膜。

④ 后处理温度低，在远低于陶瓷烧结或玻璃熔化的温度下进行热处理即可获得所需的材料，容易获得组成和结构均匀、晶粒细小的薄膜，尤其是在热稳定性较差的基底上制膜或

把稳定性差的薄膜沉积在基底上，采用溶胶-凝胶技术具有重要的意义。

⑤ 化学计量比准确，易于改性，掺杂量的范围加宽，可以有效地控制薄膜成分及微观结构。

⑥ 对多元组分薄膜，几种有机物互溶性好。

但溶胶-凝胶方法也存在着诸如 pH 值、反应物浓度比、温度、有机物杂质等影响凝胶或晶粒的孔径（粒径）和比表面积的情况，使其物化特性受到影响，从而影响合成材料的功能性等缺陷。

（4）脉冲激光纳米薄膜制备技术（PLD） 20 世纪 80 年代末期是脉冲激光沉积法发展的黄金时期。随着脉冲宽度几十纳秒、瞬时功率 10^{15} W 的准分子紫外激光器的实现，脉冲激光沉积法的研究不断取得突破：首先脉冲激光沉积法在制备多元氧化物高温超导薄膜方面获得成功；紧接着该方法用于制备微电子和光电子多元氧化物薄膜、异质结、氮化物、碳化物、硅化物以及各种有机物（如金刚石薄膜）；最后发展到制备纳米薄膜。在脉冲激光沉积制备技术飞速发展的同时，人们对脉冲激光沉积制备薄膜理论也进行了广泛深入的研究。

PLD 是将准分子脉冲激光器所产生的高功率脉冲激光束聚焦作用于靶材表面，使靶材表面产生高温及熔蚀，并进一步产生高温高压等离子体（$T \geqslant 10^4$ K），这种等离子体定向局域膨胀发射并在衬底上沉积而形成薄膜。脉冲激光沉积法制备薄膜设备原理如图 5-6 所示。

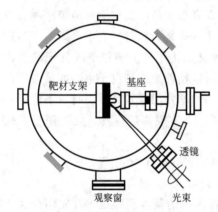

图 5-6　脉冲激光沉积原理

在强脉冲激光作用下，靶材在极短的时间内被加热熔化，在表面产生等离子体，沿垂直于靶材表面方向局域膨胀发射，直到基片表面凝结成薄膜，一般认为它可以分成三个过程来完成。①激光与靶相互作用：高能激光作用在靶材上，靶材温度急剧升高，在极短的时间内形成 Khudsen 层。②烧蚀物的传输：当等离子体在靶材表面形成以后，等离子体继续吸收激光能量，进一步电离，等离子体区的温度和压力迅速提高，在靶面的法线方向向外做等温绝热膨胀。③成膜过程：薄膜的沉积过程实际上是等离子体中的粒子在基片上堆积的过程。激光烧蚀靶材产生的等离子体由于能量较高，与基片吸附后仍然有很大活性，可以与环境气氛充分反应，沉积在基片上的粒子在一个较短的时间内在基片上的可移动性很强，这有利于提高沉积薄膜的厚度和成分的均匀性。

由于脉冲激光镀膜的极端条件和独特的物理过程，与其他的制膜技术相比较，主要有以下一些特点和优势。

① 可以生长和靶材成分一致的多元化合物薄膜，甚至含有易挥发元素的多元化合物薄膜是其突出的优点。

② 由于激光能量的高度集中，PLD 可以蒸发金属、半导体、陶瓷等无机材料。有利于解决难熔材料（如硅化物、氧化物、碳化物、硼化物等）的薄膜沉积问题。

③ 易于在较低温度（如室温）下原位生长取向一致的结构膜和外延单晶膜。因此适用于制备高质量的光电、铁电、压电、高 TC 超导等多种功能薄膜。

④ 能够沉积高质量纳米薄膜。

⑤ 由于灵活的换靶装置，便于实现多层膜及超晶格薄膜的生长，多层膜的原位沉积便于产

生原子级清洁的界面。另外，系统中引入实时监测、控制和分析装置不仅有利于高质量薄膜的制备，而且有利于激光与靶物质相互作用的动力学过程和成膜机理等物理问题的研究。

⑥ 适用范围广。该设备简单、易控制、效率高、灵活性大。操作简便的多靶靶台为多元化合物薄膜、多层膜及超晶格制备提供了方便。靶机构形态可以多样，因而适用于多种材料薄膜的制备。

5.4.4 纳米薄膜的研究进展

目前，在制备纳米材料的同时，也成功制备了几种纳米薄膜。例如，已成功地制备了纳米硅膜、纳米氮化硅膜、纳米铝膜、纳米 SiC 膜等。并研究了有关这类膜的气敏特性、光学特性、磁学特性等。在研究中还发现，不仅膜的颗粒小到纳米量级，而且当膜的厚度小到纳米量级时，也出现一些与普通膜不同的特性。

5.4.4.1 纳米磁性膜

人们有意识地制备纳米磁性微粒，也许可追溯到 20 世纪 60 年代，然而大自然却早已存在多种形式的纳米磁性微粒：生存在沼泽、湖泊、海洋中的趋磁细菌体内就有数十粒串联成球链状的 $10\sim20nm$ 的纳米磁性微粒，在地球磁场的影响下，它们顺沿磁力线的方向寻觅到具有丰富营养物的生存空间；千里迢迢能安全归航的鸽子、具有记忆功能的蜜蜂、蝴蝶、高智商的海豚等均含有引导方向的纳米磁性微粒所构成的磁罗盘。至于磁性微粒与生物体神经网络的联系，至今还是神秘的谜。颗粒的磁性，理论上始于 20 世纪初期发展起来的磁畴理论。铁磁材料，如铁、镍、钴等磁单畴临界尺寸大约处于 10nm 量级。理论与实验表明：当铁磁微粒处于单畴尺寸时，矫顽力将呈现极大值，因此制备与研究纳米微粒的磁性一直是人们十分感兴趣的课题，它不仅是一个基础研究的课题，而且牵涉到高矫顽力永磁材料、磁记录材料的研制和应用。当磁性颗粒尺寸进一步减小时，在一定的温度范围内将呈现类似于顺磁体的超顺磁性，利用超顺磁性，20 世纪 60 年代末期研制成磁性液体。

多层磁性膜是一类人工功能材料，即采用溅射、真空蒸镀或分子束外延等工艺，按照人为预想设计周期交替地沉积一定厚度的磁性层或非磁性层组成的多层膜，一般表示为（A/B）$_n$，A 为磁性金属层，由 Fe、Ni、Co 或其合金组成；B 为非磁性金属层，主要由 Cu、Ag、Cr、Au 或氧化物组成，n 为复层数，单层膜厚几纳米。除了 $(Fe/Cr)_n$ 多层膜外，显示 GMR 效应的还有：$[CoNiFe(4nm)/CoFe(1.5nm)/AgCu(1.5nm)/CoFe(1.5nm)/CoNiFe(4nm)]_{10}$ 等。

颗粒磁性膜是将纳米微粒镶嵌在互不相溶的薄膜中所形成的复合薄膜，通常采用磁控溅射和离子溅射工艺制备而成。已研制颗粒膜巨磁电阻材料有：SiO_2-Ni、Ag-Cu、Ag-Ni、Cu-Fe、Cu-Co 等。

钙钛矿型氧化物磁性膜中，正在开发的高密度数字记录用核心材料是 Co-合金系磁膜材料：Co-P、C-Ni-P、Co-Ni-Ta、Co-Cr-Pt、Co-Cr-Ni 等。

超软磁薄膜材料的工作频率高达百兆赫（MHz）、损耗低、磁导率（μ）高、饱和磁感应强度（B_s）高的软磁薄膜是满足微电感和微变压器要求的理想材料。非晶 Fe 基合金氮化膜[$Fe_{80}Al_{20}$-N_2]、纳米颗粒膜 [Fe_3Co-Al]、多层膜 [$CoFeSiB/SiO_2$] 等都具有良好的高频软磁特性。

5.4.4.2 纳米光学膜

随着构成光学膜的晶粒尺寸的减小，晶界密度将增加，膜表面的不平度也将发生变化。

因此，当尺寸减小到纳米量级时，薄膜的光学性能也将发生变化。

国外利用等离子体直流辉光放电制备了纳米 Si 光学膜。研究表明，只要参数选择适当，纳米晶体 Si 膜的光吸收系数比单晶和多晶硅均有较大提高。

国内还研究了纳米硅膜中，Si 晶粒尺寸与薄膜紫外线致光发射系数之间的关系。给出了半定量的结果：当晶粒的平均直径小于 3.5nm 时，紫外线致光发射强度迅速增加。

5.4.4.3 纳米气敏膜

气敏膜是利用其在吸附某种气体之后引起物理参数（如电阻）的变化来探测该气体的。因此，从原理上讲，气敏膜吸附气体的速率越高，信号传递的速度越快，其灵敏度也就越高。

纳米气敏膜的颗粒很小，只有几十纳米，同常规膜相比，在相同体积下、相同时间内能吸附更多的气体。由于超微粒的表面原子所占比例很大，其表面活性就很大。这种膜具有比普通膜更好的气敏性、选择性和稳定性。

5.4.4.4 纳米润滑膜

采用射频磁控溅射的方法制备纳米润滑膜 MoS_2，测试结果表明，适当的周期厚度和单层膜厚的组合可改善 MoS_2 膜的组织结构，降低其疏松程度，提高润滑膜的性能。

纳米薄膜是在纳米材料的基础上发展起来的，纳米薄膜中，纳米材料的结构特征在一定程度上得以实现，而且纳米膜在性能上比普通膜有独特之处。如气敏膜的灵敏度更高。薄膜的特性也会发生独特的变化，如磁性膜随着厚度的减小出现了由平面磁化向垂直磁化的转变，润滑膜在纳米尺度上的材质改性等。因此，与纳米材料相比，纳米薄膜中的"纳米"已有了新的含义，不仅仅局限于构成膜的颗粒处于纳米量级。

目前，关于纳米薄膜的结构、特性、应用研究还处于起步阶段。随着纳米薄膜研究工作的发展，更多的结构新颖、性能独特的薄膜必将出现，应用范围也将日益广阔。

5.5 纳米复合材料

复合材料是由两种或两种以上物理和化学性质不同的物质组合而成的一种多相固体材料。在复合材料中，通常有一相为连续相，称为基体；另一相为分散相，称为增强材料。分散相是以独立的相态分布在整个连续相中，两相之间存在着相界面。分散相可以是纤维状、颗粒状或是弥散的填料。复合材料中各个组分虽然保持其相对独立性，但复合材料的性质却不是各个组分性能的简单加和，而是在保持各个组分材料的某些特点基础上，具有组分间协同作用所产生的综合性能。由于复合材料各组分间"取长补短"，充分弥补了单一材料的缺点，产生了单一材料所不具备的新性能，开创了材料设计方面的新局面。

纳米复合材料的概念是由 Rey 和 Komarneni 在 20 世纪 80 年代初提出的，它是指组成相中至少有一相在一个维度上为纳米量级，通常在微米和亚微米的基体中添加纳米第二相或在纳米基体中添加纳米第二相的复合材料体系。纳米复合材料同时综合了纳米材料和复合材料的优点，展现了极广阔的应用前景，已成为当今世界的新材料研究热点之一。具体的讲，纳米复合材料是以树脂、橡胶、陶瓷和金属等基体为连续相，以纳米尺寸的金属、半导体、刚性粒子和其他无机粒子、纤维、纳米碳管等改性剂为分散相，通过适当的制备方法将改性剂均匀地分散于基体材料中，形成一相复合有纳米尺寸材料的复合体系。

纳米复合材料与常规的无机填料/聚合物体系不同，不是有机相与无机相的简单混合，而是两相在纳米尺寸范围内复合而成。由于分散相与连续相之间界面面积非常大，界面间具有很强的相互作用，产生理想的粘接性能，使界面模糊。作为分散相的有机聚合物通常是指刚性棒状高分子，包括溶致液晶聚合物、热致液晶聚合物和其他刚直高分子，它们以分子水平分散在柔性聚合物基体中，构成无机物/有机聚合物纳米复合材料。作为连续相的有机聚合物可以是热塑性聚合物、热固性聚合物。聚合物基无机纳米复合材料不仅具有纳米材料的表面效应、量子尺寸效应等性质，而且将无机物的刚性、尺寸稳定性和热稳定性与聚合物的韧性、加工性及介电性能糅合在一起，从而产生许多特异的性能。

5.5.1 纳米复合材料的分类

纳米复合材料分类方法较多，从总的方面来说，目前纳米复合材料可分为三类：①0-0复合型；②0-3复合型；③0-2复合型。0-0复合型，即不同成分、不同相或不同种类的纳米粒子复合而成的纳米固体材料。0-3复合型，即纳米粒子分散在常规三维固体中，另外，介孔团体亦可作为复合母体，通过物理或化学方法将纳米粒子填充在介孔中，形成介孔复合的纳米复合材料。0-2复合型，即把纳米粒子分散到一维的薄膜材料中，它又可分为均匀弥散和非均匀弥散两类，称为纳米复合薄膜材料。有时也把不同材质构成的多层膜如超晶格称为纳米复合薄膜材料。从最常用的方面来划分，可分为有三种：①按基体材料分类；②按纳米改性剂分类；③按制备方法分类。

5.5.1.1 按基体材料分类

纳米复合材料按基体材料可分为以下四种：①树脂基纳米复合材料；②橡胶基纳米复合材料；③陶瓷基纳米复合材料；④金属基纳米复合材料。

5.5.1.2 按纳米改性剂分类

纳米复合材料按纳米改性剂可分为以下八类：①纳米黏土改性复合材料结构；②刚性纳米 $CaCO_3$ 粒子改性复合材料结构；③陶瓷纳米粒子改性复合材料结构；④纳米碳管改性复合材料结构；⑤纳米纤维改性复合材料结构；⑥纳米光电或金属粒子改性复合材料结构；⑦纳米磁性粒子改性复合材料结构；⑧纳米吸波剂改性复合材料结构等。

5.5.1.3 按制备方法分类

纳米复合材料按制备方法可分为以下几类。①树脂与橡胶基纳米复合材料，包括：a. 纳米黏土插层复合材料；b. 纳米粒子共混复合材料；c. 纳米粒子原位聚合（或合成）复合材料；d. 溶胶-凝胶法制备的纳米复合材料；e. LB 制膜法制备纳米复合材料；f. 分子自装法制备纳米复合材料。②陶瓷与金属基纳米复合材料，包括：a. 高能球磨法制备纳米复合材料；b. 原位复合法制备纳米复合材料；c. 大塑性变形法制备纳米复合材料；d. 快速凝固法制备纳米复合材料；e. 纳米复合镀法制备纳米复合材料；f. 溅射法制备纳米复合材料等。

5.5.2 纳米复合材料的性能与特点

纳米复合材料在基本性能上具有普通复合材料所具有的共同特点，但也有所差异。由于纳米微粒具有小尺寸效应、表面界面效应、量子尺寸效应和宏观量子隧道效应等特性，使纳米复合材料具有不同于普通复合材料的特殊性能。

5.5.2.1 纳米复合材料的基本性能

纳米复合材料具有以下基本性能。

① 可综合发挥各种组分的协同效能，这是其中任何一种材料都不具备的多种性能，是

复合材料的协同效应赋予的。纳米复合材料的这种协同效应非常显著。

② 性能的可设计性，针对纳米复合材料的性能需求进行材料的设计和制造。

③ 可按需要加工材料的形状，避免多次加工和重复加工。如利用填充纳米材料方法，经紫外线辐射可一次性加工成特定形态的薄膜材料。

纳米复合材料的性能可设计性是纳米复合材料基本性能的最大特点，性能设计要考虑到诸多影响因素，如纳米材料的分散粒度与分散均匀度、纳米材料的活性、纳米材料的含量；纳米材料与有机聚合物的相容性、有机聚合物的可加工性；纳米复合材料的适用对象、适用环境等。

5.5.2.2　纳米复合材料的特殊性质

由无机纳米材料与有机聚合物复合而成的纳米复合材料具有无机材料、无机纳米材料、有机聚合物材料、无机填料增强聚合物复合材料、碳纤维增强聚合物复合材料等所不具备的一些性能，主要表现如下。

（1）同步增韧增强效应　纳米材料对有机聚合物的复合改性，却是在发挥无机材料的增强效果的同时，又能起到增韧的效果，这是纳米材料对有机聚合物复合改性最显著的效果之一。

（2）新品功能高分子材料　纳米复合材料是通过纳米材料改性有机聚合物而赋予复合材料新的功能，纳米材料以纳米级水平均匀分散在复合材料之中，没有所谓的官能团，但可以直接或间接地达到具体功能的目的，诸如光电转换、高效催化、紫外线屏蔽等。

（3）强度大、模量高　普通无机粉体材料对有机聚合物基复合材料有较高的强度、模量，而纳米材料增强的有机聚合物复合材料却有更高的强度、模量。加入纳米无机粉体的量很小时（3%～5%，质量分数），即可使聚合物的强度、刚度、韧性及阻隔性能获得明显提高。不论是拉伸强度或是弯曲强度，还是拉伸模量或是弯曲模量，均具有一致的变化率。在加入与普通粉体相同体积比的情况下，一般要高出 1～2 倍，在加入相同质量比的情况下，一般要高出 10 倍以上。

（4）阻隔性能　对于插层纳米复合材料，由于聚合物分子链进入到层状无机纳米材料片层之间，分子链段的运动受到限制，而显著提高了复合材料的耐热性及材料的尺寸稳定性；层状无机纳米材料在二维方向阻碍各种气体的渗透，从而达到良好的阻燃、气密的作用。

5.5.3　纳米复合材料的制备方法

目前，制备纳米金属复合材料的方法有机械合金化法、熔体速凝法、溶胶-凝胶法、蒸发沉积法、等离子喷涂法、真空原位加压固结法、电沉积法、激光复合加热蒸发法、溅射法等。应用比较广泛和规模比较大的纳米金属复合材料制备工艺主要是机械合金化法。其他制备方法仅局限于小批量生产，因此，现今纳米金属复合材料的应用范围主要是自动化、航空、航天工业。

纳米复相陶瓷的制备工艺流程与一般颗粒增强复相陶瓷的工艺流程（即制粉-混合-成型坯体-烧结）基本相同，所不同的是纳米复相陶瓷的第二相是纳米级粒子，这就造成了纳米复相陶瓷的第二相不是预先制成后掺入，而是通过一定压力及热处理条件，在坯体烧结过程中由基质晶粒析出纳米晶（第二相），形成致密的纳米复相陶瓷。在致密化过程中，同时保持纳米晶的特性，通常采用沉降法、原位凝固法和热压烧结法等。

目前，有机-无机分子间存在相互作用的纳米复合材料发展很快，因为该种材料在结构与功能两方面均有很好的应用前景，而且具备工业化的可能性。有机-无机分子间的相互作用有共价键型、配位键型和离子键型，各种类型的纳米复合材料均有其对应的制备方法。

制备共价键型纳米复合材料基本上采用凝胶-溶胶法，该种复合体系中的无机组分是用硅和金属的烷氧基化合物经水解、缩聚等反应形成硅或金属氧化物的纳米粒子网络，有机组分则以高分子单体引入此网络并进行原位聚合形成纳米复合材料。该材料能达到分子级的分散水平，所以能赋予它优异的性能。

配位型纳米复合材料，是将有功能性的无机盐溶于带配合基团的有机单体中使之形成配位键，然后进行聚合，使无机物以纳米相分散在聚合物中形成纳米复合材料。该种材料具有很强的纳米功能效应，是一种有竞争力的功能复合材料。

离子型有机-无机纳米复合材料是通过对无机层状物插层制得的，因此无机纳米相仅有一维是纳米尺寸。由于层状硅酸盐的片层之间表面带负电，所以可先用阳离子交换树脂借助静电吸引作用进行插层，而该树脂又能与某些高分子单体或熔体发生作用，从而构成纳米复合材料。

高聚物中加入无机纳米材料是制备高性能、高功能复合材料的重要手段之一。聚合物基无机纳米复合材料的制备方法目前主要有插层法、溶胶-凝胶法、共混法与原位分散聚合法等。插层复合法是制备聚合物/层状硅酸盐（PLS）纳米复合材料的方法。首先将单体或聚合物插入经插层剂处理的层状硅酸盐片层之间，进而破坏硅酸盐的片层结构，使其剥离成厚度为 1nm、面积为 100nm×100nm 的层状硅酸盐基本单元，并均匀分散在聚合物基体中，以实现高分子与黏土类层状硅酸盐在纳米尺度上的复合。原位复合来源于原位结晶（in-situ crystallization）和原位聚合（in-situ polymerization）的概念，材料中的第二相或复合材料中的增强相生成于材料的形成过程中，即不是在材料制备之前就有，而是在材料制备过程中原位就地产生。原位生成的可以是金属、陶瓷或高分子等物相，它们能以颗粒、晶须、晶板或微纤等纤维组织形式存在于基体中。原位复合的原理是：根据材料设计的要求选择适当的反应剂（气相、液相或固相），在适当的温度下借助于基材之间的物理化学反应，原位生成分布均匀的第二相（或增强相）。由于这些原位生成的第二相或与基体间的界面无杂质污染，两者之间有理想的原位匹配，能显著改善材料中两相界面的结合状况，使材料具有优良的热力学稳定性；其次，原位复合省去了第二相的预合成，简化了工艺，降低了原材料成本；另外，原位复合还能够实现材料的特殊显微结构设计并获得特殊性能，同时避免因传统工艺制备材料时可能遇到的第二相分散不均匀，界面结合不牢固以及物理、化学反应使组成物相丧失预设计性能等不足的问题。原位复合技术包括金属基原位复合技术、陶瓷基原位复合技术、聚合物基原位复合技术、自蔓延复合技术、其他原位复合技术等。原位复合已成为材料或复合材料制备的一种新技术，得到了迅速发展，同时也促进了其他学科的发展。

纳米复合材料还可通过纳米微粒直接分散来制备。首先通过一定的方法合成出各种形态的纳米颗粒，然后将无机纳米微粒直接分散于有机基质制备无机聚合物纳米复合材料，称为直接分散法。这种制备方法是基于物理吸附理论，无机纳米粒子和有机基体的界面结合是机械铰合和基于次价键的作用。无机纳米粒子经表面处理后，促使了基体和无机纳米微粒表面完全浸润，可以松弛并减小界面压力。直接分散法制备聚合物基纳米复合材料主要分为：①纳米微粒分散在聚合物中，聚合物可以是溶液或熔体，也可以将纳米颗粒直接和聚合物粉体用机械方法分散；②纳米颗粒可以分散在单体中，然后进行本体聚合、乳液聚合、氧化聚合和缩聚。

纳米颗粒和聚合物可以通过溶液共混、悬浮液或乳液共混、熔融共混的方式来制备有机-无机纳米复合材料。Shang 等在制备乙烯-乙酸乙烯树脂（EVA）/SiO₂ 复合材料时使用了溶液共混法并最后浇注成膜。熊传溪等把聚苯乙烯溶于苯乙烯中，加入纳米微粒，再使苯乙烯聚合制得聚苯乙烯（PS）/Al₂O₃ 复合材料。Carotenuto 将表面改性的微粒掺混到聚合物溶液中，制得聚甲基丙烯酸甲酯（PMMA）/SiO₂ 整体纳米复合材料。研究结果表明，SiO₂ 微粒相当均匀地以纳米级尺寸分布在基体聚合物中。Chen 利用非水悬浮液的办法制得了 AIN/PI 复合材料，纳米级 AIN 均匀地分布在基体中，这种复合材料在硅酸盐体积含量高达 60％时，仍能维持其热力学性能。将纳米颗粒首先分散在聚合物单体中，然后在一定条件下进行聚合亦可制得有机-无机纳米复合材料。为了使纳米颗粒能被分散介质润湿，达到均匀分散的目的，一般要对纳米颗粒进行表面处理，以降低其表面能。张晔等直接在聚合物组分-甲基丙烯酸甲酯中合成纳米溶胶，用具有不饱和双键的油酸作为表面活性剂，再将溶胶自由基引发聚合制成了纳米 TiO₂/聚甲基丙烯酸甲酯（PMMA）均匀分散体系。欧玉春用羟基丙烯酸处理二氧化硅后，将其分散在甲基丙烯酸甲酯中进行本体聚合，制得了 PMMA/SiO₂ 纳米复合材料。

5.5.4 纳米复合材料的研究举例

5.5.4.1 高介电常数的聚合物基纳米复合电介质材料

随着信息、电子和电力工业的快速发展，以低成本生产具有高介电常数和低介电损耗的聚合物基复合材料成为行业关注的热点。在同样的体积情况下，为了获得重量轻和高储能密度的大功率电容器，则必须采用以密度小、介电常数高的电介质材料作为电荷储存的薄膜，按照有机薄膜电容器的制备工艺生产大电容值的电力电容器。因此，研究具有高介电常数的聚合物基复合材料具有十分重要的学术意义和实用价值。

北京市新型高分子材料制备与工艺重点实验室（北京化工大学）的党智敏等研究制备了 BT/PVDF 纳米复合材料。实验所用材料为热塑性聚偏氟乙烯（PVDF）聚合物为白色粉末，软化点约为 200℃。采用溶剂直接合成法（DSS）制备研究中所用的纳米钛酸钡（BT，30～60nm 的球形粉末），分散剂为分析级无水乙醇。对于微米/纳米 BT 共用的体系，所用的 BT 粒径分别为 $0.7\mu m$ 和 $0.1\mu m$。通过高能超声处理，可以促使纳米尺度 BT（30～60nm 的球形粉末）比较均匀地分散在无水乙醇中，形成 BT 的悬浮液。然后将 BT 的悬浮液与事先已经在无水乙醇中分散好的 PVDF 悬浮液充分混合，混合溶液进一步被超声处理 20min。将完全混合均匀的 BT/PVDF 混合液倾倒在玻璃盘中，在 50℃温度下干燥 3h，以确保无水乙醇完全挥发。最后，将完全干燥的 BT/PVDF 复合粉末以特殊的工艺在压力约 10MPa、温度 200℃条件下热压成圆形薄片，薄片厚度约为 1mm、直径约 12mm。研究中制备了不同 BT 含量（BT 体积分数从 0 到 0.50）的 BT/PVDF 纳米复合材料。为了获得高密度填充的高介电常数复合材料，通过干法物理共混和后续同样的热压工艺，制备了粒径为 $0.7\mu m$ 和 $0.1\mu m$ 的 BT 同时填充 PVDF 的复合材料，其中所用的不同粒径的 BT 体积分数固定为4/1。通过微观表征及性能分析后得出：在无水乙醇中，通过纳米 BT 颗粒与 PVDF 之间强烈的吸附作用以及合适的热压工艺，可以得到均质的 BT/PVDF 纳米复合材料。在无水乙醇中具有合适的 BT/PVDF 体积比的复合粉末，可以促使纳米 BT 颗粒吸附在 PVDF 上，该吸附作用对于获得均质 BT/PVDF 纳米复合材料具有重要的作用。粒径差异较大的 BT 填充的复合材料的介电常数具有明显的协同效应，通过合理配合颗粒尺度和含量可以进一步提高复合材料介电常数。制备的均质纳米复合材料具有优秀的介电性能，在未来电子工业中具有潜在的应用前景。

5.5.4.2 模板法合成含镧的层状无机-有机纳米复合材料

稀土元素有着特殊的 4f 电子，因此许多含稀土元素的化合物在发光、催化、电学、磁学等领域都有很广泛的应用。当含稀土的复合材料本身具有一些特殊的结构时，往往会对其性能产生有利的影响，或赋予材料一些新颖的性质，因此在应用方面就会显示出更大的价值。如具有中孔或层状结构的含稀土的材料就被预计在气体的选择性吸附与分离和磁性材料方面具有广阔的应用前景，而且，这种中空或层状稀土复合物还可以用作一些具有特殊功能的材料的载体。北京分子科学国家实验室，纳米器件物理与化学重点实验室（北京大学化学与分子工程学院）的许军舰等以表面活性剂十二烷基磺酸钠为模板制备了含稀土元素 La 的无机-有机纳米复合材料。研究中用阴离子表面活性剂十二烷基磺酸钠作为模板剂，合成并表征了含 La 的无机-有机层状纳米复合材料，并对其不同合成条件对复合物结构的影响及合成机理进行了讨论。实验过程为取 20mL 浓度为 $1.0\text{mmol} \cdot \text{L}^{-1}$ 的 NaOH 水溶液于 50mL 小烧杯中，另取 0.277g（1.0mmol）的十二烷基磺酸钠溶于上述溶液，并将烧杯置于恒温水浴中。在剧烈搅拌的同时，在体系中缓慢滴加 10mL $0.10\text{mol} \cdot \text{L}^{-1}$ 的 $La(NO_3)_3$ 水溶液，体系中即刻产生白色沉淀。恒温下继续搅拌 8h，将沉淀过滤，用去离子水及无水乙醇洗净后，在空气中自然晾干，就可得到含 La 的无机-有机纳米复合物。研究结果表明，利用表面活性剂十二烷基磺酸钠为模板，制备了含 La 的无机-有机复合物。XRD 以及 HRTEM 的表征结果证明了这种复合物为层状结构。经过实验考察，表面活性剂和稀土离子的原料配比（S/La）、反应时间、反应温度等对复合物的层状结构骨架没有影响，但对复合物层状结构的层间距有一定程度的影响。其中，复合物的层间距随 S/La 比例的增大而逐渐变小，随反应时间的增长而增大，随反应温度升高而升高，但在达一定值后不再改变。上述复合物的合成方法操作十分简单，同时由于含稀土元素的化合物在很多领域都具有应用价值，因此，这种层状复合物的制备在材料应用方面将会是很有意义的。

5.5.5 纳米固体材料的发展

纳米固体的特殊结构和奇异性质，特别是对基础研究的意义，使许多国家继美国和德国之后，迅速开展相关研究。纳米材料研究，目前主要着重于制备方法，特别是薄膜制备方法的研究。除用惰性气体沉积和真空成型方法外，诸如水热法、水解法、反相胶束法和机械合金化等方法也已经建立起来。与此同时，表征纳米固体的手段和方法以及有关结构与成分的研究也有报道。具有原子分辨率的高分辨、扫描隧道显微镜和原子力显微镜等手段不仅能直观地给出纳米固体的结构，而且可用实时反映纳米固体界面的运动。显然，纳米晶体结构的研究，无论对材料制备，还是对物理、化学性质的研究，都是至关重要的。

毫无疑问，纳米固体的研究，已经成为物理学科的前沿课题，可以预计，至少在今后20 年内，它仍将是物理学科的一个热点。纳米固体和原子团簇的研究，很可能会引发物理学和材料科学的一场新的革命。

参 考 文 献

[1]　都有为. 纳米微粒与纳米固体. 物理实验，1992，12 (4)：168-169.

[2]　朱星. 材料物理的新进展——纳米固体材料. 物理，1991，20 (4)：203-206.

［3］ 刘刚，王铀. 纳米陶瓷的发展及研究现状. 陶瓷，2006，1：8-15.

［4］ 丁星兆. 纳米材料的结构、性能及应用. 材料导报，1997，11（4）：1-5.

［5］ 张立德，牟季美. 纳米材料和纳米结构. 北京：科学出版社，2001.

［6］ 肖寒. 陶瓷材料的发展和纳米陶瓷. 贵州师范大学学报：自然科学版，1997，15（3）：54-55.

［7］ Cahn R W. Nanomaterials coming of age. Nature，1988，332（60-61）：112-115.

［8］ 杨修春，丁子上. 原位一步合成纳米陶瓷新工艺. 材料导报，1995，（3）：48-49.

［9］ 田明原，施尔畏等. 纳米陶瓷与纳米陶瓷粉末. 无机材料学报，1998，13（2）：134-135.

［10］ 宋桂明，周玉等. 纳米陶瓷粉体的制备技术及产业化. 矿冶，2001，10（2）：55-60.

［11］ Mayo M J. Processing of nanocrystalline ceramics form ultra-fine particles. Inter Mater Rev，1996，41（3）：95-99.

［12］ Miller K T，Zukoski C F. Osmotic consolidation of suspen-sions and gels. J Am Ceram Soc，1994，77（9）：2473-2478.

［13］ 高濂，李蔚，王宏志. 超高压成形制备 Y-TZP 纳米陶瓷. 无机材料学报，2000，（12）：1005-1008.

［14］ 袁望治，劳令耳等. 纳米 ZrO_2（3Y）两次成形常压烧结致密特性及其电导率. 材料科学与工程，2000，18（3）：57-60.

［15］ 史琳琳，曾令可等. 纳米陶瓷的成形方法研究进展. 材料导报，2003，（17）：72-74.

［16］ 朱建锋，罗宏杰等. 纳米陶瓷的素坯成形与烧结. 西科技大学学报，2003，21（3）：1-5.

［17］ 施锦行. 纳米陶瓷的制备及其特性. 中国陶瓷，1997，33（3）：36-38.

［18］ 纳米材料分类概况. http://www.21jxhg.com/glcl/jszl/200606/13456.shtml.

［19］ 钟俊辉. 纳米固体材料. 稀有金属材料与工程，2003，22：82-83.

［20］ 李斗星，平德海，叶恒强，纪小丽，吴希俊. 纳米固体材料结构特征. 电子显微学报，1993，2：158.

［21］ 温树林，王大志，阮美玲，冯景伟. 纳米固体的晶界结构. 自然科学进展——国家重点实验室通讯，1993，3：412-415.

［22］ 纳米固体. http://baike.baidu.com/view/122154.html.

［23］ 李红. 纳米陶瓷及其发展趋势. 山东陶瓷，2004，27（3）：26-29.

［24］ 王献忠. 纳米陶瓷研究现状及技术发展. 萍乡高等专科学校学报，2005，4：59-63.

［25］ 高濂，李蔚. 纳米陶瓷. 北京：化学工业出版社，2002.

［26］ 郭卫红，汪济奎. 现代功能材料及其应用. 北京：化学工业出版社，2002.

［27］ Kholmanov N，Kharlamov A，Barbo E，et al. J Nano sci Nanotech，2002，2（5）：453-456.

［28］ 杨秀健，施朝淑，徐小亮. 纳米 ZnO 的研究及其进展. 无机材料学报，2003，（1）：1-10.

［29］ 焦恒，罗发，周万城. Si-C-N 纳米粉体的吸波特性研究. 无机材料学报，2002，17（3）：595-599.

［30］ 雷霆，罗凤兰，唐光明等. 纳米二氧化钛的光催化特性及其应用. 功能材料增刊，2001，（10）：488-490.

［31］ 肖汉宁，李玉平. 陶瓷学报，2002，22（3）：191-195.

［32］ 邓晓燕，崔作林，杜芳林等. 无机材料学报，2001，16（5）：1089-1093.

［33］ 霍爱群，谭欣，丛培君等. 纳米 TiO_2 光催化膜中的缺陷结构与性能关系初探. 化学通报，1998，（11）：31-32.

［34］ 王兢，吴风清，刘国范等. 纳米 $LaFeO_3$ 湿敏特性的研究. 功能材料，1997，（2）：165-167.

［35］ 牛新书，刘艳丽，徐甲强. 室温固相合成纳米 ZnS 及其气敏性能研究. 无机材料学报，2002，17（4）：817-821.

［36］ 焦正，陈锋，李民强等. 纳米 $ZnFeO_4$ 气敏材料的结构和敏感特性研究. 无机材料学报，2002，17（2）：316-319.

［37］ 张爽，陈丽华，赵志勇等. 功能材料增刊，2001，（10）：762-763.

［38］ 林伟，黄世震，陈伟. 磁控溅射纳米 SnO_2 薄膜的气敏特性. 功能材料增刊，2001，（10）：916-917.

［39］ 吕笑梅，方靖淮，陆祖宏. 敏化 TiO_2 纳米晶太阳能电池. 功能材料，1998，（6）：574-577.

［40］ 张恒，张力. 纳米复合材料实用化技术前景. 材料导报，2001，（8）：21.

［41］ 樊世民，盖国胜. 纳米颗粒的应用. 材料导报，2001，（12）：29-31.

［42］ 丁士文，翟永青，王静等. 功能材料增刊，2001，（10）：701-702.

［43］ 施锦行. 纳米陶瓷的制备及其特性. 中国陶瓷，1997，33（3）：36-38.

［44］ 陈巍. 纳米陶瓷材料的制备. 河南建材，2004，2：13-15.

［45］ Lequitte M，Autissier D. Abstracts of Second International Conference on Nanostructured. Germany：Materials

Stuttgart, 1994: 316.

[46] 王赛玉. 纳米陶瓷材料的研究现状. 黄石理工学院学报, 2005, 21 (1): 13-16.

[47] 沈海军, 穆先才. 纳米薄膜的分类、特性、制备方法与应用. 微纳电子技术, 2005, 11: 506-510.

[48] 李强勇. 纳米薄膜研究的进展. 真空与低温, 1994, 13 (3): 162-168.

[49] 潘峰, 范毓殿. 纳米磁性多层膜研究进展. 物理, 1991, 22: 9.

[50] 邱成军, 曹茂盛, 朱静, 杨慧静. 纳米薄膜材料的研究进展. 材料科学与工程, 2001, 19 (4): 132-137.

[51] 何建立, 刘长洪, 李文治. 微组装纳米多层材料的力学性能研究. 清华大学学报, 1998, 38 (10): 16.

[52] 剂成林, 李远光, 钟菊花等. TiO$_2$/SnO$_2$ 超微颗粒及其复合 LB 膜的紫外-可见光吸收光谱的研究. 功能材料, 1999, 30 (2): 223.

[53] Ibol Z, Sarott F A, Veprek S. Optical absorption inhydrogented microcrystalline silicon. J Phys C: Solid State Phys, 1983, 209: 2005-2015.

[54] 余常明. 纳米磁性材料. 世界电子元器件, 1999, 10: 23-25.

[55] Rickerby D C, Nigibson P, Gissler W, et al. Structured investigation of reactiveily sputtered boron nitrides films. Thin Solid Films, 1992, 209: 155-160.

[56] Chou T C, Abamson D, Mardinly J, et al. Microstructural evolution and properties of nanocrystlline alumia made by reactive sputting depositon. Thin Solid Films, 1991, 205: 191-239.

[57] Steckl A J, Li J P. Rapid thermal chemical vapor deposition growth of nanomer-thin SiC on silicon. Thin Solid Films, 1992, 216: 149-154.

[58] 王力衡, 黄运添, 郑海涛. 薄膜技术. 北京: 清华大学出版社, 1991.

[59] 贾嘉. 溅射法制备纳米薄膜材料及进展. 半导体技术, 2004, 29 (7): 70-73.

[60] 沈海军, 穆先才. 纳米薄膜的分类、特性、制备方法与应用. 微纳电子技术, 2005, (11): 505-509.

[61] 姬海宁, 兰中文, 王豪才. 纳米技术在磁性材料中的应用. 磁性材料及器件, 2002, 4: 25-28.

[62] 李美成, 陈学康, 杨建平, 王菁, 赵连城. 脉冲激光纳米薄膜制备技术. 红外与激光工程, 2000, 29 (6): 31-35.

[63] 崔婷, 唐绍裘, 万隆, 刘小磐, 朱雁峰. 纳米二氧化钛薄膜的制备及性能研究. 硅酸盐通报, 2006, 2: 121-124.

[64] 溅射原理. http://xuleshan.blog.sohu.com/5512131.html, 2006-06-29.

[65] 张艳辉, 田彦文, 邵忠财. 聚合物基纳米无机复合材料的最新研究进展. 化学工业与工程技术, 2004, 25 (6): 10-15.

[66] 董秀芳. 制备有机-无机纳米复合材料方法研讨. 东北工学院学报, 2004, 25 (4): 293-296.

[67] 姜炜, 李凤生, 秦润华. 纳米复相陶瓷的制备及性能研究进展综述. 中国陶瓷工业, 2004, 11 (6): 64-69.

[68] 梁乃茹. 纳米金属复合材料制备的研究进展. 包钢科技, 2005, 31 (1): 1-8.

[69] 丁国芳, 王建华, 黄奕刚, 石耀刚. 插层复合法制备聚合物纳米复合材料的研究进展. 弹性体, 2004, 14 (4): 53-56.

[70] 杨隽, 张潇, 王俊, 童身毅. 有机-无机纳米复合材料合成方法的发展. 材料开发与应用, 1999, 14 (6), 37-40.

[71] 党智敏, 王海燕, 彭勃, 雷清泉. 高介电常数的聚合物基纳米复合电介质材料. 中国电机工程学报, 2006, 26 (15): 100-104.

[72] Bai Y, Cheng Z Y, Zhang Q M. High-dielectric-constant ceramicpowderpolymer composites. Applied Physics Letters, 2000, 76 (25): 3804-3806.

[73] 许军舰, 张庆敏, 金钟, 褚海斌, 李彦. 模板法合成含镧的层状无机-有机纳米复合材料. 无机化学学报, 2006, 8: 1411-1415.

[74] Yang H, Coombs N, Ozin G A. Nature, 1997, 386 (6626): 692-695.

[75] Qi L, Ma J, Cheng H, et al. Chem Mater, 1998, 10 (6): 1623-1626.

[76] Koch C C. Intermetallic composites prepared by mechanical alloying-areview. Mater Sci Eng A, 1998, 214: 39-48.

[77] Zhang Heng, Zhang Li. Potential for commercialization of nanocomposites. Mater Rev, 2001, 15 (8): 20-22.

[78] 纳米复合材料. http://www.snpc.org.cn/Literature/view.asp? ID=572, 2006, 8: 8.

[79] 刘维红, 胡晓云, 张锦, 张德恺. 脉冲激光沉积法制备无机发光薄膜的研究现状. 激光与光电子学进展, 2006, 43 (12): 12-17.

［80］ Zheng M P，J in Y P，J in G L. Organic-inorganic nanocomposite materials. J Mater Sci Lett，2000，19：433.

［81］ 韩高荣，钟敏，赵高凌. 有机-无机纳米复合材料的制备与界面特性. 功能材料与器件学报，2002，8（4）：421.

［82］ 顾秀娟，王齐华. 有机-无机纳米复合材料的制备及其磨擦学性能研究展望. 材料科学与工程，2002，20（4）：603.

［83］ Shang S W，Willioms J W. Actuality and prospect in preparation and research of organic-inorganic nanocomposites. Mater Sci，1995，30：4323.

［84］ 熊传溪，闻荻江，皮正杰. 复合材料介电性能研究. 高分子材料科学与工程，2003，19（1）：30.

［85］ Carotenuto C. Inorganic-organic nanocomposites. Appl Comp Mate，1998，6：385.

［86］ Chen Xiaohe，Preparation of organic nanocomposites coating. J Mater Res，1997，5：1274.

［87］ 张晔，周恩贵，李磊. 新型纳米双孔硅铝分子筛的溶胶凝胶法合成及表征. 材料研究学报，2002，41（3）：35.

［88］ 欧玉春，杨锋，庄严等. Preparat ion of PMMA/SiO$_2$ materials. Colloid Interface Sci，1998，197：293.

［89］ 王昌燧，范成高. 纳米固体材料研究动向. 科技导报，1992，3：27.

第6章 介孔材料

多孔无机固体材料可以是晶体或者是无定形的，它们已经被广泛地应用于吸附剂、非均相催化、各类载体和离子交换剂等领域，其多孔的结构和极大的表面积（内表面和外表面）加强了它们的催化和吸附性能。按照国际纯粹和应用化学协会（IUPAC）的定义，多孔材料可以按它们的孔径分为三类：小于 2nm 为微孔（micropore），2~50nm 为介孔（mesopore），大于 50nm 为大孔（macropore），有时也将小于 0.7nm 的微孔称为超微孔；而根据结构特征，多孔材料可以分成三类：无定形、次晶和晶体。次晶材料虽含有许多小的有序区域，但孔径分布也较宽。结晶材料的孔道是由它们的晶体结构决定的，因此孔径大小均一且分布很窄，孔道形状和孔径尺寸能通过选择不同的结构来较好地得到控制。由于晶体多孔材料有许多优势，许多应用领域的多孔无定形材料已逐渐开始被多孔晶体材料所取代。

无机微孔材料孔径一般小于 2nm，包括硅钙石、活性炭、泡沸石等，其中最典型的代表是人工合成的沸石分子筛，它是一类以 Si、Al 等为基的结晶硅铝酸盐，具有规则的孔道结构，但迄今为止，合成沸石分子筛的孔径尺寸均小于 1.5nm，这限制了其对吸附、催化与分离等的作用。大孔材料孔径一般大于 50nm，包括多孔陶瓷、水泥、气凝胶等，特点是孔径尺寸大，但分布范围宽。介于二者之间的称为介孔（中孔）材料，其孔径在 2~50nm 范围，如一些气凝胶、微晶玻璃等，它们具有比微孔材料大得多的孔径，但这类材料同样存在孔道形状不规则、尺寸分布范围广的缺点。

由于介孔材料具有允许分子进入的更大的内表面和孔穴、因量子尺寸效应及界面耦合效应的影响而具有奇异的物理、化学等许多优良的性能，将在化学、光电子学、电磁学、材料学、环境学等诸多领域有巨大的潜在应用前景，故自其诞生以来就成为国际上的研究热点。

6.1 介孔材料的分类及特性

按照结构的有序性，介孔材料可以分为有序介孔材料和无序介孔材料，对于有序介孔材料，孔型可分为三类：定向排列的柱形（通道）孔、平行排列的层状孔和三维规则排列的多面体孔（三维相互连通）。而无序介孔材料中的孔型，形状复杂、不规则并且互为连通，孔型常用墨水瓶形状来近似描述，细颈处相当于孔间通道。其中有序介孔材料是 20 世纪 90 年代迅速兴起的新型纳米结构材料，它一诞生就得到国际物理学、化学与材料学界的高度重视，并迅速发展成为跨学科的研究热点之一。有序介孔材料虽然目前尚未获得大规模的工业化应用，但它所具有的孔道大小均匀、排列有序、孔径可在 2~50nm 范围内连续调节等特性，使其在分离提纯、生物材料、催化、新型组装材料等方面有着巨大的应用潜力。

按照化学组成分类，介孔材料一般可分为硅系和非硅系两大类。硅基介孔材料孔径分布狭窄，孔道结构规则，并且技术成熟，研究颇多。硅系材料可用催化、分离提纯、药物包埋缓释、气体传感等领域。硅基材料又可根据纯硅和掺杂其他元素而分为两类。进而可根据掺杂元素种类及不同的元素个数不同进行细化分类。杂原子的掺杂可以看作是杂原子取代了原来硅原子的位置，不同杂原子的引入会给材料带来很多新的性质，例如稳定性的变化、亲疏水性质的变化以及催化活性的变化等。

非硅系介孔材料主要包括过渡金属氧化物、磷酸盐和硫化物等。由于它们一般存在着可变价态，有可能为介孔材料开辟新的应用领域，展示硅基介孔材料所不能及的应用前景。例如，铝磷酸基分子筛材料中部分 P 被 Si 取代后形成的硅铝磷酸盐（silicon-aluminophosphate，SAPOs）、架构中引入二价金属的铝磷酸盐（metal-substituted AIPOs，MAPOs）已广泛应用于吸附、催化剂负载、酸催化、氧化催化（如甲醇烯烃化、碳氢化合物氧化）等领域。内表面积大和孔容量高的活性炭，由于具有高的吸附量以及可从气液中吸附不同类型的化合物等特性已成为主要的工业吸附剂。此外，介孔碳制得的双电层电容器材料的电荷储量高于金属氧化物粒子组装后的电容量，更是远高于市售的金属氧化物双电层电容器。二氧化钛基介孔材料具有光催化活性强、催化剂载容量高的特点，其结构性能和表征方面的研究颇多。

目前有序介孔材料中研究较为成熟的材料是 M41S 系列硅基介孔分子筛。1992 年，Mobil 公司的科学家对 M41s（MCM-41、MCM-45、MCM-50）系列硅基介孔分子筛的合成揭开了分子筛科学的新纪元。该材料一经问世即引起了多相催化、吸附分离以及高等无机材料等学科领域研究人员的高度重视。但是，介孔氧化硅有两个缺点限制了它们的应用开发：①纯的氧化硅没有化学活性，要发展出实用催化剂需要改变材料的化学组成；②由于它们的合成必须用有机表面活性剂液晶作为模板，合成温度不能过高，否则会使液晶模板分解，因此，目前所有合成的介孔氧化硅的骨架（或称孔壁）都是非晶态的。这种结构形式使得材料的稳定性不好。提高介孔氧化硅化学活性的方法有多种。首先，用其他价态的阳离子（如+3价的铝离子）部分取代+4 价的硅可以产生酸中心。这种化学取代常常使原本不稳定的孔壁结构更加不稳定。另一种方法是在孔道的内壁上负载具有催化活性的金属原子团。

总的来说，介孔材料具有以下特点：①长程结构有序；②孔径分布窄并可在 1.5～10nm 之间系统调变；③比表面积大，可高达 1000m^2/g；④孔隙率高；⑤表面富含不饱和基团等。

6.2 介孔材料的合成机理

自从有序介孔材料成功合成以来，这种分子水平上的无机-有机离子自组装结合方式一直引起着材料科学家的浓厚兴趣，并对其合成机理进行了不同探索。目前，由有机-无机离子经分子水平的自组装结合而产生介孔材料的合成机理主要归结于在合成过程中表面活性剂的模板效应，如液晶模板机理、棒状自组装模型、电荷匹配机理、层状折皱模型和使用非离子表面活性剂合成介孔材料等效应。各类有序介孔材料虽然骨架结构彼此不同、合成条件各异，但其结构的形成都经历了模板剂胶束作用下的超分子组装过程。

6.2.1 液晶模板机理

最早提出并在后来普遍适用于硅基介孔材料合成机制的是液晶模板机理，该机理的提出者也是 MCM-41 材料的发明者。该理论认为，有序介孔材料的结构取决于表面活性剂疏水链的长度，以及不同表面活性剂浓度的影响等，并提出两条可能的合成途径。在此模型中，其认为具有双亲基团的表面活性剂，如 CTAB 在水中达到一定浓度时可形成棒状胶束，并规则排列形成所谓"液晶"结构，其憎水基向里，带电的亲水基头部伸向水中。当硅源物质加入时，通过静电作用，硅酸根离子可以和表面活性剂离子结合，并附着在有机表面活性剂胶束的表面，形成有机圆柱体表面的无机墙，两者在溶液中同时沉淀下来，产物经过滤、水洗、干燥、煅烧，除去有机物质，只留下骨架状规则排列的硅酸盐网络，从而形成介孔MCM-41 材料，其合成过程如图 6-1 所示。两条可能的合成途径之一是表面活性剂首先在水中形成棒状胶束和规则排列的"液晶"，无机离子在已先形成的有序液晶排列的有机表面活性剂胶束表面缩聚形成无机墙，如图中 A 途径所示；途径之二是由于硅源物质的加入导致了棒状胶束的形成，同时与表面活性剂按照某种自组装反应排列成有序的液晶结构，同时在溶液中沉淀下来，最终除去表面活性剂以形成有序介孔结构，如图中 B 途径所示。但是后来的研究表明，由于在介孔材料合成过程中模板剂的浓度一般都大大低于其形成液晶所需的临界胶束浓度 C（MC），所以通过途径 A 形成有序介孔结构的可能性甚小；途径 B 尽管能够解释有序介孔的形成过程，但也无法合理地说明表面活性剂/无机源参数比对介孔结构的影响。

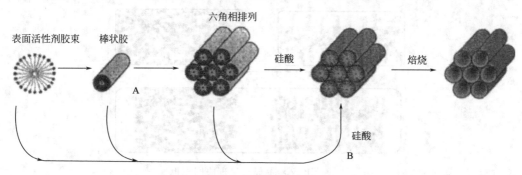

图 6-1　液晶模板机理

由图 6-1 也可以看出，途径 A 中当表面活性剂浓度较大时，先形成六方有序排列的液晶结构，然后硅铝酸根以液晶相为模板，填充于其中；途径 B 中无机离子的加入，与表面活性剂相互作用，按照自组装方式排列成六方有序的液晶结构。液晶模板机理也适用于非硅组成的介孔材料的合成。

在途径 B 的基础上，Huo 等人提出了广义液晶模板机理，并将其推广应用到非硅体系有序介孔材料的合成过程中。广义液晶模板机理也可以看做是液晶模板机理的推广，该机理指出：无机源和表面活性剂分子之间依靠协同模板作用形成三维有序液晶排列结构。无机源离子与表面活性剂之间发生相互作用，在界面区域无机源缩聚，改变无机层的电荷密度，使得无机源与有机分子之间的协同匹配控制着表面活性剂的排列方式，而预先有序的有机表面活性剂胶束的排列不再是必需的。而这种协同模板作用包括 4 种类型：靠静电力相互作用的电荷匹配模板；靠共价键相互作用的配位体辅助模板；靠氢键相互作用的中性模板；分子间靠范德瓦耳斯力的相互作用模板。同时归纳出 7 种不同类型的无机物与表面活性剂基团的相互作用方式，如表 6-1 所示。

表 6-1　不同类型的无机物与表面活性剂相互作用方式

表面活性剂	无机物	相互作用方式	表面活性剂	无机物	相互作用方式
S^+	$I^- \longrightarrow S^+I^-$	静电	S^0	$I^0 \longrightarrow S^0I^0$	氢键
S^-	$I^+ \longrightarrow S^-I^+$	静电	N^0	$I^0 \longrightarrow N^0I^0$	氢键
S^+	$I^+ \longrightarrow S^-X^-I^+$	静电	S	$I \longrightarrow SI$	共价键
S^-	$I^- \longrightarrow S^-M^+I^-$	静电			

注：S^+—阳离子表面活性剂；I^-—阴离子无机前体；S^-—阴离子无机前体；S^0—烷基胺键（$C_mH_{2m+1}NH_2$）；I^0—中性无机前体；N^0—非离子表面活性剂（聚乙烯型复合氧化物）；X^-、M^+—过渡离子（例如 Cl^-、Br^-、Na^+）。

该机理认为：表面活性剂分子与无机源之间靠协同模板作用成核形成液晶相，然后进一步缩聚形成介孔相结构（图6-2）。

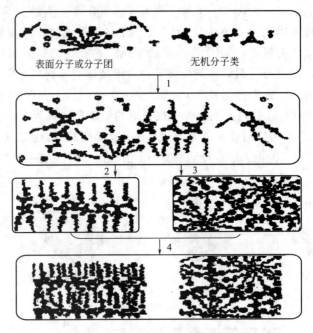

图6-2 广义液晶模板机理协同模板

1—协同自组装；2,3—液晶形成；4—无机聚合与浓缩

6.2.2 棒状自组装模型

Chen等用[14]N NMR技术研究与Mobil相似的MCM-41合成体系，提出棒状自组装机理（silicate rodassembling mechanism）：自由随机排列的棒状胶束首先形成，并通过库仑力而附着2～3层硅酸根离子，这些棒状胶束自发地聚集在一起堆积成能量有利、长程有序的六方结构，同时伴随硅酸根聚合并形成有序介孔结构。该机理在某些特殊的合成条件下是成立的，但缺乏一般性。

6.2.3 电荷密度匹配机理

Monnier等通过研究反应最初的沉淀物，提出MCM-41的形成并非源于预形成的液晶相，并提出电荷密度匹配机理（charge density matching mechanism）。认为硅酸根低聚物与阳离子表面活性剂的阴离子交换，并与表面活性剂端基发生多配位，这种强相互作用使有机/无机界面附近的低聚物浓度升高直到可以补偿表面活性剂端基正电荷，达到电荷平衡，所以缩合反应优先发生在界面上。最后，当界面上的硅酸根进一步聚合，负电荷密度减小，为平衡电荷，界面向层状相内部发展以增大界面面积，从而减小正电荷密度以和负电荷密度相匹配，最终形成六方结构。

6.2.4 协同作用机理

Stucky小组研究了大量的介孔材料合成体系，得到很多有价值的实验结果。以这些结果为基础并借鉴其他研究者的一些观点，他们提出了协同作用机理（cooperative formation mechanism)。

Stucky 认为是无机和有机分子级的物种之间的协同合作共组生成三维有序排列结构。多聚的硅酸盐阴离子与表面活性剂阳离子发生相互作用，在界面区域的硅酸根聚合改变了无机层的电荷密度，这使得表面的长链相互接近，无机物种和有机物种之间的电荷匹配控制表面活性剂的排列方式。预先有序的有机表面活性剂的排列（如棒状胶束）不是必需的。反应的进行将改变无机层的电荷密度，整个无机和有机组成的固相也随之而改变。最终的物相则由反应进行的程度（无机部分的聚合程度）而定（图 6-3）。

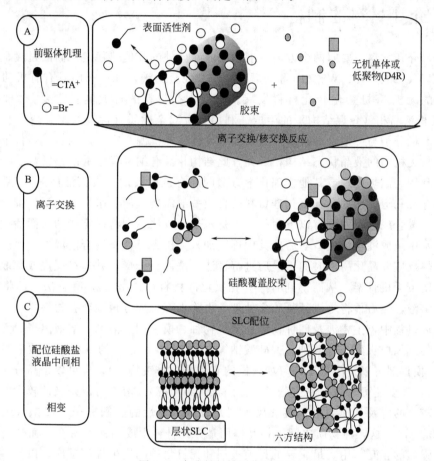

图 6-3　介孔材料协同作用机理

按协同作用机理，无机离子-表面活性剂离子在界面上的电荷匹配情况影响材料的自组装，并决定介孔材料的结构。一般来说，利用溶液中不同无机离子与表面活性剂离子间的静电作用（若两者电荷相同，则需引入另一异号离子作中介），可合成不同组成的介孔材料。协同作用机理有助于解释介孔分子筛合成中的诸多实验现象，如合成不同于液晶结构的新相产物、低表面活性剂浓度下的合成以及合成过程中的相转变现象等。

6.2.5　层状折叠机理

Steel 等基于 ^{14}N NMR 研究提出层状折叠机理（silicate layer puckering mechanism）当硅源物质加入反应体系中时，它进入胶束周围的富水区，同时促进了胶束形成六方排列。硅酸根离子排布成层状，层与层间由棒状表面活性剂胶束隔离。随后，硅酸根离子层在棒状胶束周围发生折叠和坍塌，最终形成六方介孔结构。该机理是最早涉及层状向六方相转变的模型，对后续研究有重要的启示作用。

这些机理模型建立的前提各不相同，解释的机理各有侧重，但都是基于有机-无机离子之间的相互作用而完成自组装过程的原理。然而，这些机理模型在解释有序介孔氧化硅材料的合成过程时，都具有这样或那样的缺陷，还无法令人信服地揭示介孔结构形成的本质。随着对有序介孔氧化硅材料研究的不断深入，有关合成的详细机理探讨还将进一步深入。

6.3 介孔材料的制备

目前，介孔材料主要向两个方向发展：①向除硅外的其他热稳定性高的过渡金属氧化物（Ti、Ta、V、Sn、Mn、W、Mo 等的氧化物）和纯金属铂发展；②向具有有机功能基团或有机成分的无机-有机杂化介孔材料发展。典型介孔材料的合成制备主要分为两个阶段。①有机-无机液晶相（介观结构）的生成。利用具有双亲性质（含有亲水和疏水基团）的表面活性剂有机分子与可聚合无机单体分子或多聚物（无机源）在一定的合成条件下自组装生成有机物与无机物的液晶状态结构相。并且此结构相具有纳米尺寸的晶格常数。②介孔材料的制备是利用高温热处理或其他物理化学方法脱除有机模板剂（表面活性剂），所留下的空间即构成介孔孔道。例如介孔氧化硅材料的合成一般需要硅源、水、表面活性剂、酸或碱等几种物质。其合成过程主要有以下途径：一是水热合成法，即将一定量的表面活性剂、酸或碱加入到水中组成混合溶液，然后向其中逐滴加入无机源，再将混合溶液置于反应釜中，让其进行水热反应并晶化一段时间，最后进行过滤、洗涤、干燥，并通过煅烧或萃取除去有机组分，保留下无机骨架，从而得到有序介孔氧化硅材料；二是溶胶-凝胶法，即将各组分先配成混合溶液，然后再将之进行凝胶化处理，再除去有机成分得到介孔材料。

在合成过程中，主要涉及四种物质：无机物种、模板剂、溶剂、溶液离子。无机物种可以是无机的（如白炭黑、硅酸钠、偏硅酸钠等），也可以是有机的（如正硅酸甲酯、正硅酸乙酯等）；模板剂可以是小分子的（如长链的有机胺、季铵盐等），也可以是高分子的（如嵌段聚合物），甚至还可以是生物大分子（如病毒、细菌等）；溶剂可以是极性较大的水，也可以是极性较小的醇及其他溶剂；溶液离子则是各种水溶性的阴阳离子（H^+、OH^-、Cl^-、NO_3^-、Na^+ 等）。这四种物质之间的相互作用是介孔材料生成的根本所在，而任何两个组分之间都有强烈的相互作用，最主要的是模板剂和无机物种间发生界面反应，以某种协调或自组装方式形成由无机离子聚集体包裹的规则有序的胶束组装体，以获得规则有序的介孔材料。

对于合成后模板剂的脱除，目前主要有高温灼烧和溶剂萃取。热处理对产物的结构影响较大，无机骨架网络的收缩是最常见的影响，两步焙烧法对材料的结构和性质影响小些，低温分解模板剂，然后高温脱除。而萃取法则对介孔结构和孔壁的表面影响较小，常见的溶剂为乙醇或甲醇。另外采用超临界液体萃取、微波加热以及使用臭氧、N_2O 或 NO_2 作为氧化剂去除模板剂都有研究。

由于介孔材料的结晶过程非常复杂，所以即便采用相同方法的情况下，产物仍受诸多因素的影响。表面活性剂、硅源（或非硅源）、反应物浓度、酸碱度、陈化时间、焙烧时间、反应温度等的不同，都会得到不同的介孔材料。最初认为只有表面活性剂浓度能控制产物的结构，根据是在表面活性剂浓度足够大时生成六方液晶相，再大时则转变成立方液晶相。后来发现表面活性剂的分子堆积参数 g 能够作为一个指标来预测和解释产物的结构。$g = V/a_0 l$，V 等于表面活性剂分子的整个体积，a_0 等于表面活性剂的有效面积，而 l 等于表面活性剂长链的长度。这虽是一个简单的几何计算，但是它能较好地描述在特定条件下哪一种液晶相生成，在介孔材料合成中它能告诉我们怎么样控制合成条件和参数来得到想要的物相，它也能很好地解释观察到的实验现象。当 g 小于 1/3 时生成笼的堆积 SBA-1（Pm3n 立方相）和 SBA-2（P6$_3$/mmc 三维六方相），g 在 $\frac{1}{3} \sim \frac{1}{2}$ 之间生成 MCM-41（p6m 二维六方相），g 在 $\frac{1}{2} \sim \frac{2}{3}$ 之间生成 MCM-48（1a3d 立方相），接近 l 时生成 MCM-50（层状相）。

在相似的合成条件下，整个反应体系和无机物种对表面活性剂的排列方式的影响也会差不多，因此在这种情况下，表面活性剂的性质（形状、电荷和结构）上的差异将会体现出来，得到的物相可能是不一样的，从另外一个角度来说，可以通过选择表面活性剂或对表面活性剂施加影响来控制特定的物相生成。

6.3.1 模板剂

模板剂最早是在 1961 年提出的，R. M. Barrer 和 P. J. Denny 在沸石合成中加入有机铵碱，合成出系列高硅铝比和全硅沸石分子筛，在实验中他们发现有机碱的加入改变胶体的化学性质，为沸石结构的形成提供了一定的模板作用，因此当时有机碱被称为模板剂。后来，一些不带电荷的有机分子和无机离子等被用来作为模板剂合成出多种多样的新结构，其中近年来以胺类为主的有机碱和铵离子作为模板剂给分子筛合成工作带来突破性的进展。Al-PO$_4$-n 系列分子筛和 SAPO-n 系列分子筛都是由相应的胺类有机碱和铵离子作模板剂合成的，所以一般情况下模板剂也就指的是有机胺类和季铵离子。

模板技术是合成具有某种结构特征材料的有效手段，该技术最早由 Mobil 公司在制备硅基材料时发明，此后被用来制备介观结构的杂化材料和介孔材料。使用不同的模板剂可以合成相同类型的介孔材料，而使用相同的模板剂又可以合成出不同的介孔材料，因而模板剂的研究引起了人们的兴趣。通常认为介孔材料孔径的大小由模板剂分子链的长度决定，一般孔径会随模板剂浓度的增加而增大，但达到一定浓度后孔径不再增大。

6.3.1.1 模板剂的作用

模板剂在合成分子筛过程中主要有 4 个方面的作用，简述如下。

（1）模板作用机理 模板作用是指模板剂在微孔化合物生成过程中起着结构模板作用，导致特殊结构的生成。一些微孔化合物目前只发现极为有限的模板剂，甚至只在唯一与之相匹配的模板剂作用下才能成功合成。例如 ZSM-18 的合成，该合成采用的三季铵 $C_{18}H_{36}N^+$ 阳离子为模板剂，从 SEM 图中可知，三季铵 $C_{18}H_{36}N^+$ 阳离子的尺寸与笼的大小正好匹配，它的三重旋转轴正好适合 ZSM-18 中笼的生成，据此，有人用与三季铵 $C_{18}H_{36}N^+$ 阳离子构象很相似的阳离子同样成功合成了 ZSM-18。

（2）结构导向作用 结构导向作用有严格的结构导向作用和一般结构导向作用。严格导向作用是指一种特殊结构只能用一种有机物导向合成，例如，由 N,N,N-三甲基胺合成 SSZ-24；一般导向作用指有机物容易导向一些小的结构单元、笼或孔道的生成，从而影响整体骨架结构的生成，例如，TMA$^+$ 易导向 SOD 笼、四元环和双四元环的生成，但它们不存在一对一的对应关系。模板剂有机阳离子的大小能明显影响生成的微孔化合物的笼或孔道，例如以 $[(C_7H_{13}N)-(CH_2)_n-(NC_7H_{13})]^{2+}$ 为模板剂，当 $n=3$，4，5，6 时分别合成 AlPO4-17、STA-2、AlPO4-56、AlPO4-5、随着 n 的增加，模板剂分子变长，但其导向生成的笼的大小不是逐渐增加的。研究表明，STA-2 的笼稍大于 AlPO4-56 的笼，这可能是链状分子具有较大的柔性，在成核过程中与骨架间作用，导致模板剂分子在微孔化合物骨架中可能产生一些形变，因此，有机链的长度与生成骨架中的笼或孔道大小不存在严格的对应关系。

（3）空间填充作用 模板剂在骨架中有空间填充的作用，能稳定生成的结构。在 ZSM 型分子筛的形成中，骨架的晶体表面是憎水的，反应体系中有机分子可以部分进入分子筛的孔道或笼中，稳定分子筛，疏水内表面，提高有机无机骨架的热力学稳定性。空间填充作用最典型的例子是含十二元环直孔道 AlPO4-5 的合成，它可以在 85 种不同结构、不同形状、不同大小的客体分子存在下合成。

（4）平衡骨架电荷 模板剂影响产物的骨架电荷密度。分子筛微孔化合物均含有阴离子骨架，需要模板剂中阳离子平衡骨架电荷。

6.3.1.2 模板剂的分类及发展

制备介孔材料常用的模板剂为表面活性剂，包括阳离子型、阴离子型、非离子型和嵌段聚合物。亲水基带正电的为阳离子型，如季铵盐等；带负电的为阴离子型，如长链硫酸盐等；不带电的为非离子型，如长链伯胺等；模板剂可以看成是具有两个官能基的模板剂，季铵盐的模板性质是由其分子结构来决定的，而性质是由亲水部分（PEO）和疏水部分（PPO）的大小和比例来决定的。由于嵌段聚合物等非离子表面活性剂具有低毒的特点，并且已经商品化，因此在合成中的应用发展很快，已经显现出其优势。

目前制备介孔材料使用最多的模板剂是十六烷基三甲基溴化铵（CTAB），但该试剂国内没有生产，价格昂贵，因而人们做了大量的工作来寻找价廉的表面活性剂作模板剂。索继栓等以溴代十六烷基吡啶为模板剂，采用水热法合成了二氧化硅介孔材料。戴乐蓉等首次使用阳离子混合表面活性剂 CTAB-C_nNH_2（$n=8$，10，12，14，16，18）为模板剂，合成了立方相含钛介孔分子筛 Ti-MCM-48，并研究了不同链长的中性胺和钛掺杂量对介孔材料结构的影响，研究表明，当 $n\leqslant14$、Ti/Si<0.1 时，可以得到立方相介孔材料，之后随着中性胺分子链长和钛含量的增加，介孔材料结构向层状相结构转移。使用聚合物为模板剂可以制备出有序性优异的介孔材料，Kuwubara 等以三嵌段共聚物 HO$(CH_2CH_2O)_{20}$ $[CH_2CH(CH_3)O]_{70}(CH_2CH_2O)_{20}$ H 为模板剂，合成了高度有序性的大孔介孔二氧化硅介孔材料，并在材料表面负载了催化剂 $H_3PW_{12}O_4$。丘坤元研究组首次以非表面活性剂有机小分子如 2,2-二羟甲基丙酸、甘油和季戊四醇为模板剂，合成了高比表面积、孔径均一、窄孔径分布的二氧化钛介孔材料，同时，该研究组还报道了以 β-环糊精和尿素混合物为模板剂，制备二氧化硅介孔材料的研究。研究表明，模板剂浓度低时，孔径<1.7nm，增加浓度，孔径增大不明显，但孔隙率和比表面积有所增大，这可能是因为浓度过低，模板剂很难团聚，模板剂浓度增加，则容易团聚，但其尺寸增加不大。非分子模板剂可以避免表面活性剂结构导向时形成的胶束结构过程，具有特定结构、尺寸多样、表面带有功能基团的枝型大分子用作模板剂也引起了人们极大兴趣，2003 年，法国的 Scanchez 小组以表面带有羧基的枝型大分子为模板剂，以（Ce-OPr）$_4$ 和 Ti(OR)$_4$ 为无机前驱体，合成出孔径在 $10\sim30$nm 的海绵状介孔材料，制备过程中该模板剂不仅可用来控制孔径尺寸，而且还可使孔内表面功能化，同时，研究表明该模板剂在介孔材料制备中起到了控制金属氧化物活性和为凝胶化晶核形成提

供锚固点的作用。总之，模板剂正向低廉化、多样化、功能化发展。

6.3.1.3 模板剂的脱除

在有序介孔材料的制备过程中，模板剂的脱除是较为重要的一步。只有在脱除过程中较好地保持住脱除前的网络结构，才能够得到有序性较好的介孔材料。模板剂的脱除方法大致可分为两类：煅烧法和溶剂萃取法。煅烧法是较早采用的一种方法，能够彻底地脱除掉模板剂，但是对网络结构的破坏较大；溶剂萃取法是新发展的一种工艺，对网络结构的破坏作用较小，但是应用范围有限，操作周期较长。

煅烧法也叫高温灼烧或焙烧法，在一定的温度下（一般在 $450\sim600℃$），将有机-无机有序复合结构在空气或其他氧化性气氛中处理一定的时间，使模板剂断链、分解并最终氧化为 CO_2，和 H_2O 等小分子物质一起除去。煅烧过程对网络结构的破坏作用较大，会引起网络结构的收缩甚至塌陷，有序性下降。为了能得到有序性较好的介孔材料，需要对模板剂脱除工艺进行改进。所用的方法有两种：一是在煅烧之前对网络结构进行增强，增强对煅烧过程中破坏作用的抵抗力；二是尽量采用较为温和的处理条件，减少模板剂脱除过程中对网络结构的破坏。有关降低煅烧所需要的温度以及缩短在高温下处理时间的工艺报道较多，但是都需要较为特殊的处理条件和工艺。两步焙烧法脱除模板剂对网络结构的有序性和完整性破坏较小。其过程为首先在较低的温度下让模板剂充分分解、断链，然后在较高的温度下氧化脱除。对 CTAB 作为模板剂的体系，相应的温度分别为 $150℃$ 和 $500℃$。使用微波加热来脱除模板剂也可以得到较为理想的效果。其处理过程是用微波进行加热，较快地脱除有序复合结构中的模板剂，避免使用高温煅烧。

萃取法脱除模板剂，是用合适的溶剂体系浸泡有机-无机复合结构，利用有机模板剂在溶剂中的溶解作用，将模板剂从复合结构中萃取出来。之后干燥除去留下的溶剂，得到有序介孔结构。

使用萃取法脱除模板剂，是一种较为新颖的工艺。使用这样的工艺，对复合结构破坏性较小，并且模板剂经过处理之后，可以重新使用。但是，萃取过程利用的是物质在溶剂体系中的溶解和扩散作用，反应速率一般比较慢，需要的工艺周期比较长；为取得较好的干燥效果，往往还需要较为复杂的仪器和设备。

按照萃取所采用的溶剂体系和反应时的环境，可以分为超临界流体萃取和一般有机溶剂萃取。一般溶剂萃取是在常温常压下用合适的萃取体系来浸泡有机-无机复合结构，一定的时间之后彻底地脱除掉复合结构中的模板剂。超临界流体萃取是在一定的温度与压强下使作为萃取介质的溶剂体系处于超临界状态，此时，这种超临界的流体有着很多特殊的性质，对模板剂的溶解度会大大增加。

模板剂的脱除在有序介孔材料的制备过程中是非常重要的一个过程，只有在脱除模板剂的同时较好地保持住体系的网络结构，才能够得到有序性好的介孔材料。由于介孔薄膜的网络结构相对块体和分子筛材料要弱一些，寻找合适的模板剂脱除工艺有着更为重要的意义。其发展方向就是采用新的路线、工艺增强网络结构，并尽力减少脱除过程中对网络的破坏。在近来的文章中，常用的方法是在煅烧脱除模板剂之前，用氨水或者正硅酸乙酯蒸气对网络结构进行增强；使用常压萃取减少模板剂脱除过程中对网络结构的破坏作用。萃取法周期较长，操作较为复杂，相关的文献报道较少，但是，因其破坏作用小，而且可以与超临界萃取过程结合起来，也将是一个重要的发展方向。

6.3.2 无机介孔材料的制备

硅在过渡金属元素中最稳定，其氧化物热稳定性能高，因此二氧化硅介孔材料是当前研究最多最充分的一种介孔材料。用其已合成了不同介观结构，如蠕虫状、二维六方相、三维六方相、立方相、薄层状，以及不同形状的介孔材料，如粉末状、块状、颗粒状、膜状。除硅外的其他过渡金属由于反应活性较高，对化学环境敏感，合成重现性较低，因而研究相对较少，但由于二氧化钛具有优异的催化性能，尤其是光催化性能，因而二氧化钛介孔材料或二氧化钛掺杂介孔材料成为研究热点之一。1995 年，Antonelli 和 Yang 以十四烷基磷酸盐表面活性剂为模板剂，采用配位协助溶胶-凝胶法，制备了有序介孔二氧化钛介孔材料，之后，D. M. Antonelli 与 Y. Wang 等使用胺表面活性剂合成了无序小孔（<4nm）介孔材料。王彤文等用混合超分子液晶模板法合成了长程有序、热稳定性高的六方介孔含钛二氧化硅介孔材料。此后，有报道以两性聚氧化烯三嵌段共聚物为模板剂合成了有序、大孔（>4nm）介孔材料。上述方法合成的介孔材料的孔壁一般为无定形或半晶型态。2000 年 Yue 等以三嵌段共聚物为模板剂，$CeCl_3$ 为稳定剂，结合氢化处理制备出锐钛矿晶型介孔材料。Qi 等在无需模板剂的条件下，采用上述氢化溶胶-凝胶法制备出孔径在 5～10nm 间的锐铁矿晶型有序介孔材料，研究表明，低温（<90℃）氢化处理对二氧化钛的结晶生长非常重要。张瑛等首次采用水热法在两种阳离子表面活性剂中加入三乙醇胺进行分子调变合成了具有较高稳定性和酸性的 B-Al-MCM-48 介孔材料，该介孔材料孔径在 2～3nm 之间。

6.3.3 无机-有机杂化介孔材料的制备

1999 年日本的 Terasaki 研究小组首次报道利用有机硅烷复合物 1,2-双（三甲氧基甲硅基)-乙烷（BTME）合成了有机-无机杂化介孔材料，材料孔壁中有机相和无机相达到了分子水平上的复合，并且观察到二维和三维六方介观相，该研究小组也报道了立方有机-无机杂化介孔材料的合成。之后，Stain 小组和 Ozin 小组等也都报道了此类材料的合成。高选择性硅基杂化介孔材料的制备有两种方法：①在六方相介孔材料的二氧化硅表面与有机三烷氧基硅烷进行接枝反应；②在模板剂存在下，带有功能基团的有机三烷氧基硅烷和四烷氧基硅烷原位缩合。后一种方法在形成介孔材料骨架的同时又控制了孔结构，比前一种方法好。一般在介孔材料中引入有机成分后，孔的有序性会大大降低，Bied 等采用后一种方法，以伯胺为模板剂，通过（1R，2R)-二氨基环己烷的单硅基衍生物与四烷氧基硅烷原位缩合合成了高孔隙率、高比表面积的有序有机-无机杂化介孔材料，将该介孔材料与手性环辛二烯二聚物的铑配位物复合，从而制备出高选择性的手性催化剂。Alonso 等也采用后一种方法，在十六烷基三甲基溴化铵（CTAB）存在下，以正硅酸乙酯和苯基三乙氧基硅烷缩聚，通过浸涂法制备了含苯基的三维立方杂化介孔薄膜。

6.4 介孔材料的应用研究

介孔材料在催化和分离上的应用和作为光学器件及纳米反应器也得到人们越来越多的关注，在化学、光电子学、电磁学、材料学、环境学等诸多领域有着巨大的潜在应用前景。

6.4.1 应用研究

6.4.1.1 择形吸附与分离

介孔材料存储量高，表面凝缩特性优良，对不同极性、不同分子结构和不同有效体积的分子具有择形吸附和选择性分离作用，并成为纳米组装、选择性催化等应用开发的重要基础。沸石分子筛是一类笼状微孔材料，孔径在 $0.15\sim1.2nm$。它在小分子直链烷烃分子筛分方面早已获得普遍的应用，但由于孔径较小，大分子筛分受到限制。近年来发展起来的介孔铝磷酸盐分子筛孔径可达 10nm，从而可广泛应用于石油精炼、精细化学品混合气体中大分子的筛分等。另外，对阴离子型染料有择形分离作用的介孔 $AlPO_3$ 薄膜也已有报道。

另一类已有重要工业应用的介孔材料为介孔碳分子筛材料。介孔碳分子筛孔结构规整，孔径分布窄，比表面积大（达 $1300\sim1800m^2/g$），在对有害废气吸附分离与分解方面也有重要用途。如利用介孔碳组装特定纳米粒子，常温常压下择形吸附光活化分解有害废气 SO_2、CO、NO 等。

在水处理方面，引入介孔级矿物纳米粒子，可高效、低成本地吸附生活用水中的有机废弃物分子以及无机有害离子；在医疗方面，介孔材料吸附药剂分子后在药物缓释与靶向释放方面也有重要应用。

6.4.1.2 催化

介孔材料在催化上具有广泛的用途。目前国内在介孔材料应用方面的研究也主要集中在催化领域，其中 Zhang 等人开发的高酸性介孔分子筛（MAS25）显示出比 MCM241、HZSM25 更高的催化裂解和烷基化反应活性。具有纳米尺寸孔径的介孔分子筛 MCM241 则可同时弥补微孔分子筛和无定形催化剂的不足。MCM241 孔径分布较窄并可在 $10\sim15nm$ 之间进行调节。一方面，大孔径不仅扩展了可在孔内进行反应的分子大小范围，且活性中心具有较理想的易接近性，在液相反应过程中具有较小的扩散阻力；另一方面，分布较窄的孔径可提高几何选择性。徐文萍等及 Pinnavaia 等在这方面进行了大量的研究。

6.4.1.3 光催化反应

由于 Ti、Cr 金属的特性，常被用来作光催化剂，将其负载在介孔分子筛上也成为研究人员关注的重点。Reddy 等研究了将 TiO_2 和 Cr 分别掺杂在 MCM-41、MCM-48 和 SBA-15 三种介孔分子筛中，利用催化 4-氯酚在可见光照射下的光降解，发现介孔分子筛，尤其是 MCM-41 可将 Cr^{6+} 转变为 Cr^{5+}，从而具有很高的催化活性，成为很重要的光催化剂。Yamashita 等在 HMS 介孔分子筛上固载 Cr 制备成 Cr-HMS，进行光催化反应，由于 Cr 在介孔分子筛中分散均匀，表现出高选择性。Yin 等通过溶胶凝胶自组装法合成了纳米尺寸的 Eu-MCM，并在其上面负载 TiO_2，其发光强度比单独的 Eu-MCM 和 TiO_2 都强，其中含 43% 的 TiO_2/Eu-MCM 最强，光催化反应活性 68%，选择性 85%。

6.4.1.4 在气体检测传感器方面的应用研究

随着现代工业社会的发展，环境污染变得越来越严重，而对人类生命健康影响较大的苯、甲苯和二甲苯（BTX）尤其突出。在美国、日本和欧洲，空气中对苯的含量要求分别低于 0.33×10^{-9}、1.00×10^{-9}、1.60×10^{-9}，而且日本的室内环境对甲苯和二甲苯的含量要求低于 0.07×10^{-9} 和 0.20×10^{-9}。这就对微量气体的检测提出了非常高的要求。日本利用硅基介孔材料的介孔尺寸效应、均匀一致性及在不同的温度范围内对不同的气体的吸附和解吸效果，成功地研制出了气体检测传感器型的硅基介孔材料。并且孔的结构大小、均匀一致性对不同的气体具有特定的性能，再加上其他的一些辅助设备而生产出便携式的 BTX 气体检测传感器装置。

在现代工业中，由于生产过程中产生大量的一氧化氮气体，它不仅对人体生命有着严重的危害，而且在空气中极易形成酸雨，对环境、农作物及土壤产生了极大的危害。因此需要发展高灵敏性的、高响应性的而且方便易携的气体检测装置是非常必要的。将改性好的硅基介孔薄膜材料应用到 Surface Photo Voltage（SPV）技术中，则是此类气体检测应用研究的重大突破。

6.4.1.5　电容、电极、储氢材料

介孔材料比表面积大，孔结构规则，利于其孔内粒子的快速扩散，有望制得超电容电极材料。弯曲的纳米碳管壁表面含大量缺陷及空键，由此形成交错的能垒。这种能垒间产生的电导率为铜的 6 倍，轴向导热率达 3000W/(m·K)，而径向数值小，其超电荷输运、超导热具有广泛的应用。另外，纳米碳管具有高密度存储氢的能力，其室温储氢量可达 10%，是稀土的 5 倍多，从而成为首选的燃料电池储氢材料。介孔碳双电层电容器电极材料的电荷储量高。孔径 3.9nm 的介孔碳电容器电容量达 100F/g，充放电 100 次后衰减小于 20%，与金属氧化物 RuO_2 粒子组装后电容可达 254F/g，是性能极佳的新一代电容器材料。锂电池中的离子嵌入材料，其动力学受固态锂离子扩散的控制。高孔网络缩减扩散路途可很好地解决这一问题。采用介孔 SnO_2 与模板剂乙炔黑、粉末黏合剂 PVDF 经混合、涂覆、干燥制得的产品可用于锂离子电池的阳极材料，其充电电流超过 400mA·h/g，充放电 110 次后电流量仍超过 300mA·h/g。锂电池阴极材料选用介孔氧化钒后，锂离子扩散路径非常短，电极可快速充放电。50℃（1h 内每单位 V_2O_5 嵌入 50 单位锂时），电流量为 125mA·h/g，相应的电容达 450F/g，优于多孔碳双电层电容器，千次充放电后电容量降低极少，从而在高能电池和低能电容方面存在重要的应用。

介孔 $NiO/Y_2O_3\text{-}ZrO_2$ 复合氧化物可用于燃料电池。这种材料的孔壁为微孔结构的 Y_2O_3 增稳的 ZrO_2 纳米晶，800℃有较高的热稳定性。加上孔径分布窄，燃料电池内燃料/氧传质、氧离子转移、电导、电荷迁移性能提高显著，电池的操作温度亦有望降低。

6.4.1.6　信息储运

介孔 ZrO_2 溶胶经磷酸处理后煅烧，样品显示出较好的荧光特性，其在光活性荧光发光方面有望获得应用。介孔氧化钨、介孔氧化钒电致变色性能优良（比相应的纳米粒子高出 1 倍）。其孔径控制可提高电致变色动力学常数；嵌入锂离子及有机电解液后，重复使用性能亦有较大的提高（容量衰减小于 10%）。磁性材料铁氧四面体中介孔结构材料的引入及其与纳米粒子的组装或铁氧四面体纳米粒子与其他类介孔材料组装都有望在磁存储领域产生新的性能并得到应用。

虽然近年来在介孔材料应用研究方面取得了一定的成果，但是介孔材料的开发与研究时间还不长，许多问题还需要深入研究和探讨。更重要的是，还需大力开展和重视对孔结构有序性良好、稳定性高的介孔材料的应用性研究。介孔材料的合成目前还处于实验阶段，如何工业化是目前一个亟待解决的问题。随着研究工作的进一步深入，介孔材料尤其是有序介孔材料的基础理论研究及应用推广研究将是本世纪材料科学和产业的一个重点。

6.4.2　有序介孔材料的应用领域

6.4.2.1　化工领域

有序介孔材料具有较大的比表面积、相对大的孔径以及规整的孔道结构，可以处理较大

的分子或基团，是很好的择形催化剂。特别是在催化有大体积分子参加的反应中，有序介孔材料显示出优于沸石分子筛的催化活性。因此，有序介孔材料的使用为重油、渣油等催化裂化开辟了新天地。有序介孔材料直接作为酸碱催化剂使用时，能够改善固体酸催化剂上的结炭，提高产物的扩散速度，转化率可达 90%，产物的选择性达 100%。除了直接酸催化作用外，还可在有序介孔材料骨架中掺杂具有氧化还原能力的过渡元素、稀土元素或者负载氧化还原催化剂制造接枝材料。这种接枝材料具有更高的催化活性和择形性，这也是目前开发介孔分子筛催化剂最活跃的领域。

有序介孔材料由于孔径尺寸大，还可应用于高分子合成领域，特别是聚合反应的纳米反应器。由于孔内聚合在一定程度上减少了双基终止的机会，延长了自由基的寿命，而且有序介孔材料孔道内聚合得到的聚合物的分子量分布也比相应条件下一般的自由基聚合窄，通过改变单体和引发剂的量可以控制聚合物的分子量。并且可以在聚合反应器的骨架中键入或者引入活性中心，加快反应进程，提高产率。

6.4.2.2 生物医药领域

一般生物大分子如蛋白质、酶、核酸等，当它们的相对分子质量在 1 万～100 万之间时尺寸小于 10nm，相对分子质量在 1000 万左右的病毒其尺寸在 30nm 左右。有序介孔材料的孔径可在 2～50nm 范围内连续调节和无生理毒性的特点使其非常适用于酶、蛋白质等的固定和分离。实验发现，葡萄糖、麦芽糖等合成的有序介孔材料既可成功地将酶固化，又可抑制酶的泄漏，并且这种酶固定化的方法可以很好地保留酶的活性。

生物芯片的出现是近年来高新技术领域中极具时代特征的重大进展，是物理学、微电子学与分子生物学综合交叉形成的高新技术。有序介孔材料的出现使这一技术实现了突破性进展，在不同的有序介孔材料基片上能形成连续的结合牢固的膜材料，这些膜可直接进行细胞/DNA 的分离，以用于构建微芯片实验室。

药物的直接包埋和控释也是有序介孔材料很好的应用领域。有序介孔材料具有很大的比表面积和比孔容，可以在材料的孔道里载上卟啉、吡啶，或者固定包埋蛋白等生物药物，通过对官能团修饰控释药物，提高药效的持久性。利用生物导向作用，可以有效、准确地击中靶子如癌细胞和病变部位，充分发挥药物的疗效。

6.4.2.3 环境和能源领域

有序介孔材料作为光催化剂用于环境污染物的处理是近年研究的热点之一。例如介孔 TiO_2 比纳米 TiO_2 具有更高的光催化活性，因为介孔结构的高比表面积提高了与有机分子接触，增加了表面吸附的水和羟基，水和羟基可与催化剂表面光激发的空穴反应产生羟基自由基，而羟基自由基是降解有机物的强氧化剂，可以把许多难降解的有机物氧化为 CO_2 和水等无机物。此外，在有序介孔材料中进行选择性的掺杂可改善其光活性，增加可见光催化降解有机废弃物的效率。

目前生活用水广泛应用的氯消毒工艺虽然杀死了各种病菌，但又产生了三氯甲烷、四氯化碳、氯乙酸等一系列有毒有机物，其严重的"三致"效应（致癌、致畸形、致突变）已引起了国际科学界和医学界的普遍关注。通过在有序介孔材料的孔道内壁上接枝 γ-氯丙基三乙氧基硅烷，得到功能化的介孔分子筛 CPS-HMS，该功能性介孔分子筛去除水中微量的三氯甲烷等效果显著，去除率高达 97%。经其处理过的水体中三氯甲烷等浓度低于国标，甚至低于饮用水标准。

有序介孔材料在分离和吸附领域也有独特应用。在温度为 20%～80% 范围内，有序介孔材料具有可迅速脱附的特性，而且吸附作用控制湿度的范围可由孔径的大小调控。同传统的微孔吸附剂相比，有序介孔材料对氩气、氮气、挥发性烃和低浓度重金属离子等有较高的吸附能力。采用有序介孔材料不需要特殊的吸附剂活化装置，就可回收各种挥发性有机污染物和废液中的铅、汞等重金属离子。而且有序介孔材料可迅速脱附、重复利用的特性使其具有很好的环保经济效益。

有序介孔材料具有宽敞的孔道，可以在其孔道中原位制造出合碳或 Pd 等储能材料，增加这些储能材料的易处理性和表面积，使能量缓慢地释放出来，达到传递储能的效果。

目前在国内已有北京化工大学、复旦大学、吉林大学、中国科学院等多家科研机构和单位从事有序介孔材料的研究开发工作。可以相信，随着研究工作的进一步深入，有序介孔材料像沸石分子筛那样作为普通多孔性材料应用于工业已不遥远。

6.5 介孔材料研究热点及未来趋势

介孔材料由于其特殊的孔结构和量子效应，使其在选择性吸附与分离、纳米组装、表面催化等方面具有重要的特性，通过负载掺杂不同的纳米粒子，可以制得各种具有特殊功能的新型材料，并在化工、制药、生物传感、环境测控、疾病防治、能源开发、航空航天等领域有着广泛的应用前景。以材料、信息、能源为三大支柱产业的 21 世纪，随着研究工作的深入，特别是制备技术的成熟以及人们对介孔材料一些新的潜在特性的认识，其应用将会取得重大的突破和进展，并将对推动科技的发展起到重要作用。但总体而言，介孔材料的合成还处于实验阶段。目前，介孔材料合成研究的热点主要有以下几点。

① 合成机理仍不十分清楚。虽然提出了多种相关理论，也能解释一些实验现象，但仍需不断完善。近年来有人提出采用计算机模拟的方法，并做了有益的探索。

② 目前合成的介孔材料的热稳定性和水热稳定性较差，如何提高其热稳定性和水热稳定性是实现介孔材料应用的关键。

③ 传统的介孔材料合成中，脱除模板剂的方法是高温焙烧，模板剂难以回收，也不符合绿色、环保生产的要求。寻求廉价、低毒、简易的合成方法及回收模板剂是研究的一个热点。

④ 探索新的合成路线，合成大孔径、功能化、多维交叉、孔道复杂的介孔材料仍是合成介孔材料的热点之一。

参 考 文 献

[1] Eveertt D H. IUPAC manual of symbols and terminology. J Puer Appl Chem，1972，31：578-638.

[2] 徐如人，庞文琴. 无机合成与制备化学. 北京：高等教育出版社，2001：442-454.

[3] 曾垂省，陈晓明，闫玉华，高玉香. 介孔材料及其应用进展. 化工科技，2004，12 (5)：48-52.

[4] 田高. 有序介孔材料合成、结构及其功能化研究 [D]. 武汉理工大学，2005：11.

[5] 戴亚堂. 化学沉淀法制备锐钛型介孔纳米二氧化钛粉体的研究 [D]，四川大学，2006：4.

[6] Beck J S，Vaurli J C，Leonowicz W E，Kresge C T，Shmitt K D，Chu C T W，Olson D H，Sheppard E W，Mecullen S B，Higgins J B，Schleng J L. A new family of macroporous molecular sieves prepared with liquid crystal template. J. Am. Chem. Soc.，1992，114：10834-10843.

[7] 有序介孔材料. http：//sudane. bokee. com/viewdiary. 181022975. html.

[8] Kresge C T，Leonowicz M E，Roth W J，Vartull J C，Beck J S. Ordered mesopotous molecular sieves synthesized by

a liquid crystal template mechanism. Nature，1992，359：710-712.

[9] Beck J S，Vartuli J C. Recent advances in the synthesis characterization and application of mesoporous molecular sieves. Current Opinion in Solid State and Mater. Sci. ，1996，1：76-87 .

[10] Casci J L. The preparation and potential applications of ultra-large pore molecular sieves. Stud. Surf. Sci. Catal. ，1994，85：329-356.

[11] Sayari A. Catalysis by crystalline mesoporous molecular sieves. Chem. Mater. ，1996，8：1840-1852.

[12] Corma A. Form microporous to mesoporous molecular sieve materials and their use in catalysis. Chem. Rev. ，1997，97：2373-2420.

[13] Yang H，Kuperman A，Coombs N，Mamiche-Afara S，Ozin G A. Synthesis of oriented films of mesoporous silica on mica. Nature，1996，379：703-705.

[14] Feng X，Fryxell G E，Wang L Q，Kim A Y，Liu J，Kemner K M. Functionalized monolayrts on ordered mesoporous supports. Scienc，1997，76：923-926.

[15] 周午纵 . 晶态介孔金属氧化物的研究进展 . 电子显微学报，2007，26（6）：602-609.

[16] Luan Z H，Cheng C F，Zhou W Z，Klinowski J. Mesopore molecular sieve MCM-41 containing framework aluminium. J. Phys. Chem. ，1995，99（3）：1018-1024.

[17] Brunel D，Blanc A C，Galarneau A，Fajula F. New trends in the design of supported catalysts on mesoporous silicas and their applications in fine chemicals. Catalysis Today，2002，73（1-2）：139-152.

[18] Zhou W Z，Thomas J M，Shephard D S，et al. Ordering of ruthenium cluster carbonyls in mesoporous silica. Science，1998，280：705-708.

[19] Huo Q，Margolese D，Stucky G D. Organization of organic molecules with inorganic moleculars pecies into nanocomposite biphase arrays. Chem. Mater. ，1996，8：1147-1160 .

[20] Lin Wen Yong，Pang Wen Qin，Wei Chang Ping，et al. Synthesis and characterization of H_2 form aluminosnilicate MCM-41 in a novel alkali-metal free media. Chem. J . Chinese Universities，1999，20（10）：1495-1498.

[21] Monnier A，Schuth F，Huo Q S. Science，1993，261：1299-1300.

[22] Inagaki S，Koiwai A，Suzuki N，et al. Bull. Chem. Soc. Jpn，1996，69：1449-1457.

[23] Tanev P T，Pinnavaia T J. A neutral templating route to mesoporous molecular sieves. Science，1995，267：865-867.

[24] KresgeL T，Leonomicz M E，Roth W J，et al. Ordered mesoporous molecular sieves snyhtesized by a liquld-Crystal template mechanism . Nature，1992，395：710-712.

[25] HuoQ S，Margolese D，Ciesla U，et al. Organization of organic molecules with inorganic molecular species into nanocomposite dirphase array. Chem Mater，1994，6：1176-1191.

[26] Antonelli D M ，Ying J Y. Synthesis of hexagonally packed mesoporous TiO_2 by modified sol-gel method. Angew Chem. Int . Ed. Engl. ，1995，34：2014-2017.

[27] Chen C Y，Li H X，Davis M E. Studies on mesoporous materials. I. synthesis and characterization of MCM-41. Micropor Mater，1993，2：17-26.

[28] Monnier A，Schüt h F，Huo Q，et al . Cooperative formation of inorganic-organic interfaces in the synthesis of silicate mesostructures. Science，1993，261：1299-1303.

[29] 张荣国，刘丹，陈伶，雷家珩 . 有序介孔材料形成机理的研究进展 . 化学与生物工程，2005，8：1-3.

[30] Steel A，Carr S W，Anderson M W. ^{14}N NMR study of surfactant mesophases in the synthesis of mesoporous silicates. Chem Commun，1994：1571-1572.

[31] 孙小飞 . 介孔材料的组装与掺杂 [D] . 长春理工大学，2005：12.

[32] 张道宁，吴采樱，艾飞 . 固相微萃取中高分子涂层的研究 . 色谱，1999，17（1）：10-13.

[33] Huo Q，Leno R，Petroff P M，Suteky G D. Mesostructure desingwith Gemini surfactants：supercage formation in a three-dimensional hexagonal array. Science，1995，268：1324-1327.

[34] Chen F X，Yan X，Li Q. Effect of hydrothermal conditions on the synthesis of siliceous MCM-48 in mixed cationic-anionic surfactants systems. Stud. Surf. Sci. Catal. ，1998，117：273-280.

[35] Firouzi A，Atef F，Oertli A G，Stucky G D，Chmelka B F. Alkaline lyotropic silicate surfactant liquid crystals. J. Am. Chem. Soc. ，1997，119：3596-3610.

［36］ Chen X Y，Ding Z，Chen H Y，et al. Formation at low surfactant concentraltions and characterization of mesoporous MCM-41. Sciencs in China，Series B，1997，40：278-285.

［37］ 田锐. 介孔材料 MCM-41 的合成及其在固相微萃取中的应用［D］. 西北师范大学，2005：6.

［38］ 杜立功. 介孔材料制备及其吸附性能研究［D］. 山东科技大学，2007：6.

［39］ 蒋禅杰，林志勇，林松柏，黄可龙. 介孔材料制备及研究进展. 材料导报，2003，17（11）：53-55.

［40］ 周仲承，冯坚，成慧梅，张长瑞，高庆福，王娟. 有序介孔材料制备过程中模板剂脱除方法研究进展. 材料导报，2005，19（8）：36-39.

［41］ Wirnsberger G，Yang P D，Scott B J，et al. Mesostruetured materials for optical applications：from low-k dielectrics to sensors and laser. Spectrochimica Acta Part A，2001，57：2049.

［42］ He J，Yang X B. New methods to remove organic templates from porous materials. Mater Chem Phys，2003，77：270.

［43］ Tian B Z，Liu X Y，Yu C Z，et al. Microwave assisted template temoval of siliceous porous materials. Chem Commun，2002，11：86.

［44］ Young Kyu Hwang，Kashinath Rangu Patil，Sung Hwa Jhung，et al. Control of pore size and condensation rate of cubic mesoporous silica thin films using a swelling agent. Microporos and Mesoporous Materials，2005，78：245.

［45］ Choo Kyung Han，Sang Bae Jung，Hyung HoPark. Effects of tetraethoxysilane vapor treatment on the cetyltrimethyl-ammonium bromide-templated silicamesoporous low-k thin film with 3D close packed array of spherical pores. Applied Suface Scienc，2004，237：405.

［46］ Antonelli D M，Ying J Y. Angewandte Chemie Internationa Edition in English，1995，34：2014.

［47］ Ulagappan N，Rao C N R. Chem Commun，1996：1685.

［48］ Antonelli D M. Microporous Mesoporous Materials，1999，30：315.

［49］ Wang Y，Tang X，Yin L，et al. Adv Mater，2000，12：1183.

［50］ 王彤文，戴乐蓉. 物理化学学报，2001，17（1）：10.

［51］ Yang P，Zhao D，Margolese D I，et al. Chem Mater，1999，11：2183.

［52］ Peng Z，Shi D，Liu M. Chem Commun，2000：2125.

［53］ Kavan L，Rathousky J，Gratzel M，et al. J Phys Chem B，2000，104：12012.

［54］ Yue Y，Gao Z. Chem Commun，2000：1755.

［55］ Qi L，Wang Y，Ma J. J. Mater. Sci. Let. t，2002，21：1301.

［56］ 张瑛，温鹏宇，李德宝等. 燃料化学学报，2002，30（3）：244.

［57］ Wagner P，Terasaki O，Ritseh S，et al. Phys Chem，1999，103：8745.

［58］ Terasaki Osamu，Ohsuna Tetsu，Inagaki Shinji. Catalysis Surveysfrom Japen，2000，4（2）：99.

［59］ Melde B J，Hollard B T，Blanford C F，et al. Chem Soe，2000，122：55-60.

［60］ Asefa T，Maelaehlan M J，Coombs N，et al. Nature，1999，402：867.

［61］ Bied Catherine，Gauthier Delphine，Moreau Joel J E，et al. J Sol-Gel Sci Technol，2001，20：313.

［62］ Alonso Bruno，Balkenende A Ruud，Albouy Pierre-Antoine，et al. J. Sol-Gel. Sci. Technol，2003，26：587.

［63］ Kim S S，Zhang W Z，Pinavaia T J，Catal. Lett .，1997，43（1-2）：149-154.

［64］ 何静，段雪. Cr/ MCM-41 催化剂的结构特征及其纳米尺寸孔内聚乙烯的形成. 化学学报，1999，57（2）：125-131.

［65］ John M T，Robert R. Catalytically active centres in porous oxides：design and performance of highly selective new catalysts. Chem. Commun，2001，8：675-687.

［66］ Zhao X S，Lu G Q，Whittaker A K. Influence of synthesis parameters on the formation of mesoporous SAPOs. Micro. Meso. Mater.，2002，55（1）：51-52.

［67］ Ohkubo T，Miyawaki J，Kaneko K，et al. Adsorption properties of templated mesoporous carbon（CMK-1）fom nitrogen and supercritical methane experiment and GCMC simulation. J. Phys. Chem. B.，2002，106（25）：6523-6528.

［68］ Sang H J，Seong J C，Hwhan O，et al. Ordered nanoporous arrays of carbon supporting high dispersions of platinum nanoparticles. Nature，2001，412：169-173.

［69］ Sun B，Reddy E P，Smimiotis P G. J. Catal，2006，237（2）：314-321.

［70］ Yamashita H，Ariyuki M，Yoshizawa K，et al. Res. Chem. Intermed.，2004，30（2）：235-245.

［71］ Yin W，Zhang X L，Zhan g M S. Acta Chim. Sinica，2005，63（13）：1193-1200.

［72］ 宋艳，李永红．介孔分子筛的应用研究新进展．化学进展，2007，19（5）：659-664．

［73］ 张荣国，熊洪超，雷家珩，郭丽萍，陈永熙．介孔材料的应用前景及其研究进展．无机盐工业，2005，37（6）：5-8．

［74］ Ueno Y，Horiuchi T，Tomita M，et al．Anal. Chem.，2001，（73）：4688-4693．

［75］ Ueno Y，Horiuchi T，Tomita M，et al．Sensors and Actuators：B，2003，（95）：282-286．

［76］ Ueno Y，Horiuchi T，Tomita M，et al．Anal. Chem.，2002，（74）：5257-5262．

［77］ Massey S W. Sci Toyal Environ，1999，227：109．

［78］ Zhao D，Huo Q，feng J，et al．Sicence，1998，（279）：548．

［79］ 文建湘，倪忠斌，孙竹青，杨成，陈明清．化学世界，2006，9：568-572．

［80］ Nelson P A，Elliott J M，Attard G S，et al. Mesoporous nickel/nickel oxide electrodes for high power applications. J. New. Mater. Electrochem. Sys.，2002，5（1）：63-65．

［81］ Oh S M，Hyeon T H，Jang J H，et al. Mesoporous carbon material，carbon/metal oxide composite materials and electrochemical capacitors using them ［P］. PCT Int. Appl.，WO，2001089991，2001，11-29．

［82］ Jan g J H，Han S，Hyeon T，et al. Electrochemical capacitor perform ance of hydrous ruthenium oxide/mesoporous carbon composite electrodes. J. Power Sources，2003，123（1）：79-85．

［83］ Liu P，Lee S H，Tracy C E，et al. Preparation and lithium insertion properties of mesoporous vanadium oxide. Adv. Mater.，2002，14（1）：27-30．

［84］ Yu A，Frech R. Mesoporous tin oxides as lithium intercalation anode materials. J. Power Sources. 2002，104（1）：97-100．

［85］ Mamak M，Coombs N，Ozin G. Self - assembling solid oxide fuel cell materials：mesoporous yttria - zirconia and metal-yttria-zirconia solid solutions. J. Am. Chem. Soc.，2000，122（37）：8932 -8939．

［86］ Chen H R，Shi J L，Yang Y，et al. Violet-blue photoluminescent properties of mesoporous zirconia modified with phosphoric acid. Appl. Phy.，Lett.，2002，81（15）：2761-2763．

［87］ Ozkan E，Lee S H，Liu P，et al. Electrochromic and optical properties of mesoporous tungsten oxide films. Solid State Ionics，2002，149（1-2）：139-146．

［88］ 有序介孔材料．http：//sudane. bokee. com/viewdiary. 181022975. html．

第**7**章 纳米材料的表征

分析科学是人类知识宝库中最重要、最活跃的领域之一，它不仅是研究的对象，而且又是观察和探索世界特别是微观世界的重要手段。随着纳米材料科学技术的发展，要求改进和发展新分析方法、新分析技术和新概念，提高其灵敏度、准确度和可靠性，从中提取更多信息，提高测试质量、效率和经济性。纳米科学和技术是在纳米尺度上（1～100nm）研究物质（包括原子、分子）的特性及其相互作用，并且对这些特性加以利用的多学科的高科技。

纳米材料的化学组成及其结构是决定其性能和应用的关键因素，而要探讨纳米材料的结构与性能之间的关系，就必须对其在原子尺度和纳米尺度上进行表征。其重要的微观特征包括：晶粒尺寸及其分布和形貌、晶界及相界面的本质和形貌、晶体的完整性和晶间缺陷的性质、跨晶粒和跨晶界的成分分布、微晶及晶界中杂质的剖析等。如果是层状纳米结构，则要表征的重要特征还有：界面的厚度和凝聚力、跨界面的成分分布、缺陷的性质等。

纳米表征技术是高新材料基础理论研究与实际应用交叉融合的技术，对高新材料产业的发展有着重要的推动作用。纳米材料包括纳米颗粒及其以纳米颗粒为基础的材料；纳米纤维及其含有纳米纤维的材料；纳米界面及其含有纳米界面的材料。纳米材料的性能与其微观结构有着重要的关系，因此研究纳米材料微观结构的表征对认识纳米材料的特性，推动纳米材料的应用有着重要的意义。

7.1 粒度表征

7.1.1 颗粒及颗粒粒度

在一定尺寸范围内具有特定形状的几何体，称为颗粒。这里所说的一定尺寸一般在毫米到纳米之间，颗粒不仅指固体颗粒，还有雾滴、油珠等液体颗粒。颗粒的大小称为颗粒粒度，也称为粒度。颗粒按大小可分为纳米颗粒、超微颗粒、微粒、细粒、粗粒等。随着纳米技术的发展，纳米材料的颗粒分布以及颗粒大小也是纳米材料表征的重要指标。在粒度分析中，其研究的颗粒大小一般在 $1nm\sim10\mu m$ 尺寸范围。图 7-1 是粒度划分以及尺寸范围。

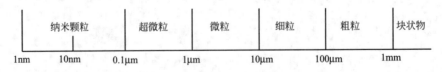

图 7-1　材料颗粒粒度的划分

由于颗粒形状通常很复杂，很难用一个标准尺寸来形容颗粒的大小，所以常用等效粒径的概念予以说明。粒径就是颗粒直径，这概念是很简单明确的，那么什么是等效粒径呢，粒径和等效粒径有什么关系呢？我们知道，只有圆球体才有直径，其他形状的几何体是没有直径的，而组成粉体的颗粒又绝大多数不是圆球形的，而是各种各样不规则形状的，有片状的、针状的、多棱状的等。这些复杂形状的颗粒从理论上讲是不能直接用直径这个概念来表示它的大小的。而在实际工作中直径是描述一个颗粒大小的最直观、最简单的一个量，我们又希望能用这样的一个量来描述颗粒大小，所以在粒度测试的实践中的我们引入了等效粒径这个概念。

等效粒径是指当一个颗粒的某一物理特性与同质的球形颗粒相同或相近时，我们就用该球形颗粒的直径来代表这个实际颗粒的直径。那么这个球形颗粒的粒径就是该实际颗粒的等效粒径。等效粒径具体有如下几种。

（1）等效体积径　与实际颗粒体积相同的球的直径。一般认为激光法所测的直径为等效体积径。

（2）等效沉速径　在相同条件下与实际颗粒沉降速度相同的球的直径。沉降法所测的粒径为等效沉速径，又叫 Stokes 径。

（3）等效电阻径　在相同条件下与实际颗粒产生相同电阻效果的球形颗粒的直径。库尔特法所测的粒径为等效电阻径。

（4）等效投进面积径　与实际颗粒投进面积相同的球形颗粒的直径。显向镜法和图像法所测的粒径大多是等效投影面积直径。

由于纳米颗粒的表面效应和小尺寸效应，造成纳米颗粒的团聚，形成团聚体，因而实际分析纳米颗粒的粒度时，会包含一次颗粒和团聚体。一次颗粒是指含有低气孔率的一种独立的粒子。团聚体是由一次颗粒通过表面力或固体桥键作用而形成的更大的颗粒。团聚体内含有相互连接的气孔网络。团聚体可分为硬团聚体和软团聚体两种，团聚体的形成过程使体系能量下降。相对应一次颗粒的概念是二次颗粒，二次颗粒是指人为制造的粉料团聚粒子。例如制备陶瓷的工艺过程中所指的"造粒"就是制造二次颗粒。

纳米微粒一般指一次颗粒。它的结构可以为晶态、非晶态和准晶态。可以是单相、多相或多晶结构。

在粒度分析时，涉及一些关键指标，主要有以下几种。①D50：一个样品的累计粒度分布分数达到 50% 时所对应的粒径。它的物理意义是粒径大于它的颗粒占 50%，小于它的颗粒也占 50%，D50 也叫中位径或中值粒径。D50 常用来表示粉体的平均粒度。②D97：一个样品的累计粒度分布数达到 97% 时所对应的粒径。它的物理意义是粒径小于它的颗粒占 97%。D97 常用来表示粉体粗端的粒度指标。其他如 D16、D90 等参数的定义与物理意义与 D97 相似。③比表面积：单位质量的颗粒的表面积之和。比表面积的单位为 m^2/kg 或 cm^2/g。比表面积与粒度有一定的关系，粒度越细，比表面积越大，但这种关系并不一定是正比关系。

通常的测量仪器都有准确性方面的指标。由于粒度测试的特殊性，常用真实性来表示准确性方面的含义。由于粒度测试所测得的粒径为等效粒径，对同一个颗粒，不同的等效方法可能会得到不同的等效粒径。因而不同的测量方法对同一个颗粒可能得到了两个不同的结果。也就是说，一个不规则形状的颗粒，如果用一个数值来表示它的大小时，这个数值不是唯一的，而是有一系列的数值。而每一种测试方法都是针对颗粒的某一个特定方面进行的，所得到的数值是所有能表示颗粒大小的一系列数值中的一个，所以相同样品用不同的粒度测试方法得到的结果有所不同的是客观原因造成的。颗粒的形状越复杂，不同测试方法的结果相差越大。但这并不意味着粒度测试结果可以漫无边际，而恰恰应具有一定的真实性，就是应比较真实地反映样品的实际粒度分布。真实性目前还没有严格的标准，是一个定性的概念。但有些现象可以作为测试结果真实性好坏的依据。比如仪器对标准样的测量结果应在标称值允许的误差范围内；经粉碎后的样品应比未粉碎前更细；经分级后的样品的大颗粒含量应减少；结果与行业标准或公认的方法一致等。

7.1.2　粒度分析的意义

在现实生活中，有很多领域诸如能源、材料、医药、化工、冶金、电子、机械、轻工、建筑及环保等都与材料的粒度分子息息相关。在高分子材料方面，如聚乙烯树脂是一种多毛细孔的粉状物质，其性质和性能不仅受分子特征（分子量、分子量分布、链结构）影响，而且与分子形态学特征（如颗粒表面形貌、平均粒度、粒度分布）有密切的关系。聚乙烯的分子和形态学又决定了聚合物成型加工时的特征和制品性能。研究表明，树脂的颗粒形态好、平均粒径适中、粒度分布均匀，有利于聚合物成型加工，因此，人们往往需要对聚氯乙烯树脂进行粒度分析测试。在纳米添加剂改性塑料方面，在塑料中添加纳米材料作为塑料的填充材料，不仅可以增加塑料的机械强度，还可以增加塑料对气体的密闭性能以及增加阻燃等性能。这些性能的体现直接和添加的纳米材料的形状、颗粒大小以及分布等因素有着密切关系。因此，必须对这些纳米添加剂进行颗粒度的表征和分析。

在现代陶瓷材料方面，纳米颗粒构成的功能陶瓷是目前陶瓷材料研究的重要方向。通过使用纳米材料形成功能陶瓷可以显著改变功能陶瓷的物理化学性能，如韧性。陶瓷粉体材料的许多重要特性均由颗粒的平均粒度及粒度分布等参数所决定。在涂料领域，颜料粒度决定其着色能力，添加剂的颗粒大小决定了成膜强度和耐磨性能。在电子材料领域，荧光粉粒度决定电视机、监视器等屏幕的显示亮度和清晰度。在催化剂领域，催化剂的粒度、分布以及形貌也部分地决定其催化活性。因此，随着科学技术发展，有关颗粒粒度分析技术受到人们的普遍重视，已经逐渐发展成为测量学中的一支重要分支。

7.1.3　粒度分析方法

对于纳米材料体系的粒度分析，首先要分清是对颗粒的一次粒度还是二次粒度进行分析。由于纳米材料颗粒间的强自吸特性，纳米颗粒的团聚体是不可避免的，单分散体系非常少见，两者差异很大。

一次粒度的分析主要采用电镜的直观观测，根据需要和样品的粒度范围，可依次采用扫描电镜（SEM）、透射电镜（TEM）、扫描隧道电镜（STM）、原子力显微镜（AFM）观测，直观得到单个颗粒的原始粒径及形貌。由于电镜法是对局部区域的观测，所以，在进行粒度分布分析时，需要多幅照片的观测，通过软件分析得到统计的粒度分布。电镜法得到的依次粒度分析结果一般很难代表实际样品颗粒的分布状态，对一些在强电子束轰击下不稳定甚至分解的微纳颗粒、制样困难的生物颗粒、微乳等样品则很难得到准确的结果。因此，依次粒度检测结果通常作为其他分析方法结果的比照。

纳米材料颗粒体系二次粒度统计分析方法，按原理分较先进的三种典型方法是：高速离心沉降法、激光粒度分析法和电超声粒度分析法。集中激光粒度分析法按其分析粒度范围不同，又划分为光衍射法和动态光散射法。衍射法主要针对微米、亚微米级颗粒；散射法则主要针对纳米、亚微米级颗粒的粒度分析。电超声粒度分析方法是最新出现的粒度分析方法，主要针对高浓度体系的粒度分析。纳米材料粒度分析的特点是分析方法多，主要针对高浓度体系的粒度分析，获得的是等效粒径，相互之间不能横向比较。每种分析方法均具有一定的适用范围以及样品条件，应该根据实际情况选用合适的分析方法。

7.1.3.1　显微镜法

显微镜法（microscopy）是一种测定颗粒粒度的常用方法。光学显微镜测定范围为 $0.8 \sim 150 \mu m$，小于 $0.8 \mu m$ 者必须用电子显微镜观察。扫描电镜和透射电子显微镜常用于直接观察大小在 $1nm \sim 5 \mu m$ 范围内的颗粒，适合纳米材料的粒度大小和形貌分析。图像分析技术因其测量的随机性、统计性和直观性被公认为是测量结果与实际粒度分布吻合最好的测试技术。其优点是，直接观察颗粒形状，可以直接观察颗粒是否团聚。缺点是，取样代表性差，实验重现性差，测量速度慢。

目前，适合纳米材料粒度分析的方法主要是激光动态光散射粒度分析法和光子相关光谱分析法，其测量颗粒最小粒径分别可以达到 20nm 和 1nm。对于纳米材料体系的粒度分析，要分清是对颗粒的一次粒度还是对二次粒度进行分析。纳米材料颗粒体系的一次粒度统计分析方法前已述及。纳米材料颗粒体系的二次粒度统计分析方法按原理分为较先进的三种典型方法，分别是高速离心沉降法、激光粒度分析法和电超声粒度分析法。

7.1.3.2　电镜观察粒度分析

电镜法进行纳米材料颗粒度分析也是纳米材料研究最常用的方法，不仅可以进行纳米颗粒大小的分析，也可以对颗粒大小的分布进行分析，还可以得到颗粒形貌的数据。一般采用的电镜有扫描电镜和透射电镜，其进行粒度分布的主要原理是，通过溶液分散制样的方式把纳米材料样品分散在样品台上，然后通过电镜进行放大观察和照相。通过计算机图像分析程序就可以把颗粒大小及其分布以及形状数据统计出来。

普通扫描电镜的颗粒分辨率一般在 6nm 左右，场发射扫描电镜的分辨率可以达到 0.5nm。扫描电镜针对的纳米粉体样品可以进行溶液分散制样，也可以直接进行干粉制样，对样品制备的要求比较低，但由于电镜要求样品有一定的导电性能，因此，对于非导电性样品需要进行表面蒸镀导电层如表面镀金、蒸碳等。一般在 10nm 以下的样品不能镀金，因为颗粒大小在 8nm 左右，会产生干扰，应采取蒸碳方式。扫描电镜有很大的扫描范围，原则上从 1nm 到毫米量级均可以用扫描电镜进行粒度分析。而对于透射电镜，由于需要电子束透过样品，因此，适用的粒度分析范围在 $1 \sim 300nm$ 之间。对于电镜法粒度分析还可以与电镜的其他技术联用，实现对颗粒成分和晶体结构的测定。

7.1.3.3　激光粒度分析

衍射和散射经典理论指出光在传播中波前受到与波长尺度相当的隙孔或颗粒的限制，以受限波前处各元波为源的发射在空间干涉而产生衍射和散射，衍射和散射的光能的空间（角度）分布与光波波长和隙孔或颗粒的尺度有关。用激光做光源，光为波长一定的单色光后，衍射和散射光能的空间（角度）分布就只与粒径有关。对颗粒群的衍射和散射，各颗粒级的多少决定着对应各特定角处获取的光能量的大小，各特定角光能量在总光能量中的比例，应反映着各颗粒级的分布丰度。按照这一思路，可建立表征颗粒级丰度与各特定角处获取的光能量的数学物理模型，进而研制仪器、测量光能，由特定角度测得的光能与总光能的比较推出颗粒群相应粒径级的丰度比例量。激光粒度分析仪就是根据激光散射技术而制备的测量颗粒粒度的仪器。激光散射技术是指用激光作光源，在入射光方向以外，借检测散射光强度、频移及其角度依赖等而得到粒子重量、尺寸、分布及聚集态结构等信息的方法的统称，有着广阔的用途。就检测纳米材料而言，主要涉及频移及其角度依赖性的检测，这种散射技术又称动态光散射、准弹性光散射及光子相关光谱，分别以测定参数的性质、能量转移的大小及测定方法的原理而得名。图 7-2 为激光粒度分析仪原理结构。

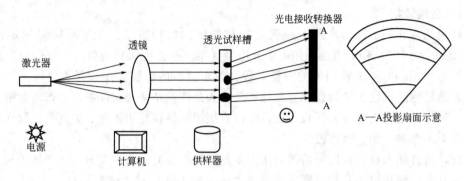

图 7-2　激光粒度分析仪原理结构

光线在行进中遇到微小颗粒时，将发生散射现象。颗粒越大，散射角越小；颗粒越小，则散射角越大，然后用基于米氏散射理论的数据软件分析测试数据。

激光光散射法可以测量 20～3500nm 的粒度分布，获得的是等效球体积分布，测量准确，速度快，代表性强，重复性好，适合混合物料的测量。缺点是对于检测器的要求高，各仪器测量结果对比差。利用光子相关光谱方法可以测量 1～3000nm 范围的粒度分布，特别适合超细纳米材料的粒度分析研究。测量体积分布，准确性高，测量速度快，动态范围宽，可以研究分散体系的稳定性。其缺点是不适用于粒度分布快的样品测定。

利用激光粒度分析仪测量粒度时，要得到相对真实的数据，关键是处理好样品，也就是如何获得稳定而均匀的悬浮液。滕飞等系统研究了分散颗粒浓度、不同分散介质、分散剂的类型和浓度、超声分散的时间和强度等对测量结果的影响。研究结果表明，采用激光散射法测试超细颗粒的粒度时，不同种类的样品，所采用的分散介质种类、分散剂的类型和浓度、分散颗粒的浓度、超声分散的时间和强度等不同。如何制得稳定分散体系（尤其稳定的溶胶体系），是准确得到测量结果的关键。但是，做到超细颗粒的激光散射结果与 TEM 完全吻合，相对比较困难，除非制得非常稳定的溶胶体系。

7.1.3.4　沉降法

沉降法（sedimentation size analysis）的原理是基于颗粒处于悬浮体系时，颗粒本身重力（或所受离心力）、所受浮力和黏滞阻力三者平衡，并且黏滞力服从斯托克斯原理来实施测定的，此时颗粒在悬浮体系中以恒定速度沉降，而且沉降速度与粒度大小的平方成正比。值得注意的是，只有满足下述条件才能采用沉降法测定颗粒粒度；颗粒形状应当接近于球形，并且完全被液体润湿；颗粒在悬浮体系的沉降速度是缓慢而恒定的，而且达到恒定速度所需时间很短；颗粒在悬浮体系中的布朗运动不会干扰其沉降速度；颗粒间的相互作用不影响沉降过程。测定颗粒粒度的沉降法分为重力沉降法和离心沉降法两种，重力沉降法适于粒度为 $2～100\mu m$ 的颗粒，而离心沉降法适于粒度为 $10～20\mu m$ 的颗粒。由于离心式粒度分析仪采用斯托克斯原理，所以分析得到的是一种等效粒径，粒度分布为等效重均粒度分布。一般高速离心沉降适合于纳米材料的粒度分析。目前较通行的方法就是消光沉降法，由于不同的粒度的颗粒在悬浮体系中沉降速度不同，同一时间颗粒沉降的深度也就不同，因此，在不同深度处悬浮液的密度将表现出不同变化，根据测量光束通过悬浮体系的光密度变化便可计算出颗粒粒度分布。其优点是测量质量分布，代表性强，测试结果与仪器的对比性好，价格比较便宜。缺点是对于小粒子的测试速度慢，重复性差；对非球形粒子的误差大，不适合于混合物料，动态范围比激光衍射法窄。

7.1.3.5 X射线衍射线宽法

X射线衍射线宽法是测定颗粒晶粒度的最好方法。当颗粒为单晶时，该法测得的是颗粒度。颗粒为多晶时，该法测得的是组成单个颗粒的单个晶粒的平均晶粒度，只适用于晶态的纳米粒子晶粒度的评估。实验表明，晶粒度≤50nm时，测量值与实际值接近，反之，测量值往往小于实际值。现有纳米测量方法往往测量大面积或大量的纳米材料以表征纳米材料的单一尺度和性能，所得的测量结果是整个样品的平均值，因此，单个纳米颗粒、单根纳米管的奇异特性就被掩盖了。对现有的纳米测量方法来说，表征单一纳米颗粒、纳米管、纳米纤维的尺度和性能是一个难题和挑战。首先，因为它们的尺寸相当小，对单一纳米颗粒、纳米管的固定和夹持无法用大尺寸的固定和夹持技术来实现。其次，纳米结构的小尺寸使得手工操纵相当困难，需要有一种针对单一纳米结构设计的专门操纵技术来进行操作。Wang研究了用原位透射电子显微镜来测量单根纳米碳管力学强度的技术，专门制作了可通过外加电场来控制试样的夹具。在电镜中能够清楚地观察到每个单根的纳米碳管，因而能够对单根纳米管进行性能测量。同时它的微观结构可以由透射电子图像和衍射谱图来确定。如果在纳米碳管上外加一交变电压，就可以产生调制电压的频率机械共振，而且可精确测得共振的频率，共振频率可以决定纳米管的弯曲模量。

7.1.3.6 粒度分析的新进展

随着纳米材料在高新技术产业、国防、医药等领域的广泛应用，颗粒测量技术将向测量下限低、测量范围广、测量准确度和精确度高、重现性好等方向发展。因此，对颗粒测量技术的要求也越来越高。综观各种颗粒测量方法和技术，为适应颗粒粒度分析的更高要求，光散射法、基于颗粒布朗运动的测量方法和质谱法等颗粒粒度分析手段将更加完善并得到更广泛的应用。为了适合纳米科技发展的需要，纳米材料的粒度分析方法逐步成为粒度分析的重要内容。目前，适合纳米材料粒度分析的方法主要是激光动态光散射粒度分析法和光子相关光谱分析法，其测量颗粒最小粒径可以达到20nm和1nm。

7.2 形貌表征

材料的形貌尤其是纳米材料的形貌是材料分析的重要组成部分，材料的很多物理化学性能是由其形貌特征所决定的。对于纳米材料，其性能不仅与材料颗粒大小还与材料的形貌有重要关系。因此，纳米材料的形貌分析是纳米材料的重要研究内容。形貌分析主要内容包括分析材料的几何形貌、材料的颗粒度、颗粒的分布以及形貌微区的成分和物相结构等方面。

纳米材料常用的形貌分析方法主要有扫描电子显微镜（SEM）、透射电子显微镜（TEM）、扫描隧道显微镜（STM）、原子力显微镜（AFM）法。扫描电镜和透射电镜形貌分析不仅可以分析纳米粉体材料，还可分析块体材料的形貌。其提供的信息主要有材料的几何形貌，粉体的分散状态，纳米颗粒的大小、分布，特定形貌区域的元素组成和物相结构。扫描电镜分析可以提供从数纳米到毫米范围内的形貌图像。

透射电镜是研究纳米材料的重要仪器之一，透射电镜具有很高的空间分辨能力，特别适合粉体材料的分析。其特点是样品使用量少，不仅可以获得样品的形貌、颗粒大小、分布，还可以获得特定区域的元素组成及物相结构信息。透射电镜比较适合纳米粉体样品的形貌分析，但颗粒大小应小于 300nm，否则电子束就不能穿透了。对于更小的颗粒只能用扫描隧道显微镜和原子力显微镜进行分析了。对块体样品的分析，透射电镜一般需要对样品进行减薄处理。

许多有关纳米材料的研究，都采用 TEM 作为表征手段之一。Rojas 等用 TEM 明场图像分析纳米材料，看到"接近球形的、粒径 9～30nm 的、一定程度团聚的纳米离子"；还用 TEM 暗场图像分析样品中的不同相，并用高分辨率透射电镜 HRTEM 获取有关晶体结构的更可靠的信息。

利用透射电镜的电子衍射能够较准确地分析纳米材料的晶体结构，但只有配合 XRD 的小角散射（SAXS），特别是 EXAFS 等技术才能更有效地表征纳米材料。

扫描隧道显微镜主要针对一些特殊导电固体样品的形貌分析，可以达到原子量级的分辨率，仅适合具有导电性的薄膜材料的形貌分析和表面原子结构分布分析，对纳米粉体材料不能分析。扫描原子力显微镜可以对纳米薄膜进行形貌分析，分辨率可以达到几十纳米，比扫描隧道显微镜差，但适合导体和非导体样品，不适合纳米粉体的形貌分析。总之，这四种形貌分析方法各有特点，电镜分析具有更多优势，但扫描隧道显微镜和原子力显微镜具有进行原位形貌分析的特点。

扫描电镜是 20 世纪 30 年代中期发展起来的一种新型电镜，是一种多功能的电子显微分析仪器。扫描电镜能显示各种图像的依据是电子与物质的相互作用。当高能入射电子束轰击样品表面，由于入射电子束与样品间的相互作用，将有 99% 以上的入射电子能量转变成样品热能。约 1% 的入射电子能量从样品中激发出各种有用的信息，包括二次电子、透射电子、俄歇电子、X 射线等。不同的信息，反映样品本身不同的物理、化学性质。扫描电镜的功能就是根据不同信息产生的机理，采用不同的信息检测器，以实现选择检测扫描电镜的图像。扫描电子显微镜之所以能放大很大的倍数，是因为基本电子束可以集中扫描一个非常小的区域（<10nm），在用小于 1keV 能量的基本电子束扫描小于 5nm 的表面区域时，就能产生对微观形貌较高的灵敏度。

扫描电子显微镜的原理与光学成像原理相近。主要利用电子束切换可见光，利用电磁透镜代替光学透镜的一种成像方式。

扫描电镜的优点是：有较高的放大倍数，20～20 万倍之间连续可调；有很大的景深，视野大，成像富有立体感，可直接观察各种试样凹凸不平的表面细微结构；试样制备简单。目前的扫描电镜都配有 X 射线能谱仪装置，这样可以同时进行显微组织形貌的观察和微区成分分析。因此，它像透射电镜一样是当今十分有用的科学研究仪器，分辨率是扫描电镜的主要性能指标。对微区成分分析而言，它是指能分析的最小区域；对成像而言，它是指能分辨两点之间的最小距离，分辨率大小由入射电子束直径和调节信号类型共同决定。电子束直径越小，分辨率越高。但由于成像信号不同，例如二次电子和背反射电子，在样品表面的发射范围也不同，从而影响其分辨率。

早在 1952 年，Binnig 和 Rohrer 等发明了扫描隧道显微镜（STM)-扫描探针显微镜（SPM）家族的第一位成员。它可在原子级分辨率水平上测量材料的表面形貌，使得对材料表面的定域表征成为可能。由此，发明者被授予 1986 年的诺贝尔物理奖。随着 STM 在表面科学和生命科学等研究领域的广泛应用，相继出现了许多同 STM 技术相似的新型扫描探针显微镜（SPM）。主要有：扫描力显微镜（SFM）、扫描隧道电位仪（STP）、弹道电子发射显微镜（BEEM）、扫描离子电导显微镜（SICM）、扫描热显微镜、光子扫描隧道显微镜

（PSTM）和扫描近场光学显微镜（SNOM）等，它们弥补了 STM 只能直接观察导体和半导体的不足，可以极高分辨率研究绝缘体表面。SPM 不采用物镜来成像，相反，利用尖锐的传感器探针在表面上方扫描来检测样品表面的一些性质。不同类型 SPM 间的主要区别在于针尖的特性及相应针尖-样品间相互作用的不同。其中，对 STM 最重要的发展就是 1986 年原子力显微镜（AFM）的出现，其横向分辨率可达 2nm，纵向分辨率为 0.1Å。这样的横向、纵向分辨率都超过了普通扫描电镜的分辨率，但 AFM 对工作环境和样品制备的要求比电镜的要求少得多。以 AFM 为代表的 SFM 是通过控制并检测针尖-样品间的相互作用力，例如，原子间斥力、摩擦力、弹力、范德华力、磁力和静电力等，来分析研究表面性质的。相应的扫描力显微镜有原子力显微镜（AFM）、摩擦力显微镜（LFM）、磁力显微镜（MFM）和静电力显微镜（EFM）等，它们统称为 SFM。

SFM 是使用一个一端固定而另一端装有针尖的弹性微悬臂来检测样品表面形貌或其他表面性质的。当样品在针尖下面扫描时，同距离有关的针尖-样品间相互作用力（既可能是吸引的，也可能是排斥的），会引起微悬臂的形变，也就是说微悬臂的形变可作为样品-针尖相互作用力的直接度量。将一束激光照射到微悬臂的背面，微悬臂将激光束反射到一个光电检测器，检测器不同象限接收到的激光强度的差值同微悬臂的形变量形成一定比例，参见图 7-3。如果微悬臂的形变小于 0.01nm，激光束反射到光电检测器后，变成了 3～10nm 的位移，足够产生可测量的电压差。反馈系统根据检测器电压的变化不断调整针尖或样品 Z 轴方向的位置，以保持针尖-样品间作用力恒定不变。

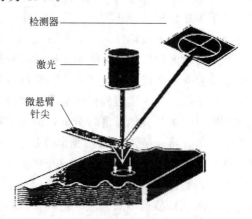

图 7-3　SFM 中微悬臂进行力检测的框图

原子力显微镜具有以下特点：①高分辨能力远远超过扫描电子显微镜（SEM）以及光学粗糙度仪，样品表面的三维数据满足了研究、生产、质量检验越来越微观化的要求；②非破坏性，探针与样品表面相互作用力为 10^8N 以下，远比以往触针式粗糙度仪压力小，因此不会损伤样品，也不存在扫描电子显微镜的电子束损伤问题，另外扫描电子显微镜要求对不导电的样品进行镀膜处理，而原子力显微镜则不需要；③应用范围广，可用于表面观察、尺寸测定、表面粗糙测定、颗粒度解析、突起与凹坑的统计处理、成膜条件评价、保护层的尺寸台阶测定、层间绝缘膜的平整度评价、VCD 涂层评价、定向薄膜的摩擦处理过程的评价、缺陷分析等；④软件处理功能强，其三维图像显示其大小、视角、显示色、光泽可以自由设定，并可选用网络、等高线、线条显示图像处理的宏管理、断面的形状与粗糙度解析、形貌解析等多种功能。

7.3　成分分析

纳米材料的光、电、声、热、磁等物理性能与组成纳米材料的化学成分和结构具有密切关系。因此，确定纳米材料的元素组成，测定纳米材料中杂质的种类和浓度，是纳米材料分析的重要内容之一。纳米材料成分分析按照分析对象可分为微量样品分析和痕量成分分析两

检测器

激光

微悬臂
针尖

种类型。微量样品分析是就取样量而言的。痕量成分分析则是就待测成分在纳米材料中的含量而言的。由于杂质或掺杂的成分含量很低，低到百万分之一甚至更低的浓度范围，因此，称这类分析为痕量成分分析。纳米材料的成分分析方法按照分析的目的不同又分为体相元素成分分析、表面成分分析和微区成分分析等方法。

纳米材料的化学成分分析主要依赖于各种谱学技术，包括紫外-可见光谱、红外光谱、X 射线荧光光谱、拉曼光谱、俄歇电子能谱、X 射线光电子能谱等。另有一类谱仪是基于材料受激发的发射谱，是专为研究晶体缺陷附近的原子排列状态而设计的，如核磁共振仪、电子自旋共振谱仪、穆斯堡尔谱仪、正电子湮灭等。

纳米材料的体相元素组成及其杂质成分的分析方法包括原子吸收、原子发射、ICP 质谱以及 X 射线荧光与衍射分析方法。其中前三种分析方法需要将样品溶解后再进行测定，因此，属于破坏性样品分析方法，而 X 射线荧光与衍射分析方法可以直接对固体样品进行测定，因此，称为非破坏性元素分析方法。

X 射线微区分析，也称电子探针微区分析，这种技术的基本思想是将电子束扫描成像与 X 射线发射光谱分析联用，从而达到既可以观察微观形态，又可以对所观察的选区进行化学成分的分析。利用一定激发源来激发样品的 X 射线，通过 X 射线光谱仪对样品发射的 X 射线光谱的谱线波长或能量进行分析，就可以获得样品元素组成的信息，这种分析方法通称为 X 射线光谱分析。通常 X 射线光谱分析所分析的样品区域都比较大，不能得到样品中元素是如何分布的信息。如果利用电子光学系统对高能电子束进行聚焦，通常可以聚焦到纳米尺寸。用聚焦高能电子束激发样品的选定区域，可以得到微小选区发射的 X 射线光谱。用聚焦电子束激发样品的不同区域，得到不同区域的 X 射线光谱，从而可以得到元素在样品不同区域的分布信息，因为获得的是样品中选定微区的成分信息，故称为 X 射线微区分析。

由于原子在某一特定轨道的结合能依赖于原子周围的化学环境，因而从 X 射线光电子能谱图指纹特征可进行各种元素（除 H、He 外）的定性分微细能量差。

X 射线光电子能谱法（XPS）能够提供样品表面的元素含量与形态，其信息深度约为 $3 \sim 5nm$。XPS 的分析方法包括：①表面元素定性分析，这是一种最常规的分析方法，一般利用 XPS 能谱仪的宽扫描程序；②表面元素的半定量分析，首先应当明确的是，XPS 并不是一种很好的定量的分析方法，它给出的仅是一种半定量的结果，即相对含量而不是绝对含量；③表面元素的化学价态分析，表面元素化学价态分析是 XPS 的最重要的一种分析功能，也是 XPS 图谱解析最难并比较容易发生错误的部分。

紫外-可见光谱是纳米材料谱学分析的基本手段。它分为吸收光谱、发射光谱和荧光光谱。吸收光谱主要用于监测胶体纳米微粒形成过程，发射光谱主要用于对纳米半导体发光性质的表征，荧光光谱则主要用来对纳米材料特别是纳米发光材料的荧光性质进行表征。此外，通过紫外可见光谱特别是与 Mie 理论计算结合，还能获得关于粒子颗粒度、结构等方面的许多重要信息，因此，紫外可见光谱是表征液相金属纳米粒子的最常用技术。

红外光谱可分为近红外、中红外、远红外三个区，但研究最多的是中红外光谱。在纳米材料研究中，红外光谱可提供纳米材料中的空位、间隙原子、位错、晶界和相界等方面的信息。目前，最常用的是傅立叶变换红外光谱（FTIRS），主要用于研究纳米氧化物、氮化物和纳米半导体等材料。

纳米材料中的晶界结构比较复杂，与材料的成分、键合类型、制备方法、成型条件以及热处理过程等因素均有密切的关系。拉曼频移与物质分子的转动和振动能级有关，不同的物质有不同的振动和转动能级，产生不同的拉曼频移。拉曼频率特征可提供有价值的结构信息，利用拉曼光谱可以对纳米材料进行分子结构、键态特征分析和定性鉴定等。拉曼光谱具有灵敏度高、不破坏样品、方便快速等优点，是研究纳米材料，特别是低维纳米材料的首选方法。

穆斯堡尔谱对应于原子核的跃迁，由于原子核与其核外环境之间存在细微的相互作用，即超精细相互作用，因此穆斯堡尔谱是研究物质微观结构的有效手段，尤其适用于对铁磁材料超精细相互作用的测定。穆斯堡尔谱可提供的重要信息包括：材料中原子结构的排列、超精细场分布、磁结构、超顺磁性、超铁磁性和动力学效应等，在纳米材料研究中主要用于研究纳米尺寸的微晶、薄膜和块体材料表面及界面磁性。

正电子湮没是指正电子射入凝聚态物质中，在周围达到热平衡后，与电子湮没，同时发射出射线。正电子湮没技术对原子尺度的缺陷十分敏感，纳米材料中如果含有空位、位错或空洞等缺陷时，由于这些缺陷会强烈吸收正电子，使得正电子湮没产生一定的时间延迟（即正电子寿命），通过对正电子湮没图谱的分析可以知道正电子寿命，从而提供纳米材料的电子结构或者缺陷结构的一些有用信息。因此，正电子湮没是研究纳米微晶材料结构和缺陷的一种十分有效的手段，主要用于研究纳米金属和纳米陶瓷界面结构。

7.4 热分析技术及宏观性质

纳米材料的热分析主要是指差热分析（DTA）、示差扫描量热法（DSC）以及热重分析（TG）。三种方法常常相互结合，并与 XRD、IR 等方法结合用于研究纳米材料或纳米粒子的以下特征：①表面成键或非成键有机基团或其他物质的存在与否、含量多少、热失重温度等；②表面吸附能力的强弱与粒径的关系；③升温过程中粒径变化；④升温过程中的相转变情况及晶化过程。

因为纳米颗粒具有表面效应和量子尺寸效应，这时纳米粒子的粒径与超导相干波长、玻尔半径以及电子的德布罗意波长相当，与此同时，颗粒表面的原子、电子与处于颗粒内部的原子、电子的行为有很大的差别，这个特点对纳米微粒的光学特性有很大的影响。比如，大块金属具有不同颜色的光泽，这表明它们对可见光范围各种波长的反射和吸收能力不同。而当尺寸减小到纳米级时各种金属纳米微粒几乎都成黑色，说明它们对可见光的反射率极低。能带理论表明，在高温或宏观尺寸下，金属费米能级附近电子能级一般是连续的。对于只有有限个导电电子的超微粒子来说，低温下能级是离散的。且这种离散对材料热力学性质起很大作用。相邻电子能级间距和颗粒直径有着反比关系，即前者随后者的缩小而增大。

由于宏观物体包含无限个原子，即导电电子数 A 趋向无穷大，大粒子或宏观物体的能级间距几乎为零；而对纳米微粒，所包含原子数有限，A 值很小，这就导致能级间距有一定的值，即能级间距发生分裂。当能级间距大于热能、磁能、静磁能、静电能、光子能量或超导态的凝聚能时，就会导致纳米微粒的磁、光、声、热、电以及超导电性与宏观特性有着显著的不同。从紫外到可见光范围内材料的发光问题一直是人们感兴趣的热点课题。这里说的发光是与电子辐射跃迁的微观过程相联系的。纳米结构材料由于颗粒很小，小尺寸会导致量子限域效应，界面结构的无序性使激子，特别是表面激子很容易形成；界面所占的体积很大，界面中存在大量缺陷，例如悬键、不饱和键和杂质等，这就可能在能隙中产生许多附加能隙；纳米结构材料中由于平移周期的破坏，在动量空间常规材料中电子跃迁的选择定则对纳米材料很可能不适用，这些就会导致纳米结构材料的发光不同于常规材料，有自己的特点。

纳米微粒对红外和电磁波有隐身作用，这是因为：①纳米微粒尺寸远小于红外及雷达波长，对这种波的透过率比常规材料要强得多，大大减少波的反射率，使得红外探测器和雷达接收到的反射信号变得很微弱，从而达到隐身作用；②纳米微粒材料的比表面积比常规材料大得多，使得红外探测器及雷达得到的反射信号强度大大降低，因此很难发现被探测目标，起到了隐身作用。当前，隐身涂料研究已成为现代军事对抗中的一种手段。正在研制的第四代超音速歼击机，其机体结构采用复合材料、翼身融合体和吸波涂层，电磁波吸收型涂料、电磁波屏蔽型涂料已开始在隐身飞机上涂装。纳米材料因其具有极好的吸波特性，同时具备了宽频带、兼容性好、质量小和厚度薄等特点，美、俄、法、德、日等国都把纳米材料作为新一代隐身材料加以研究。金属、金属氧化物和某些非金属材料的纳米级超细粉在细化过程中处于表面的原子数越来越多，增大了纳米材料的活性。在微波场的辐射下，原子和电子运动加剧，促使磁化，使电子能转化为热能，从而增加了对磁波的吸收。有人发明了一种纳米金属汽车面漆，它是采用多种纳米金属粉体材料与引进国外先进纳米金属汽车面漆制作技术相结合研制成功的新一代高级汽车涂料，它具有极强的附着力和耐酸、耐碱、抗氧化等耐化学药品性能；具有随角异色效应，并具有抗磨、抗刮碰等优异的抗外界物理冲击性能，还吸收有害射线对人体及底漆的辐射，能保护人体健康及延长面漆的使用寿命。

由于纳米材料的奇特性质，其应用领域极为广泛，可以说它已经渗透到了方方面面。可以预见，过去人们所设想的可以揣在口袋里的计算机，能进入人体内任何地方的机器人等这些"天方夜谭"，都会随着纳米材料和纳米技术的研究发展而得到实现。

纳米材料的宏观性质就是根据纳米材料的具体应用而进行分析表征的，分析表征所用仪器与一般材料相同，例如通过电感、电容、电阻测量仪（LCR）研究纳米材料的介电特性，包括介电常数、介电损失等，还可测量纳米材料的导电性等；通过提拉样品磁强计研究纳米材料的磁性质，包括超顺磁性、矫顽力、饱和磁化强度、居里温度、磁化率、磁相变等。

7.5 纳米测试技术的发展

纳米测试技术的研究大致分为三个方面：一是创造新的纳米测量技术，建立新理论、新方法；二是对现有纳米测量技术进行改造、升级、完善，使它们能适应纳米测量的需要；三是多种不同的纳米测量技术有机结合、取长补短，使之能适应纳米科学技术研究的需要。纳米测试技术是多种技术的综合，如何将测试技术与控制技术相融合，将探测、定位、测量、控制、信号处理等系统结合在一起构成一个大系统，开发、设计、制造出实用新型的纳米测量系统，是亟待解决的问题，也是今后发展的方向。随着纳米材料科学的发展和纳米制备技术的进步，将需要更新的测试技术和手段来表征、评价纳米粒子的粒径、形貌、分散和团聚状况；分析纳米材料表面、界面性质等。因此，纳米测量技术伴随着纳米科技全面进入 21 世纪，它不仅为科学进步带来新的机遇，同时也将促使经济和高技术的发展。以纳米测量技术为基础的纳米测量仪器将陆续进入市场，促进世界纳米科技的发展。

参 考 文 献

[1] 李颖，王光祖. 纳米材料的表征与测试技术. 超硬材料工程，2007，19：38-42.

[2] ［日］川合知仁主编. 图解纳米技术的应用. 陆求实译. 上海：文汇出版社，2004.

[3] 黄惠忠等. 纳米材料分析. 北京：化学工业出版社，2003.

[4] 朱永法. 纳米材料表征与测试. 北京：化学工业出版社，2006.

[5] 纳米材料的粒度分析. http：//www. chem17. com/Article/show/15384. html.

[6] 常同钦. 纳米材料的测试与表征. 显微、测量、微细加工技术与测量，2006，10：399-401.

[7] 黄军华，高濂，陈锦元等. 无机材料学报，1996，11（1）：51.

[8] Valerie Carle，Christophe Laurent，et al. J. Mater. Chem.，1999，9（4）：1003.

[9] Rojas Tersa C，et al. J. Mater. Chem.，1999，9（4）：1011.

[10] 刘双环，周根陶，彭定坤等. 高等学校化学学报，1993，14（7）：971.

[11] 梁起，张治军，薛群基. 物理化学学报，1998，14（10）：945.

[12] 阎峻. 纳米材料的表征. 材料导报，2001，15（4）：53-55.

[13] 白春礼编著，扫描隧道显微镜技术及其应用. 上海：上海科学技术出版社，1992：1.

[14] 陈本永. 纳米测量技术的挑战与机遇. 仪器仪表学报，2005，26（5）：547-550.

[15] Wang Z L. Towards property nanomeasurments by In-situ TEM-present and prospects. 电子显微学报，2000，19（1）：1-13.

[16] 白春礼，田芳. 扫描力显微镜. 现代科学仪器，1989，1-2：79-83.

[17] 原子力显微镜及其应用. http：//www. sciencenet. cn/bbs/upload/200839212530414. doc.

[18] Binnig G，Rohrer H，Gerber，et al. Appl. Phys. Lett.，1982，40：178.

[19] 白春礼，商广义. 现代科学仪器，1994，4：3.

[20] 白春礼. 物理通报，1995，10：1.

[21] Binnig G，Quate C F Gerber C. Phys. Rev. Lett.，1986，56：930.

[22] Bai C L，. in Scanning Tunneling Microscpy and Its Application. Springer-Verlag，1995.

[23] 黄惠忠等. 论表面分析及其在材料研究中的应用. 北京：科学技术文献出版社，2002：16-80.

[24] 黄惠忠. 固体催化剂的研究方法第九章表面分析方法（上）. 石油化工，2001，30（4）：324-339.

[25] 朱永法. 俄歇化学位移及其在表面化学上的应用. 物理化学学报，1993，9（2）：211.

[26] 朱永法，曹立礼. Ti/SiO$_2$ 界面反应的研究. 真空科学与技术，1995，15（4）：237.

[27] Yongfa Zhu，Lili Cao. Applied Surface Science，1998，133：213.

[28] Fadley C S，et al. Chem. Phys.，1968，48：3779.

[29] 施利毅，胡莹玉，张剑平等. 功能材料，1999，30（5）：495-497.

[30] Yu D B，Yu W C，Wang D B，et al. Thin Solid Films，2002，419（1-2）：166-172.

[31] 张引，林春，黄景琴等. 无机化学学报，2000，16（4）：561-566.

[32] 熊纲，于山江，杨绪来等. 功能材料，1998，29（1）：92-95.

[33] Yu De Wang，Chun Lai Ma，Xing Hui Wu，et al. Talanta，2002，57：875-882.

[34] 陈玉萍，徐甲强，方少明. 现代测试技术在纳米材料研究中的应用. 化学研究与应用，2004，16（5）：594-597.

[35] 陈士仁，邵艳群，唐电. 中国有色金属学报，1998，8（2）：250-253.

[36] 岳林海，郑遗凡. 无机化学学报，2000，16（5）：793-799.

[37] Zhenan Tang，Philip C H Chan，Rajnish K Sharma，et al. Sensor and Actuators B，2001，79：39-47.

[38] Bhagwat M，Shah P，Ramaswamy V. Materials Letters，2003，57（9-10）：1604-1611.

[39] 张立德. 纳米测量学的发展与展望. 现代科学仪器，1998，1-2：30-33.

第8章 纳米材料与纳米技术的应用

在进入 21 世纪之际，人们期望科学技术的发展能对社会的发展、生存环境的改善及人类健康的保障都做出更大的贡献。在 21 世纪里，信息科学技术、生命科学技术和纳米科学技术将是科学技术发展的三个主要领域，它们的发展将使人类社会环境、生存环境和科学技术本身变得更加美好。

纳米材料是指颗粒尺寸在纳米量级（$1\sim100mm$）的超细材料，其尺寸大于原子簇而小于通常的微分，处在原子簇和宏观物体交界的过渡区域。纳米材料在结构、光电和化学性质等方面的诱人特征，引起物理学家、材料学家和化学家的浓厚兴趣。20 世纪 80 年代初期纳米材料这一概念形成以后，世界各国对这种材料给予极大关注。它所具有的独特的物理和化学性质，使人们意识到它的发展可能给物理、化学、材料、生物、医药等学科的研究带来新的机遇。正如美国著名物理学家、诺贝尔奖获得者 Feynman 所言："如果我们得以在细微尺度上控制事物的话，毫无疑问，这将使材料所具有的物性范围大为扩充"。纳米材料所表现出来的在化学、机械、电子、磁学及光学等方面的特异性能，正引起了众多学科领域的专家和学者重视，纳米材料研究是目前材料科学研究的一个热点，其相应发展起来的纳米技术被公认为是 21 世纪最具有前途的科研领域。纳米材料与纳米技术的发展和应用对提高人类改造自然的能力将具有十分重要的意义。

8.1 纳米技术在陶瓷领域方面的应用

陶瓷材料作为材料的三大支柱之一，在日常生活及工业生产中起着举足轻重的作用。但是，由于传统陶瓷材料质地较脆，韧性、强度较差，因而使其应用受到了较大的限制。随着纳米技术的广泛应用，纳米陶瓷随之产生，希望以此来克服陶瓷材料的脆性，使陶瓷具有像金属一样的柔韧性和可加工性。英国材料学家 Cahn 指出，纳米陶瓷是解决陶瓷脆性的战略途径。Gleiter 指出，如果多晶陶瓷是由大小为几个纳米的晶粒组成，则能够在低温下变为延性的、能够发生 100% 的范性形变。并且发现，纳米 TiO_2 陶瓷材料在室温下具有优良的韧性，在 180℃经受弯曲而不产生裂纹。许多专家认为，如能解决单相纳米陶瓷的烧结过程中抑制晶粒长大的技术问题，从而控制陶瓷晶粒尺寸在 50nm 以下的纳米陶瓷，则它将具有的高硬度、高韧性、低温超塑性、易加工等传统陶瓷无与伦比的优点。上海硅酸盐研究所在纳米陶瓷的制备方面起步较早，他们研究发现，纳米 3Y-TZP 陶瓷（100nm 左右）在经室温循环拉伸试验后，在纳米 3Y-TZP 样品的断口区域发生了局部超塑性形变，形变量高达 380%，并从断口侧面观察到了大量通常出现在金属断口的滑移线。Tatsuki 等人对制得的 Al_2O_3-SiC 纳米复相陶瓷进行拉伸蠕变实验，结果发现，伴随晶界的滑移，Al_2O_3 晶界处的纳米 SiC 粒子发生旋转并嵌入 Al_2O_3 晶粒之中，从而增强了晶界滑动的阻力，也即提高了 Al_2O_3-SiC 纳米复相陶瓷的蠕变能力。

8.1.1 纳米技术在普通陶瓷中的应用

纳米技术在普通陶瓷中的应用近年来已有不少报道，主要是利用纳米陶瓷粉掺入普通陶瓷坯体、釉料或釉表面，从而达到增强、抗菌或自洁的目的。纳米陶瓷粉的尺寸在 1～100nm 之间，因此晶粒间滑移容易，因而能改善陶瓷坯体的脆性，增加其塑性，同时，也能提高材料致密性，降低烧结温度。我国是世界日用瓷和建筑瓷生产大国，但其制品的质量、档次一直上不去，主要原因在于陶瓷制品的脆性大、韧性差、光洁度低等。研究者们在制品中添加适量的纳米 SiO_2，不但大大降低了陶瓷制品的脆性，而且使其韧性提高几倍甚至几十倍，光洁度亦明显提高，还使陶瓷在较低温度下烧结，从而使陶瓷制品档次提高数级。电瓷方面，实践表明，在 95 瓷里添加少量的纳米 SiO_2 可以使陶瓷更加致密，冷热疲劳性能、强度性能大大提高。由于陶瓷需要高温烧结，许多纳米粉体在陶瓷中的应用受到限制，目前纳米粉体应用到陶瓷中最多的为纳米抗菌自洁粉体。纳米陶瓷粉在纳米量级时，其比表面积增大，活性增强，显示出突出的抗菌、抑菌和自洁作用。胡海泉等开发出一种复合型（光触媒系和银系复合）高效抗菌釉，施于高温素烧瓷胎上。并且采用双层釉工艺，下部是基础釉，上层是基础釉中加入复合抗菌材料的高效抗菌釉，中温烧成，烧后制品具有杀菌率高、安全等特点。经检测，各项指标全部达到日用陶瓷国家标准。王惠文通过在底釉的基础上施一层玻璃质透明釉，且透明釉中不含硅酸锆、石英等难熔颗粒，充分保证了釉面的平整度，同时在釉料中加入了高效的纳米复合抗菌剂（Ag_2O 和 ZnO），研制出了微观区域均匀、表面光滑、抗菌防污的卫生洁具。广东东鹏陶瓷有限公司采用特殊的涂覆技术，将纳米液态聚合硅均匀分布于陶瓷表面，经高温处理后，得到具有纳米量级膜层的陶瓷，这一膜层能大大降低陶瓷的表面张力，使液体在陶瓷表面呈半球状，不易粘污，易于清洗，其产品经过国家建筑材料测试中心检测，对普通污染源具有优良的易清洁特性。

8.1.2　纳米技术在特种陶瓷中的应用

特种陶瓷分为结构陶瓷和功能陶瓷两大类。功能陶瓷包括热学功能陶瓷、生物功能陶瓷、化学功能陶瓷、电功能陶瓷、光功能陶瓷、涂层/薄膜等。随着纳米技术在特种陶瓷领域研究的不断深入和拓展，特种陶瓷表现出了许多奇异的性能，其应用范围也以前所未有的速度延展。

8.1.2.1　结构陶瓷中的应用

结构陶瓷主要有切削工具、模具、耐磨零件、泵和阀部件、发动机部件、热交换器、生物部件和装甲等。主要材料有 Si_3N_4、SiC、ZrO_2、B_4C、TiB_2、Al_2O_3 和 Sialon 等。陶瓷刀具是现代结构陶瓷在加工材料中的一个重要应用领域，陶瓷刀具不仅具有高硬度、高耐磨性，同时具有优异的耐高温性，即在高温下仍保持优良的力学性能，从而成为制造切削刀具的理想材料。但现有的陶瓷刀具材料难以广泛应用于更高的切削速度，而使用纳米材料制备的陶瓷刀具与传统的陶瓷刀具相比显示出更优异的性能，它扩大了现有陶瓷刀具的加工范围，能够提高刀具的力学性能、切削速度、增加切削可靠性和刀具的寿命，同时大大提高生产率。目前使用纳米技术制备的陶瓷刀具材料主要有两种：纳米复合陶瓷刀具材料和纳米涂层陶瓷刀具材料。许育东、田春艳等均研究了纳米 TiN 改性金属陶瓷刀具的磨损和切削性能，实验证明，经纳米 TiN 改性的金属陶瓷刀具热稳定性好、高温硬度和强度高、抗氧化性和化学稳定性好等优良综合性能，并使其具有良好的耐磨性能，延长了刀片的使用寿命。合肥工业大学材料学院许峰研制出了利用纳米材料制作的新型金属陶瓷刀具，即通过纳米 TiN、AlN 改性的 TiC 基金属陶瓷刀具。研究表明，在 TiC 陶瓷中加入纳米 TiN 可以细化晶粒。根据 Hall-Petch 公式，晶粒细化有利于提高材料的强度、硬度和断裂韧性，经与传统的金属陶瓷相比，所研制的纳米改性金属陶瓷刀具具有良好的耐磨性及高温切削性能，特别适合于在高速精加工及半精加工中使用。宋世学等研制成功了使用纳米级的 Al_2O_3 粉末和亚微米级的 TiC 粉末代替微米级的粉末，并加入少量的金属黏结剂，采用热压烧结技术，成功制备出 Al_2O_3/TiC 纳米复合刀具材料。切削性能实验表明，纳米复合陶瓷刀具的耐磨性能远高于同组分的微米级的陶瓷刀具，且断续切削的能力也有了明显增强。添加纳米材料的 Si_3N_4 系复合陶瓷刀具材料比未添加纳米材料的要高，如在 SiC/Si_3N_4 纳米复合陶瓷中，纳米级的 SiC 粒子既可弥散于基体的晶粒内，也可弥散于基体的晶界，属于晶内-晶间混合型，当纳米材料的体积含量为 25% 时，强度和韧性都有很大幅度的提高，即使在温度达到 1400℃ 时强度仍未下降。房玉英等也研究了新型纳米复合陶瓷球的制造方法，并对不同材质球的性能进行了对比，指出纳米复合氮化硅陶瓷球的性能远优于钢球，这一高科技产品的开发及应用，必将有力地推动我国轴承工业的发展。徐海军等采用两段式无压烧结制备了纳米 $(ZrO_2)(3Y)$ 陶瓷材料，该陶瓷材料相对密度大于 9%，从而提高了材料的性能。

在军事领域中，纳米结构陶瓷的高活性和耐冲击性能，可有效提高主战坦克复合装甲的抗弹能力；增强速射武器陶瓷衬管的抗烧蚀性和抗冲击性；由防弹陶瓷外层和纳米碳管复合材料作衬底，可制成坚硬如钢的防弹背心；在高射武器方面如火炮、鱼雷等，纳米陶瓷可提高其抗烧结冲击能力，延长使用寿命。

8.1.2.2 功能陶瓷中的应用

纳米技术无论是在热学功能陶瓷、生物功能陶瓷、化学功能陶瓷、电磁功能陶瓷、光学功能陶瓷，还是在涂层/薄膜和复合材料等方面的应用都显示出了巨大的潜力。

(1) 在生物功能陶瓷方面　利用纳米技术生产的纳米抗菌材料有三类：第一类是 Ag^+ 系抗菌材料；第二类是 ZnO、TiO_2 等光催化剂型纳米抗菌材料；第三类是 C-18Å 纳米蒙脱土等无机材料。将前两类加入陶瓷中可制成对病菌、细菌有强的杀菌和抑菌作用的陶瓷产品。北京陶瓷厂和日本东陶机器株式会社合资生产的高档卫生洁具"TOTO"产品，即是应用这一技术生产的具有抗菌性能的卫生洁具。另外，利用纳米技术制备的纳米陶瓷在强度、硬度、韧性和超塑性上都得到提高，因此，在人工器官制造、临床应用等方面，纳米陶瓷将比传统陶瓷有更广泛的应用和极大发展前景。李玉宝等用硝酸钙、磷酸铵为原料，二甲基甲酰胺为分散剂，在常压下制备出晶体结构类似于人骨组织的纳米级羟基磷灰石针状晶体，可用做人骨组织修复材料；J. H. Luo 等用正硅酸乙酯在氢氟酸催化下，经溶胶-凝胶法制得纳米孔结构的 SiO_2，再用聚四乙二醇-二甲基乙酰胺经光引发原位聚合制得 $SiO_2/PTEGDMA$ 纳米复合材料，其比传统的牙科用复合材料具有更优异的耐磨性及韧性。另外，国外已制备出含有 ZrO_2 的纳米羟基磷灰石复合材料，其硬度、韧性等综合性能可达到甚至超过致密骨骼的相应性能，通过调节 ZrO_2 含量，可使该纳米复合人工骨材料具有优良的生物相容性。

(2) 在光功能陶瓷方面　纳米微粒由于小尺寸效应使它具有常规大块材料不具备的光学特性。例如光学非线性、光吸收、光反射、光传输特性等都与纳米微粒的尺寸有关。中科院福建物质结构研究所的洪茂椿院士利用纳米技术研究开发出了性能优良的光功能陶瓷材料，重点研究烧结型透明陶瓷、纳米结构的氟氧化物玻璃陶瓷和硼酸盐微晶玻璃三个相互关联的材料体系。目前正在研制的纳米吸波陶瓷材料不仅具有良好的吸波性能，而且还有功能丰富、频带宽、省材、轻便等特点。纳米陶瓷吸波材料主要有 SiC、Si_3N_4 及复合物 Si/C/N、Si/C/N/O 等，其主要成分为碳化硅、氮化硅和无定形碳，具有耐高温、质量轻、强度大、吸波性能好等优点。尤其是 Si/C/N 吸波材料，不仅具有以上优点，而且还具有使用温度范围宽（从室温到 1000℃ 均可使用）、用量小、介电性能可调、可以有效减弱红外辐射信号的优良特性。例如，Si/C/N 和 Si/C/N/O 纳米吸波材料在厘米波段和毫米波段均有很好的吸收性能；纳米 SiC 和磁性纳米吸波材料复合后吸波性能可有大幅度提高；平均粒径为 5.2nm 的 Au/SiO_2 纳米材料，随着在 SiO_2 熔孔中 Au 微粒尺寸的减小，出现了等离子共振吸收峰红移。

（3）在电功能陶瓷方面　利用纳米技术制备的纳米陶瓷在电学方面具有优异的性能，可以利用其制作导电材料、绝缘材料、电极、超导体、量子器件、静电屏蔽材料、压敏和非线性电阻以及热电和介电材料等。例如用纳米 $BaTiO_3$（70nm）陶瓷的室温相对介电常数达 30000 以上，可用于超小型、大容量陶瓷叠层电容器（MLC）等现代电子元器件的制造。通过对纳米 ZnO 陶瓷的研究，发现其有很强的界面效应，有着很高的电导率、透明性和传输率等优异性能，其有效介电常数比普通 ZnO 陶瓷高出 5～10 倍，而且具有非线性伏安特性，可用于压电器件、超声传感器、太阳能电池等的制造。

（4）在涂层/薄膜方面　热喷涂纳米涂层的纳米颗粒由于比表面积大、活性高而极易被加热熔融。在热喷涂过程中，纳米颗粒将均匀地熔融。由于熔融程度好，纳米颗粒在碰到基材后变形剧烈，平铺性明显优于微米级颗粒。热喷涂纳米结构涂层熔滴接触面更多，涂层孔隙率低，表现在性能上就是纳米结构涂层的结合强度大、硬度高、断裂强度好和耐腐蚀好。M. Gell、E. H. Jordan 等人研究了纳米陶瓷涂层与微米级陶瓷涂层摩擦学性能。研究表明，纳米结构涂层致密，裂纹短而小，磨损表面光滑平整，摩擦磨损性优于微米级颗粒涂层。纳米涂层耐磨性高于微米级涂层，且经处理的纳米结构涂层的耐磨性最高，约为微米级涂层的 2 倍。据报道，在氧化铝陶瓷作为摩擦副、载荷为 80N 的条件下，纳米 WC-Co 涂层的摩擦系数为 0.32；同样条件下，传统 WC-Co 涂层的摩擦系数为 0.39。真空等离子喷涂的纳米 WC-Co 涂层还具有较高的抗磨损性能。在 40～60N 的载荷下，其磨损率仅为相同条件下传统磨损率的 1/6。纳米结构氧化铝、氧化钛复合陶瓷涂层具有优良的抗磨损性能，显示了良好的韧性和吸附应力的能力，其黏结强度是传统涂层的 2 倍，抗磨损性是它的 3～4 倍，抗冲击性能也得到很大提高。

8.1.3　纳米技术在陶瓷应用中的问题

纳米技术虽然在陶瓷中的应用取得了长足的发展，但也有许多问题亟待解决，这些问题解决的好坏将影响纳米技术在陶瓷中的进一步拓展和工业化应用，主要表现在以下几个方面。

（1）纳米材料与基体的相容性　对于纳米添加材料，除了要考虑是否适于与工件材料的黏结等问题外，最为关键的问题是纳米材料与基体材料之间界面的相互作用，即分散介质与基体材料的相容性。纳米添加材料与基体材料之间的相容性表现在两个方面：化学相容性和物理相容性，即任意配比下的两组分都能形成均相体系的能力和两种组分之间相互分散而制得性能稳定的共混物的能力。如在陶瓷刀具材料中，纳米材料与工件材料之间的化学相容性问题是一个重要问题。因为对于陶瓷刀具材料，多用于高速切削或难加工材料的加工等领域，接触区的压力和温度相当高，刀具材料与工件材料之间发生化学反应的可能性增大，而化学反应的发生将会使刀具材料的耐磨性能与抗破损性能有不同程度的降低。

（2）添加纳米材料的分散性　纳米材料具有极微小粒度、高比表面积、高表面延伸。随着纳米粉体颗粒尺寸的减小，其比表面积和表面能增大。在制备和应用的过程中，由于颗粒间普遍存在的范德华力和库仑力，纳米颗粒极易凝聚并团聚形成二次颗粒，即所谓的软团聚，使粒子粒径增大。如果不加以分散而直接混料，大团聚颗粒的存在会使制备的材料在最终使用时失去纳米材料所具备的特性。因此，纳米材料在添加之前能否均匀、稳定地分散是其应用所要解决的首要问题。

（3）纳米技术在陶瓷中的工业化　目前纳米技术在陶瓷中的工业化研究和应用，还处在起步阶段，许多瓶颈问题有待于进一步的研究和解决。例如，如何制备低成本纳米陶瓷粉体问题；如何保持陶瓷材料中的纳米特性问题；生产中怎样控制的问题等。

纳米技术在陶瓷中的应用应该说才刚刚开始，在应用过程中还有许多技术问题亟待解决，但是纳米技术无论是在传统陶瓷的应用方面还是在现代陶瓷的应用方面，都将带来革命性的变化。普通陶瓷不再是脆性极难加工的产物，它将在保留其耐腐蚀、耐高温、耐高压等特性的前提下，具有像金属一样的韧性，可进行加工和切削；普通陶瓷也不再是高能耗、高污染的代名词，纳米技术可使其烧结温度降低几百度，由此可节省大量的能源，同时也有利于环境的净化；特种陶瓷在力学性能、电学性能、磁学性能、光学性能、热学性能等方面都将得到进一步的提高和延伸，甚至表现出特异的性能。同时其应用领域也将大为拓展，例如，纳米技术应用于特种陶瓷中制成的烧结体可作为储气材料、热交换器、微孔过滤器以及检测温度气体的多功能传感器。它的发展使陶瓷材料跨入了一个新的历史时期。

8.2　纳米技术在陶瓷工业环保领域的应用

环境污染一般分为五个方面：空气污染、水污染、固体废物、放射性污染和噪声。陶瓷工业对环境污染的涉及面广，除放射性污染外，其余几个方面都不同程度地存在着。这些污染给人类及生物的生存带来危害，特别是在陶瓷企业一线的工人由于长期在这种环境下工作，都不同程度的患有各种疾病，严重影响着他们的身体健康。传统的防治措施及解决办法只能减轻污染程度，而且大都工艺繁琐、设备复杂，纳米材料的产生和应用将能彻底解决这一难题。

8.2.1　纳米材料对大气污染的治理

陶瓷工业对大气的污染，主要有三个方面：一是燃料燃烧产生的硫氧化物（SO_x）、氮氧化物（NO_x）、一氧化碳（CO）、碳氢化合物等有毒气体；二是陶瓷窑炉高温熔制时产生的毒性烟尘，主要有镉、铅的化合物；三是原料加工、配料制备以及熔制、燃烧过程产生的粉尘。由于燃料燃烧和陶瓷坯釉料发生氧化分解反应时所释放出的二氧化碳（CO_2），其大部分升入高空并造成对臭氧层的破坏，从而引起温室效应；燃烧产物二氧化硫（SO_2）和三氧化硫（SO_3）遇到水汽后可转化成酸雾，会对人体健康和动植物生长造成严重危害，甚至还会腐蚀暴露在大气中的金属材料；未燃尽的碳素和燃烧产生的灰尘不仅会使烟气的林格曼黑度居高不下，而且还会对人体的呼吸系统造成较大危害。

（1）空气中硫氧化物的净化　二氧化硫、一氧化碳和氮氧化物是影响人类健康的有害气体，如果在燃料燃烧的同时加入一种纳米级助烧催化剂不仅可以使煤充分燃烧，不产生一氧化硫气体，提高能源利用率，而且会使硫转化成固体的硫化物，不产生二氧化硫气体，从而杜绝有害气体的产生。用纳米 Fe_2O_3 作为催化剂，经纳米材料催化的燃料中硫的含量小于0.01%，不仅节约了能源，提高能源的综合利用率，也减少了因为能源消耗所带来的环境污染问题，而且使废气等有害物质再利用成为可能。

（2）空气中氮氧化物的净化　氮氧化物是大气中主要的气态污染物之一，它的主要来源是矿物燃料的燃烧。燃烧过程中，在高温情况下空气中的氮与氧化合而生成氮氧化物，其中主要是一氧化氮。一氧化氮还可以进一步被氧化成二氧化氮、三氧化氮和五氧化二氮等，它们溶于水后可生成亚硝酸和硝酸，通过氧化反应也可以在大气中生成气态 HNO_3，与水形成酸雨和酸雾后，会对地表水、土壤、森林、植物等造成严重的危害。另外，氮氧化物与其他污染物共存时，在阳光照射下可产生强氧化性的光化学烟雾，造成橡胶开裂，刺激人的眼睛，伤害植物的叶子，并使大气能见度降低。利用 TiO_2 光催化剂和空气中的 O 可直接实现 NO_x 的光催化氧化，反应式为：

$$2NO+O_2 \longrightarrow 2NO_2$$
$$4NO_2+O_2+2H_2O \longrightarrow 4HNO_3$$

最新研究成果表明，复合稀土化合物的纳米级粉体有极强的氧化还原性能，这是其他净化催化剂所不能比的。它的应用可以彻底解决一氧化碳和氮氧化物的污染问题。以活性炭作为载体，以纳米 $Zr_{0.5}Ce_{0.5}O_2$ 粉体作为催化活性体的净化催化剂，由于其表面存在 Zr^{4+}/Zr^{3+} 及 Ce^{4+}/Ce^{3+}，电子可以在其三价和四价离子之间传递。因此具有极强的电子得失能力和氧化还原性，再加上纳米材料比表面积大、空间悬键多、吸附能力强，因此，它在氧化一氧化碳的同时还原氮氧化物，使它们转化为对人体和环境无害的气体——二氧化碳和氮气，而更新一代的纳米催化剂，将在陶瓷窑炉里发挥催化作用，使燃料在燃烧时不会产生一氧化碳和氮氧化物，无需进行净化处理。

8.2.2　纳米材料对废水的治理

陶瓷工业废水主要来自于原料加工和坯釉料制备，陶瓷工业对水造成污染的物质主要有重金属铅、镉、钡和锌等金属的化合物，污水中通常含有毒有害物质、悬浮物、泥沙、铁锈、异味污染物、细菌病毒等。由于传统的水处理方法效率低、成本高、存在二次污染等问题，污水治理一直得不到很好解决。污水中的重金属是对人体极其有害的物质，重金属从污水中流失，也是资源的浪费。

（1）污水中有害物质的吸附　纳米材料拥有庞大的比表面积，出现了许多活性中心，使其具有极强的吸附能力，这使得纳米粒子对无论是促使腐败的氧原子或氧自由基，还是对产生其他异味的烷烃类分子等，均具有极强的抓俘能力，能迅速清除废水中的杂质和异味，使废水中的杂质和异味很快被吸附消除。一种新型的纳米级净水剂具有很强的吸附能力，它的吸附能力和絮凝能力是普通净水剂（三氯化铝）的 10～20 倍。因此，它能将污水中悬浮物完全吸附并沉淀下来，先使水中不含悬浮物，然后采用纳米磁性物质、纤维和活性炭的净化装置，能有效地除去水中的铁锈、泥沙以及异味等污染物。

（2）污水中重金属离子的转化　陶瓷工业常采用铬的化合物作为着色剂等，在洗涤时会产生铬废水，其中 Cr^{6+} 及其盐类的毒性最大，均是致癌物质，对农作物、其他生物及人体都有很大的危害作用，目前一般工业排放量限制在 $0.5mg/L$，但目前仍有些陶瓷企业的含铬废水排放量超过此标准，给环境带来了危害，因此对 Cr^{6+} 的转化研究显得特别重要。利用 TiO_2 薄膜在光催化下使 Cr^{6+} 转化成 Cr^{3+}，然后直接加碱生成 $Cr(OH)_3$ 沉淀，与传统的化学还原法使 Cr^{6+} 转化成 Cr^{3+} 相比，减少了酸性物质对容器的腐蚀等中间过程，降低了处理 Cr^{6+} 的成本，有效地抑制了 Cr^{6+} 的污染。

8.2.3　纳米材料对噪声的治理

陶瓷企业普遍采用空压机、鼓风机及燃料燃烧设备等，其噪声可达到上百分贝，容易对人体造成危害。但当机器设备等被纳米技术微型化以后，其互相撞击、摩擦产生的交变机械作用力将大为减少，噪声污染便可得到有效控制。运用纳米技术开发的润滑剂，既能在物体表面形成永久性的固态膜，产生极好的润滑作用，得以大大降低机器设备运转时的噪声，又能延长它的使用寿命。研究认为，纳米材料的抗摩减摩机理主要通过以下三条途径实现：①类似"微轴承"作用，降低摩擦阻力和摩擦系数；②在摩擦条件下，纳米材料微粒在磨擦副表面形成一个光滑保护层；③填充摩擦副表面的微坑和损伤部位，起修复作用。

也有些学者认为，纳米微粒添加剂的作用机理不同于传统添加剂，与其本身所具有的纳米效应有关，在摩擦过程中，因摩擦表面局部温度高，尤其在高负荷下，纳米微粒（特别是像 n-TiO$_2$ 这类微粒）极有可能处于熔化、半熔化或烧结状态，从而形成一层纳米膜。

另外，纳米微粒具有极高的扩散力和自扩散能力（比体相材料高十几个数量级），容易在金属表面形成具有极佳抗摩性能的渗透层或扩散层，表现出原位摩擦化学原理。这种机理认为纳米添加剂，尤其在高负荷条件下它们的润滑作用不再取决于添加剂小的元素是否对于基体是化学活性的，而很大程度上取决于它们是否与基体组分形成扩散层或渗透层和固溶体。

总之，随着纳米材料和纳米技术基础研究的深入和实用化进程的发展，特别是纳米技术与环境保护和环境治理进一步有机结合，许多环保难题将会得到解决，我们将充分享受纳米技术给人类带来的洁净环境。

8.3　纳米技术在微电子学上的应用与前景

纳米电子学是纳米技术的重要组成部分，其主要思想是基于纳米粒子的量子效应来设计并制备纳米量子器件，它包括纳米有序（无序）阵列体系、纳米微粒与微孔固体组装体系、纳米超结构组装体系。纳米电子学立足于最新的物理理论和最先进的工艺手段，按照全新的理念来构造电子系统，并开发物质潜在的储存和处理信息的能力，实现信息采集和处理能力的革命性突破，可以从阅读硬盘上读卡机以及存储容量为目前芯片上千倍的纳米材料级存储器芯片都已投入生产。计算机在普遍采用纳米材料后，可以缩小成为"掌上电脑"。纳米电子学将成为 21 世纪信息时代的核心。

纳米电子学的最终目标是将集成电路进一步减小，研制出由单原子或单分子构成的在室温条件下能使用的各种器件。

8.3.1　纳米技术在微电子学上的应用

目前，利用纳米电子学已经研制成功各种纳米器件。单电子晶体管，红、绿、蓝三基色可调谐的纳米发光二极管以及利用纳米丝、巨磁阻效应制成的超微磁场探测器已经问世。并且，具有奇特性能的纳米碳管的研制成功，为纳米电子学的发展起到了关键的作用。

纳米碳管是由石墨碳原子层卷曲而成，径向控制在 100nm 以下。电子在纳米碳管的运动在径向上受到限制，表现出典型的量子限制效应，而在轴向上则不受任何限制。以纳米碳管为模子来制备一维半导体量子材料，并不是凭空设想，清华大学的范守善教授利用纳米碳管，将气相反应限制在纳米管内进行，从而生长出半导体纳米线。他们将 Si-SiO$_2$ 混合粉体置于石英管中的坩埚底部，加热并通入 N$_2$。SiO$_2$ 气体与 N$_2$ 在纳米碳管中反应生长出 Si$_3$N$_4$ 纳米线，其径向尺寸为 4～40nm。另外，在 1997 年，他们还制备出了 GaN 纳米线。1998 年该科研组与美国斯坦福大学合作，在国际上首次实现硅衬底上纳米碳管阵列的自组织生长，它将大大推进纳米碳管在场发射平面显示方面的应用。其独特的电学性能使纳米碳管可用于大规模集成电路，超导线材等领域。

早在 1989 年，IBM 公司的科学家就已经利用隧道扫描显微镜上的探针，成功地移动了氙原子，并利用它拼成了 IBM 三个字母。日本的 Hitachi 公司成功研制出单个电子晶体管，它通过控制单个电子运动状态完成特定功能，即一个电子就是一个具有多功能的器件。另外，日本的 NEC 研究所已经拥有制作 100nm 以下的精细量子线结构技术，并在 GaAs 衬底上，成功制作了具有开关功能的量子点阵列。目前，美国已研制成功尺寸只有 4nm 具有开关特性的纳米器件，由激光驱动，并且开、关速度很快。

美国威斯康星大学已制造出可容纳单个电子的量子点。在一个针尖上可容纳这样的量子点几十亿个。利用量子点可制成体积小、耗能少的单电子器件，在微电子和光电子领域将获得广泛应用。此外，若能将几十亿个量子点连接起来，每个量子点的功能相当于大脑中的神经细胞，再结合 MEMS（微电子机械系统）方法，它将为研制智能型微型电脑带来希望。

8.3.2 纳米技术在微电子学上的应用前景

微米尺度的加工和结构材料是当代微电子工业的支柱，而纳米技术（包括制备和加工等）和纳米材料将成为下一代微电子学器件的基础。在纳米科技发展中，纳米材料是它的前导。纳米材料集中体现了小尺寸、复杂构型、高集成度和强相互作用以及高比表面积等现代科学技术发展的特点，其中最应该指出的是纳米材料是将量子力学效应工程化或技术化的最好场合之一，会产生全新的物理化学现象。

（1）纳米单电子元器件　把自由运动的电子囚禁在一个小的纳米颗粒内，或者在一根非常细的短金属线内，线的宽度只有几个纳米，就会发生十分奇妙的事情。由于颗粒内的电子运动受到限制，原来可以在费米动量以下连续具有任意动量的电子状态，变成只能具有某一动量值，也就是电子动量或能量被量子化了。自由电子能量量子化的最直接结果表现为，在金属颗粒的两端加上电压，当电压合适时，金属颗粒导电；而电压不合适时，金属颗粒不导电。这样一来，原来在宏观世界内奉为经典的欧姆定律在纳米世界就不再成立了。还有一种奇怪的现象，当金属纳米颗粒从外电路得到一个额外的电子时，金属颗粒具有了负电性，它的库仑力足以排斥下一个电子从外电路进入金属颗粒内，这就切断了电流的连续性，这使人们联想到是否可以发明用一个电子来控制的电子器件，即所谓的单电子器件。单电子器件的尺寸很小，一旦实现，把它们集成起来做成电脑芯片，电脑的容量和计算速度将提高上百万倍。

（2）纳米激光器和高密度信息存储器　实际上，被囚禁的电子并不那么"老实"。按照量子力学的规律，有时它可以穿过"监狱"的"墙壁"逃逸出来，这种现象一方面预示着在新一代芯片中的逻辑单元将不用连线而相关联，因而需要新的设计才能使单电子器件变成集成电路；另一方面也会使芯片的动作不可控制。归根结底，在这一情况下电子应被看成是"波"而不是一个粒子。所以尽管电子器件已经在实验室里得以实现，但是真要用在工业上还需要时间。被囚禁在小尺寸内的电子的另一种贡献，是会使材料发出很强的光。"量子点列激光器"或"级联激光器"的尺寸极小，但发光的强度很高，用很低的电压就可以驱动它们发出蓝光或绿光，用来读写光盘可使光盘的存储密度提高好几倍。如果用"囚禁"原子的小颗粒量子点来存储数据，制成量子磁盘，存储度可提高成千上万倍，会给信息存储技术带来一场革命。

纳米电子学立足于最新的物理理论和最先进的工艺手段，按照全新的理念来构造电子系统，并开发物质潜在的储存和处理信息的能力，实现信息采集和处理能力的革命性突破，纳米电子学将成为信息时代的核心。

8.4 纳米材料在化工生产中的应用

纳米材料的应用前景十分广阔。近年来，它在化工生产领域也得到了一定的应用，并显示出它的独特魅力。

8.4.1 纳米材料在催化方面的应用

催化剂在许多化学化工领域中起着举足轻重的作用，它可以控制反应时间、提高反应效率和反应速度。大多数传统的催化剂不仅催化效率低，而且其制备是凭经验进行，不仅造成生产原料的巨大浪费，使经济效益难以提高，而且对环境也造成污染。纳米粒子表面活性中心多，为它作催化剂提供了必要条件。纳米粒子作催化剂，可大大提高反应效率，控制反应速度，甚至使原来不能进行的反应也能进行。纳米微粒作催化剂比一般催化剂的反应速度提高 10～15 倍。

纳米微粒作为催化剂应用较多的是半导体光催化剂，特别是在有机物制备方面。分散在溶液中的每一个半导体颗粒，可近似地看成是一个短路的微型电池，用能量大于半导体能隙的光照射半导体分散系时，半导体纳米粒子吸收光产生电子-空穴对。在电场作用下，电子与空穴分离，分别迁移到粒子表面的不同位置，与溶液中相似的组分进行氧化和还原反应。

光催化反应涉及许多反应类型，如醇与烃的氧化，无机离子氧化还原，有机物催化脱氢和加氢、氨基酸合成，固氮反应，水净化处理，水煤气变换等，其中有些是多相催化难以实现的。半导体多相光催化剂能有效地降解水中的有机污染物。例如纳米 TiO_2，既有较高的光催化活性，又能耐酸碱，对光稳定，无毒，便宜易得，是制备负载型光催化剂的最佳选择。已有文章报道，选用硅胶为基质，制得了催化活性较高的 TiO_2/SiO_2 负载型光催化剂。Ni 或 Cu-Zn 化合物的纳米颗粒，对某些有机化合物的氢化反应是极好的催化剂，可代替昂贵的铂催化剂。纳米铂黑催化剂可使乙烯的氧化反应温度从 600℃ 降至室温。用纳米微粒作催化剂提高反应效率、优化反应路径、提高反应速度方面的研究，是未来催化科学不可忽视的重要研究课题，很可能给催化在工业上的应用带来革命性的变革。

8.4.2 纳米材料在涂料方面的应用

纳米材料由于其表面和结构的特殊性，具有一般材料难以获得的优异性能，显示出强大的生命力。表面涂层技术也是当今世界关注的热点。纳米材料为表面涂层提供了良好的机遇，使得材料的功能化具有极大的可能。借助于传统的涂层技术，添加纳米材料，可获得纳米复合体系涂层，实现功能的飞跃，使得传统涂层功能改性。涂层按其用途可分为结构涂层和功能涂层。结构涂层是指涂层提高基体的某些性质和改性；功能涂层是赋予基体所不具备的性能，从而获得传统涂层所没有的功能。结构涂层有超硬、耐磨涂层，抗氧化、耐热、阻燃涂层，耐腐蚀、装饰涂层等；功能涂层有消光、光反射、光选择吸收的光学涂层，导电、绝缘、半导体特性的电学涂层，氧敏、湿敏、气敏的敏感特性涂层等。在涂料中加入纳米材料，可进一步提高其防护能力，实现防紫外线照射、耐大气侵害和抗降解、变色等，在卫生用品上应用可起到杀菌保洁作用。在标牌上使用纳米材料涂层，可利用其光学特性，达到储存太阳能、节约能源的目的。在建材产品如玻璃、涂料中加入适宜的纳米材料，可以达到减少光的透射和热传递效果，产生隔热、阻燃等效果。日本松下公司已研制出具有良好静电屏蔽的纳米涂料，所应用的纳米微粒有氧化铁、二氧化钛和氧化锌等。这些具有半导体特性的纳米氧化物粒子，在室温下具有比常规的氧化物高的导电特性，因而能起到静电屏蔽作用，而且氧化物纳米微粒的颜色不同，这样还可以通过复合控制静电屏蔽涂料的颜色，克服炭黑静电屏蔽涂料只有单一颜色的单调性。纳米材料的颜色不仅随粒径而变，还具有随角度变色效应。在汽车的装饰喷涂业中，将纳米 TiO_2 添加在汽车、轿车的金属闪光面漆中，能使涂层产生丰富而神秘的色彩效果，从而使传统汽车面漆旧貌换新颜。纳米 SiO_2 是一种抗紫外线辐射材料。在涂料中加入纳米 SiO_2，可使涂料的抗老化性能、光洁度及强度成倍地增加。纳米涂层具有良好的应用前景，将为涂层技术带来一场新的技术革命，也将推动复合材料的研究开发与应用。

8.4.3　纳米材料在其他精细化工方面的应用

精细化工是一个巨大的工业领域，产品数量繁多，用途广泛，并且影响到人类生活的方方面面。纳米材料的优越性无疑也会给精细化工带来福音，并显示它的独特魅力。在橡胶、塑料、涂料等精细化工领域，纳米材料都能发挥重要作用。如在橡胶中加入纳米 SiO_2，可以提高橡胶的抗紫外辐射和红外反射能力。纳米 Al_2O_3 和 SiO_2，加入到普通橡胶中，可以提高橡胶的耐磨性和介电特性，而且弹性也明显优于用白炭黑作填料的橡胶。塑料中添加一定的纳米材料，可以提高塑料的强度和韧性，而且致密性和防水性也相应提高。国外已将纳米 SiO_2 作为添加剂加入到密封胶和黏合剂中，使其密封性和黏合性都大为提高。此外，纳米材料在纤维改性、有机玻璃制造方面也都有很好的应用。在有机玻璃中加入经过表面修饰处理 SiO_2，可使有机玻璃抗紫外线辐射而达到抗老化的目的；而加入 Al_2O_3，不仅不影响玻璃的透明度，而且还会提高玻璃的高温冲击韧性。一定粒度的锐钛矿型 TiO_2 具有优良的紫外线屏蔽性能，而且质地细腻，无毒无臭，添加在化妆品中，可使化妆品的性能得到提高。超细 TiO_2 的应用还可扩展到涂料、塑料、人造纤维等行业。最近又开发了用于食品包装的 TiO_2 及高档汽车面漆用的珠光钛白。纳米 TiO_2 能够强烈吸收太阳光中的紫外线，产生很强的光化学活性，可以用光催化降解工业废水中的有机污染物，具有除净度高、无二次污染、适用性广泛等优点，在环保水处理中有着很好的应用前景。在环境科学领域，除了利用纳米材料作为催化剂来处理工业生产过程中排放的废料外，还将出现功能独特的纳米膜。这种膜能探测到由化学和生物制剂造成的污染，并能对这些制剂进行过滤，从而消除污染。

8.5　纳米技术在生物工程及医学上的应用

20 世纪 80 年代开始的纳米技术在 90 年代获得了突破性进展，其与医学的结合形成了新兴边缘学科——纳米医学，即在分子水平上利用分子工具和人体的知识，从事疾病的诊断、医疗、预防、保健和改善健康状况等。在认识生命的分子基础上，人们可以设计制造大量的具有奇特功效的纳米装置，他们能够发挥类似于组织和器官的功能；他们可以在人体的各处畅游甚至出入细胞，在人体的微观世界里完成畸变的基因修复、扼杀刚刚萌芽的癌细胞、捕捉侵入人体的细菌和病毒、探测机体内化学或生物化学成分的变化、适时地释放药物和人体所需的微量物质、及时改善人的健康状况等特殊使命。纳米技术在医学领域中的普遍应用将使 21 世纪的医学产生一个质的飞跃。

8.5.1　纳米材料在生物学领域的应用

纳米生物学研究在纳米尺度上的生物过程，包括修复、复制和调控机理，并根据生物学原理发展分子应用工程，包括纳米信息处理系统和纳米机器人的原理。

科学家们发现，一种蛋白质分子是选作生物芯片的理想材料。目前利用蛋白质可制成各种生物分子器件，如开关器件、逻辑电路、存储器、传感器、检测器以及蛋白质集成电路等。

在纳米尺度上利用扫描隧道显微镜（STM）获取细胞膜和细胞器表面的结构信息，众多的生物生理过程都是在细胞内进行的。利用极细微的纳米传感器则有可能在不干扰细胞正常生理过程的状况下，获取活细胞内的各种生化反应和化学信息及电化学信息，从而了解机体的状态，深化对生理或病理过程的理解。

纳米机器人（nanorobot）是纳米生物学中最具诱惑力的内容。目前已知世界上最小的马达是一种生物马达——鞭毛马达。它是细菌的运动器官，能像螺旋桨那样旋转驱动鞭毛旋转。该马达通常由 10 种以上的蛋白质群体组成，其构造如同人工马达，由相当的定子、转子、轴承、万向接头等组成。它的直径只有 30nm，转速可以高达 15000r/min，可在 $1\mu s$ 内进行右转或左转的相互切换。这种鞭毛马达将为科学家研制纳米机器人提供极有意义的参考。

第一代纳米机器人是生物系统和机械系统的有机结合体，如酶和纳米齿轮的结合体。这种纳米机器人可注入人体血管内，成为血管中运作的分子机器人。这些分子机器人从溶解在血液中的葡萄糖和氧气中获得能量，并按编制好的程序探示它们碰到的任何物体。分子机器人可以进行全身健康检查、疏通脑血管中的血栓、清除心脏动脉脂肪沉积物、吞噬病菌、杀死癌细胞、监视体内的病变等。第二代纳米机器人是直接从原子或分子装配成具有特定功能的纳米尺度的分子装置。第三代纳米机器人将包含有纳米计算机，这是一种可以进行人机对话的装置。这种纳米机器人一旦研制成功，有可能在 1s 完成数十亿次操作，人类的劳动方式将产生彻底的变革。另外，还有一种"微型药丸"，其包含传感器、储药囊和微型压力泵，"微型药丸"可在压力泵作用下被精确地送到人体内部指定部位释放药物，比传统的打针吃药更有效。纳米机器人还可以用来进行人体器官修复工作，如修复损坏的器官和组织，做整容手术，进行基因装配工作，即从基因中除去有害的 DNA 或把正常的 DNA 安装在基因中，使机体正常运行或使引起癌症的 DNA 突变发生逆转而延长人的寿命或使人返老还童。

8.5.2　纳米生物医学材料的应用

由于纳米材料结构上的特殊性，赋予纳米材料独特的小尺寸效应和表面/界面效应，使其在性能上与微米材料具有显著性差异，表现出诸多优异的性能和全新的功能。在医学领域中，纳米材料最引人注目的成功应用是作为药物载体和制作人体材料如人工肾脏、人工关节等。生物兼容物质的开发是纳米材料在医学领域的重要应用方面，树型聚合物就是提供此类功能的良好材料。目前，纳米生物医学材料的探索应用如下。

（1）纳米人工红细胞　我们知道，脑细胞缺氧 $6 \sim 10min$ 即出现坏死，内脏器官缺氧后也会呈现衰竭。纳米人工红细胞的原理是用一个可以双向旋转涡轴的选通栅门来控制氧气从小球中释放，通过调节涡轴旋转的速度和方向，使小球内的氧气根据人体需氧的多少以一定的速率释放到外部血液中，同时使供氧装置在富氧的地方具有吸收和需氧的地方具有释放氧气的功能；同理，它还必须能在适当的地方吸收和释放二氧化碳。Robert Freitas 初步设计的人工微米红细胞是一个金刚石的氧气容器，内部有 1000 个大气压，泵动力来自血清葡萄糖，它输送氧的能力是同等体积天然红细胞的 233 倍，并具有生物炭活性。它可以应用于贫血症的局部治疗、人工呼吸、肺功能丧失和体育运动需要的额外耗氧等。

（2）纳米人工线粒体　当细胞中的线粒体部分失去功能的时候，再来增加氧供给水平，并不一定能使组织有效地恢复，这时就需要直接释放 ATP 同时伴随着有选择地释放和吸收其他的一些代谢产物，后者是迅速恢复组织功能的有效手段。人工线粒体装置，如同前面的供氧装置一样，只不过在这里释放的是 ATP 而不是氧。

（3）纳米人工眼球　我国四川大学研制的纳米人工眼球可以像真眼睛一样同步移动，通过电脉冲刺激大脑神经，"看"到精彩世界。纳米眼球外壳主要是由纳米晶体制成的活性复合材料制作，里面放置微型摄像机与集成电脑芯片，通过这两个部件将影像信号转化成电脉冲来刺激大脑的枕叶神经，实现可视功能。

（4）纳米人工鼻　纳米人工鼻实际上是一种气体探测器，与燃气监视器道理相同，可同时监测多种气体。英国伯明翰大学正在研制"纳米鼻"来预报致哮喘病发作的环境因素，一旦空气中含有易引发哮喘病的气体如臭氧、一氧化碳及氮的氧化物时，其显示器就发出信号。

（5）其他纳米生物医学材料　模拟骨骼结构的纳米物质，主要成分为与聚乙烯混合压缩后的羟基磷灰石网，物理特性符合理想的骨骼替代物。通过优化纳米管制备制动器，将使人工肌肉得到实现。有报道氟化钙纳米材料在室温下可以大幅度弯曲而不断裂，金属陶瓷等复合纳米材料则能更大地改变材料的力学性质，在医学上可能用来制造人工器官。纳米碳管比钻石还耐用，其弹性如同人发，在 $1cm^2$ 上可植 100 亿根，且敏感度很强，大大超过人们的耳蜗纤毛；高敏感度的碳纳米材料人工耳蜗，可用于监听水中游动的微生物节奏，监测水质。在血液循环中流动的纳米听诊器，可监测特殊细胞功能失调，使癌症等疾病得到早期诊断。

8.5.3　纳米技术在临床诊断与检测中的应用

（1）光学相干层析技术（optical coherence tomography，OCT）　和 CT 和 MRI 相比，OCT 能以 2000 次/秒完成生物体内活细胞的动态成像，动态观察体内单个活细胞的病理变化，而不会像 X 线、CT 和 MRI 那样杀死活细胞。该技术的出现将使疾病被扼杀于萌芽状态。

（2）纳米激光单原子分子探测技术　该技术具有高超的灵敏性，它可在含有 10^{19} 个原子/分子的 $1cm^3$ 气态物质中，在单个原子/分子层次上准确获取其中 1 个。据此，医生可以通过检测人的唾液、血液、粪便和呼出气体，及时发现人体中只有亿万分之一的各种疾病或带病游离分子，并用于肿瘤细胞的诊断与治疗。

（3）微小探针技术（纳米探针）　根据不同的诊断和检测目的，将之植入并定位于体内不同的部位，或随血液在体内运行，随时将体内的各种生物信息反馈于体外记录装置。此技术有望成为 21 世纪医学界最常用的手段。

（4）纳米细胞检疫器（纳米秤）　其能称量 10^{-9} g 的物体，即相当于 1 个病毒的质量。利用其可发现新病毒，也可定点用于口腔、咽喉、食管、气管等开放部位的检疫。

（5）纳米传感器　利用其小的尖端插入活细胞内而又不干扰细胞的正常生理过程，以获取活细胞内多种反应的动态化学信息、电化学信息及反映整体的功能状态，以期深化对机体生理及病理过程的理解。

（6）识别血液异常的生物芯片　它可以在血流中巡航探测，及时地发现诸如病毒和细菌的入侵者并予以歼灭，从而消除传染性疾病。Micheal Wisz 做了一个雏形装置，发挥芯片实验室的功能，它可以沿血流流动并跟踪像镰状细胞血症和感染了艾滋病的细胞。目前，电场作用下自动寻址的细胞芯片也研究成功，既可用于基因功能研究与蛋白质亚细胞定位，又可用于监测基因与蛋白质的瞬间表达。

（7）原子力显微镜（atomic force microscope，AFM）　可以从纳米水平揭示肿瘤细胞的形态学变化。

（8）利用纳米技术的其他诊断和检测　中国医科大学研制成功了超顺磁性氧化铁超微颗粒脂质体，可以诊断 3mm 以下的肝脏肿瘤；利用类似光介导的手段测量体温和血压；利用对单个细胞电流学或电流动力学的分析，分离不同类型的细胞；在一个硅片上刻制宽度仅能容纳一条 DNA 分子的芯片沟槽，计算机装上这种芯片，就可以完全"读懂"DNA 序列或可以在几分钟内查明突然发生的传染病的病因。

8.5.4　纳米技术在临床治疗中的应用

（1）药物治疗　纳米技术在药物方面的应用涉及以下几点。①提高药物的吸收利用度：纳米粒径的药物由于大的比表面积，增加了其暴露于介质中的表面积，促进了药物的溶解，因而可以提高药物的吸收度，同时纳米粒径的药物更容易穿透组织间隙，分布极广，也可以大大提高其生物利用度。②控制释放系统：该系统包括纳米粒子和纳米胶囊，其药物释放机理为药物通过囊壁沥滤、渗透和扩散出来，也可以通过基质本身的溶蚀释放其中的药物。该系统可延长药物作用的时间，并在保证药物作用的前提下减少给药剂量，以减轻或避免毒副作用，另外可提高药物的稳定性以便于储存。③提高药物作用的靶向性：药物作用靶向性可以通过纳米载体完成。以纳米粒子作为载体，与药物形成复合物后，根据不同的治疗目的，选用不同的方式进入体内的目标部位，达到治疗的目的。有研究发现纳米粒子的大小、形态及复合物的制造是实现纳米粒子靶向性的关键。④建立新的给药途径：多肽类药物在临床上显示了良好的治疗效果，但是多肽类药物口服易被蛋白水解酶降解。利用纳米技术的到来给解决这些问题带来了希望。关于以纳米粒子作为口服蛋白、多肽、基因等药物载体的研究也有文献报道。⑤促进药物通过生物屏障：纳米给药系统通过适当的修饰后，还可以通过血脑屏障等生物屏障。⑥其他方面：纳米技术在药物学领域还有其他的应用，包括获取病原微生物的结构信息，从而有目的的设计药物；利用纳米反应器控制药物的反应取向和速度等。

（2）基因治疗　纳米技术应用于基因治疗是纳米生物技术最令人振奋的领域，主要包括基因改性和基于 DNA 分子的有序组装与生物有序结构模拟的仿生两方面。在基因改性治疗技术方面，可以应用隧道扫描显微镜（scanning tunneling microscope，STM）和 AFM 获得蛋白质、核酸分子的图像，在微小空间将 DNA 分子变构、重新排列碱基序列等；在 DNA 纳米仿生制造方面，是利用 DNA 复制过程中碱基互补法则的专一性、碱基的单纯性、遗传信息的多样性及双螺旋结构的拓扑靶向性，结合纳米技术，操纵单个原子、分子，制出与生命过程中每一个环节相类似的各种功能的纳米有机-无机复合机器。采用纳米材料作为基因传递系统具有显著优势，目前有以下三种纳米载体：壳聚糖、乳酸脱氢酶（layered double hydroxide，LDH）和树枝状树形合成分子。有报道说，利用纳米技术可使 DNA 通过主动靶向作用定位于细胞，将质粒 DNA 浓缩至 $50\sim200nm$ 大小且带上负电荷，促进其对细胞核的有效进入，质粒 DNA 插入细胞核 DNA 的准确位点则取决于纳米粒子的大小和结构，但其理化特性尚待确实。

（3）纳米机器人　经血管注入人体后，它以溶解在血液中的葡萄糖和氧气为能量，按医生编制好的程序进行健康检查，清除动脉脂类沉积物并疏通血管，吞噬病菌，杀死癌细胞，监视体内的病变等。纳米机器人还可以用来进行人体器官修复工作；进行基因装配工作，即从基因中除去有害的 DNA 或把正常的 DNA 安装在基因中，或使引起癌症的 DNA 突变发生逆转；烧伤和创伤、肺脏等处的焦油、寄生虫的清除等。纽约大学最近研制的纳米机器人，有两个用 DNA 制作的手臂，能在固定的位置间旋转。

（4）肿瘤治疗　利用纳米技术设计出识别和杀死癌细胞的小设备，这种设备带有一个小的计算机和几个附着点，可以判别特定分子的浓度，一旦发现癌细胞，便能及时放出携带的杀癌细胞药物。目前主要用于肿瘤治疗的是纳米控释系统。某些纳米材料可直接杀死癌细胞，李教授报道羧基磷灰石的纳米材料是杀死癌细胞的有效武器，可以杀死人的肺癌、肝癌、食管癌等多种癌细胞，且不伤害正常的细胞。

（5）捕获病毒的纳米陷阱　Donald Tomalia 等用树形聚合物制作了能够捕获病毒的纳米陷阱，把能够与病毒结合的硅铝酸位点覆盖在陷阱细胞表面，当病毒结合到陷阱细胞表面后就无法再感染人体细胞了。陷阱细胞有外壳、内腔和核三部分组成，内腔可充填药物分子或化疗药物；陷阱细胞能够繁殖，生成不同的后代，个子较大的后代可能携带更多的药物。体外实验表明，纳米陷阱能够在流感病毒感染细胞之前就捕获它们，同样的方法期望用于捕获类似癌症/艾滋病病毒等更复杂的细胞/病毒。

（6）器官移植　随着人工器官技术的发展，修复外科将被替代外科取代。在器官移植领域，只要在人工器官外面涂上纳米粒子，就可预防人工器官移植的排异反应。

（7）手术治疗　从细胞的角度看，即使是现在最好的手术刀，与其说是在治疗疾病，不如说是在撕裂细胞。纳米手术刀只有一根头发丝的百分之一大小，可以不用开胸剖腹就能完成手术，使手术治疗由有创变为微创，由微创变为无创。

8.5.5　纳米技术在基础医学中的应用

（1）应用纳米技术分离细胞　纳米 SiO_2 微粒细胞分离技术是将表面包覆单分子层的直径 $30nm$ SiO_2 粒子均匀分散到含有多种细胞的聚乙烯吡咯烷酮胶体溶液中，通过离心使所需要的细胞分离。比利时的德梅博士等制备出多种对各种细胞器敏感程度和亲和力差异很大的金纳米粒子-抗体复合体，与细胞器结合后在光镜和电镜下衬度差别很大，很容易分辨各种细胞内结构。

（2）STM 和 AFM 的应用　STM 和 AFM 具有 $0.01\sim0.1nm$ 的分辨率，可以直接观测到原子水平，还可以对原子、分子进行直接操纵，在自然的大气或液体条件下成像，是研究生物大分子表面拓扑结构、特别是局域结构的理想方法。利用 STM 可以获取细胞膜和细胞器表面的结构信息及在不同环境条件下的变化，以及与这种变化相关联的生理过程的静态信息。现在全细胞的 AFM 成像已经实现，通过 AFM 研究活细胞在外界作用下发生的结构变化已接近实现，已有利用 AFM 研究中间丝的报道。Heinz 通过 AFM 制作出大分子表面图像及根据电荷密度、附着物、强度等属性研究大分子之间的相互作用。

（3）荧光测量技术的应用　利用纳米技术可以探测到单个生物大分子的荧光，反映一个细胞的能量状态及周围化学环境的变化，甚至可以测量一个酶分子的活性。

（4）量子点标记物的应用　清华大学研究人员将量子斑点纳米粒子标记法用于芯片DNA 的光致发光检测。Cd、Se、InP、InAs 等半导体量子点纳米粒子能共价地交联于DNA、蛋白质分子而进行标记，发光性能稳定且发射光谱的宽度窄，因而具有超高灵敏度、利于芯片 DNA 的检测。Niemeyer 等构建了 DNA 与链霉亲和素（STV）共价结合的共轭体，将 DNA-STV 寡聚体用于 IPCR，灵敏度提高了 100 倍。

（5）纳米磁性微粒在酶联免疫吸附试验中的应用　纳米级磁性微粒具有表面标记蛋白质的特性，还具有纳米微粒表面积大的敏感性和磁性分离的方便性，有很大的医学应用前途。

（6）纳米生物计算机　以生物工程技术产生的蛋白质分子为主要材料，并以其作为生物芯片。该芯片中信息以波的形式传播，其运算速度、能量消耗、存储空间与最新一代计算机相比，优势均难以想象。由于蛋白质分子能够自我组合，再生新的微型电路，使得纳米计算机具有生物体的一些特性，因此通过动态检测可发现疾病的先兆信息，使疾病的早期诊断与治疗成为可能。

总之，纳米材料与纳米技术给医药、生物、卫生方面带来巨大影响，人们期盼攻克癌症和艾滋病等绝症、呼吸清新的空气、穿上舒适多彩保健的服装等美好愿望将有可能借助纳米科技得以实现。纳米技术在医学领域应用潜力巨大和在生物材料、人工器官、介入治疗、药物载体、血液净化、生物大分子分离等众多方面已经取得的成果，将促进临床诊断与检测技术向微型、微观、微量、微创或无创、快速、实时、遥距、动态、功能性和智能化方向发展，也将使疑难杂症、怪病绝症的诊治预防可能迎刃而解。纳米技术将在生物医学领域中得到高速发展。

8.6 纳米技术在军事领域上的应用

通常，先进的科学技术都率先应用于军事领域，纳米技术也不例外。美国认为纳米科技是国防工业的未来，世界上各主要军事大国，也都投入大量经费，开展研制试验，制造纳米武器。作为军事信息技术重要基础的军用微电子技术，如果一旦得到纳米技术的支撑，将促使以微电子技术为代表的当代信息技术实现向以纳米技术和分子器件为代表的智能信息技术的巨大转变。纳米电子技术对未来军事作战领域的驱动力，将远远超出当前微电子技术对信息战的影响，也必将在世界范围引发一场真正意义的新军事革命，并把电子信息战水平推向更新、更高级的发展阶段。

8.6.1　纳米电子技术在军事领域的应用

8.6.1.1　纳米计算机系统

计算机是信息系统的核心，而且现代战争系统离不开计算机。采用纳米技术制造的微型晶体管和存储器芯片将使存储密度、计算速度和效率提高数百万倍，大大缩小计算机的体积和重量，而能耗却可降低到今天的几十万分之一。一旦这种具有原子精密度的新型计算机取代现有的计算设备用于军事作战，必将实现信息采集和处理能力的革命性突破，从而提高 C4I 系统（指挥、控制、通信、计算机四个词的英文开头字母均为"C"，所以称"C4"；"I"代表情报。C4I 是军事术语，意为自动化指挥系统）的可靠性、机动性、生存能力和工作效能。

8.6.1.2 纳米航天及航空技术

（1）纳米卫星　1993 年，美国 Aerospace 公司就在奥地利召开的第 44 届国际宇航大会上提出了纳米卫星（质量约 0.1～10kg）的概念。这种卫星比麻雀略大，质量不足 10kg，各种部件全部用纳米材料制造，采用最先进的微机电一体化集成技术整合，体积小、质量轻、生存能力强，即使遭受攻击也不会丧失全部功能；研制费用低，不需大型实验设施和跨度大的厂房；易发射，不需大型运载工具发射，一枚小型运载火箭即可发射千百颗，若在太阳同步轨道上等间隔布置 648 颗功能不同的纳米卫星，就可以保证在任何时刻对地球上任何一点进行连续监视，即使少数卫星失灵，整个卫星网络的工作也不会受影响。纳米卫星的发展极为迅速，美国、俄罗斯等航天大国和许多中小国家均投入大量人力物力加紧研制。目前，我国第一颗"纳卫星"也正在研制之中。美国是世界上最依赖太空能力的军队，不论是通信、高效的监督和侦察，还是通过全球卫星定位系统和间谍卫星来运行的精确制导武器系统，都离不开卫星等太空设施。美国能够在全球迅速部署兵力，依靠的也是庞大的卫星系统。可以毫不夸张地说，美国现在打的每一次战争都是太空战争，若能令其失去太空资源，则必将大大挫伤美国的战斗力。

（2）太空升降机　太空战将成为未来战争的热点，由于现用航天飞机和宇宙飞机运载能力较低，发射次数有限，安全性也较差，前一阶段美国科学家甚至为此呼吁暂停使用现有的航天飞机。另一方面，一些发达国家正在加紧研制能够满足太空作战需要的新式太空运载工具。巴基球是由 60 个碳原子聚集在一起形成的足球状结构，在此基础上研制出纳米碳管，其强度比钢高 100 倍，而重量只有钢的 1/6，50000 个纳米碳管并排在一起只相当于一根头发丝的直径。这种纳米碳管或类似结构的材料被设想用于制造"太空升降机"，在未来的太空军事化应用中将发挥重要作用。

（3）纳米飞机侦察和干扰系统　应用了纳米技术的各种微型飞行器可携带各种探测设备，具有信息处理、导航（带有小型 GPS 接收机）和通信能力。美国黑寡妇超微型飞行器长度不超过 15cm，成本不超过 1000 美元，重 50g，装备有 GPS、微摄像机和传感器等精良设备，见图 8-1。德国美因兹微技术研究所科学家研制成功微型直升机，长 24mm、高 8mm、质量为 400mg，小到可以停放在一颗花生上。这些纳米飞机的主要功能是秘密部署

图 8-1　美国黑寡妇超微型飞行器

到敌方信息系统和武器系统的内部或附近，监视敌方情况，同时也可对敌方雷达、通信等电子设备实施有效干扰。它们可以悬停、飞行，且很难被敌方常规雷达发现。据说它还适应全天候作战，可以从数百公里外将其获得的信息传回己方导弹发射基地，直接引导导弹攻击目标。

8.6.1.3 微机电系统、"纳米武器"和"纳米军队"

在军事领域，大型武器装备的新发展历来受到格外关注，然而纳米技术和微机电系统的应用，即将使人们用肉眼几乎难以发现的纳米武器装备跃上战争舞台。微机电系统可以说是纳米技术的核心技术，也是目前纳米电子技术最尖端的应用。所谓微机电系统，主要是指外形轮廓尺寸在毫米级、构成元件尺寸在微米至纳米级的可控制、可运动的微型机械电子装置。微机电技术并不是通常意义上的简单的系统小型化，因为当每个部件都小到纳米级以后，宏观的参数如体积、重量等都变得微不足道，而与物体表面相关的因素如表面张力和摩擦力就显得至关重要了。新的物理特性使纳米器件非常坚固耐用，可靠性很高。日本是利用纳米技术发展微型机电系统的最大投资国，制定了10年发展规划；美国自1994年，就将微机电技术列入《国防部国防技术计划》的关键技术项目中。近10年，微机电技术获得了实质性突破。科学家们成功地制出了纳米齿轮、纳米弹簧、纳米喷嘴、纳米轴承等微型构件，并在此基础上制成了纳米发动机。这种微型发动机的直径只有$200\mu m$，一滴油就可以灌满四五十个这种发动机，见图8-2。与此同时，微型传感器、微型执行器等也相继研制成功。这些基础单元再加上电路、接口，就可以组成完整的微机电系统了。纳米技术的发展正在使微机电系统走向现实，而以后者为基础的神奇"精灵"，不仅将改变我们的生活现状，更将主宰未来战争的舞台。

图 8-2　世界最小的纳米马达

（1）微型导弹　由于纳米器件比半导体器件工作速度快得多，制造出的智能化微机电导航系统，可以使制导、导航、推进、姿态控制、能源和控制等方面发生质的变化，从而使微型导弹更趋小型化、远程化、精确化。这种只有蚊子大小的微型导弹直接受电波遥控，可以悄然潜入目标内部，其威力足以炸毁敌方火炮、坦克、飞机、指挥部和弹药库，起到神奇的战斗效能。目前，美国、日本、德国正在研制一种细如发丝的传感制动器，为成功研制微型导弹开拓了技术发展空间。

（2）纳米微型军　这是一类能像士兵那样执行各种军事任务的超微型智能武器装备，目前正在研制的主要是执行侦察监视任务、破坏敌方电脑网络、信息系统、武器火控和制导系统的"间谍草"、"机器虫"、袖珍遥控飞行器、"蚂蚁雄兵"和微型攻击机器人等。例如"蚂蚁雄兵"，这是一种通过声波或其他方式控制的微型机器人，比蚂蚁还要小，但具有惊人的破坏力。它们可以通过各种途径钻进敌方武器装备中，长期潜伏下来，一旦启用便各显神通，有的专门破坏敌方电子设备，使其短路、毁坏；有的充当爆破手，用特种炸药引爆目标；有的释放各种化学制剂，使敌方金属变脆、油料凝结或使敌方人员神经麻痹、失去战斗力。若"蚂蚁雄兵"与微型地雷配合使用，还能实施战略打击。据美国国防部专家透露，美国研制的"微型军"有望在10年内大规模部署。

（3）纳米机器人　纳米机器人是纳米科技最具诱惑力的重要内容。纳米机器人将包含有纳米计算机，这种可以进行人机对话的装置一旦研制成功，可在1s内完成数十亿次操作。

这种机器人可用于弥补部队人力的不足、降低部队在使用生化武器和核战争中的风险、增加机动能力、提高部队的自动化程度。这将大大改变人们对战争力量对比的看法，使未来战场模式与格局产生根本性变革。

（4）高集成度的单兵系统　　由于纳米信息系统具有超微型化、高智能化等特点，目前车载、机载的电子战系统甚至武器系统都可浓缩至单兵携带，其隐蔽性更好、攻击性更强，同时系统获取信息速度加快，侦察监视精度提高，而系统的重量却大大减轻。应用纳米技术的单兵系统能明显提高士兵的态势感知能力、通信能力和杀伤力。预计到2005年，一个单兵的杀伤力可能相当于今天的一辆坦克。美国陆军的"陆地勇士"计划通过士兵系统，把数字通信能力提供给在前线作战的单个步兵，把他们连入数字化战场，分享数字化战场提供的优势。"陆地勇士"系统由五个分系统组成：综合头盔分系统、武器分系统、士兵计算机/电台分系统、防护服和单兵装备分系统。通过士兵计算机/电台系统，士兵能以实时或近实时方式接收指挥官的命令，能从GPS接收机或其他信息源接收目标数据、位置数据和战场态势信息等，也可以把自己收集到的情报传回指挥部；头盔中将配备微光放大器、显示器、空气调节器等设备；电池一直是便携设备的瓶颈，而应用纳米技术制造的嵌入式燃料电池已经取得初步成果，这将使单兵系统能够连续工作更长时间。除美国之外，英国陆军有未来步兵技术计划；荷兰正在研制士兵数字助理；澳大利亚、加拿大、俄罗斯和以色列等都有类似的计划。

8.6.2　纳米技术将改变战争形态

目前，国外许多未来学家和战略家认为，纳米技术不仅会深刻影响到人类社会生活的各个层面，甚至会改变未来的军事和战争形态，具体表现在以下几个方面。

（1）未来作战模式将发生根本改变　　迄今为止的现代战争模式都是以飞机、军舰、坦克、火炮等大型武器装备来主宰战场。然而进入纳米信息时代后，传统的作战模式将会发生根本的变革，未来战场极可能将由数不清的各种纳米微型兵器担任主演。

（2）未来战场将更加透明　　可以想象，从太空到空中、地面，面对层层严密高效的纳米级侦察监视网，会使人难以察觉、防不胜防。这将使得技术相对落后的国家军队有密难保，战场对强敌将彻底"透明"，未曾与敌交手，胜败几成定局。

（3）战争突发性概率将急剧增大　　纳米微粒的几何尺寸远小于红外及雷达波波长，从而为兵器的隐身技术开辟了广阔的前景，美国研制的超黑粉就是一例。因此，透明的战场加上高超的隐身术，必将使战争更具突发性。

（4）未来战争将不再昂贵　　现代战争消耗巨大，让人望而生畏。从第二次世界大战到现在，武器弹药价格少则上涨几十倍，多则可达上千倍。短短42天的海湾战争就耗资高达600多亿美元。然而，进入纳米时代后，由于纳米武器装备所用资源少、成本相对低廉，未来造价昂贵的庞然大物型装备（如舰艇、飞机、坦克、火炮等）将可能呈锐减之势，而纳米级战争将成为十足的低消耗战争。

总之，纳米时代将是一个全新的时代，纳米级战争也将是全新样式的战争，处在纳米技术孕育全面突破的前夕，我们当以全新的姿态迎接这一场全新的军事技术变革。

8.6.3　纳米技术在装备上的应用

装备零件主要由钢、铁、合金、玻璃、塑料、橡胶等材料组成。目前，这些材料基本都可运用纳米材料。例如，我国已成功合成了世界上最长的"超级纤维"纳米碳管，这种纳米碳管与普通钢相比，其体积是相同体积钢的1/6，强度却是同体积钢的10倍。纳米铜的诞生，使金属又增加一个"奇异"性能，它在室温下的超塑性、延展性比普通的铜高50余倍。如果将这些纳米材料广泛运用在车辆装备上，那么未来的装备将远远优越于现代装备，因此也将一改"钢铁"装备的传统制造工艺。

8.6.3.1　纳米技术将使发动机产生质的飞跃

用陶瓷材料制作的发动机，具有摩擦力小、热损失低、经济性强等许多优点。但是到目前为止，陶瓷发动机尚未进入实用性阶段。如果采用纳米技术和纳米材料来生产发动机，它不但能克服传统陶瓷的韧性差、耐冲击性差等弱点，还可广泛用于发动机的高温、易损等关键部位，其结构和性能要远比陶瓷式发动机优越，而且还能实现"小发动机具备大功率"的梦想。

8.6.3.2　纳米技术在润滑油中的应用

传统的润滑油通过添加油性剂、摩擦改进剂等添加剂来提高润滑油的黏度等指标，从而能够改善油膜强度、提高耐磨性、增强润滑性。而润滑剂中的纳米微粒具有比表面积大、高扩散性、低熔点等特征，加之其低摩擦性、抗磨性、自结性和对表面材料的修复功能是传统润滑油及添加剂所追求的功能。因此，纳米润滑油添加剂不同于传统润滑油的最大区别在于：它能在摩擦过程中实现对摩擦副的在线强化和对表面微损伤的原位修复，这些纳米微粒能够完全填充金属表面的细小微孔，最大限度地减少金属与微孔间的摩擦和磨损，将会给磨损部件的设计带来深刻的变革。装备再制造技术国防科技重点实验室和全军装备维修表面工程研究中心开发研制的含纳米铜微粒的"纳米减摩节能自修复添加剂"具有自主的知识产权、并获得国防发明专利，该技术在我军装备发动机中的应用取得了良好的效果，试验证明，该纳米添加剂能够显著改善发动机的动力性能，提高发动机功率$2.0\%\sim6.0\%$、扭矩$2.0\%\sim5.0\%$，并可延长发动机服役寿命1倍以上。

8.6.3.3　纳米技术在燃油上的应用

目前，我军车辆使用的汽油和柴油中含有少量的硫，它们在燃烧过程中会产生二氧化硫（SO_2）气体。如果在汽油或柴油中加入适量的纳米添加剂，它在发动机工作过程中就可以形成良好的催化效应，经它催化后的燃油，不仅含硫量远远低于国际标准（低于0.01%），且燃油的燃烧效率也会得到大幅度提高。

8.6.3.4　纳米技术在车辆轮胎上的应用

目前，装备车辆的轮胎几乎都是黑色的。这是由于在生产橡胶时，为了能够提高轮胎的强度、抗老化性及耐磨性，在生产过程中加入一定比例的炭黑来实现。一种颜色的缺点：一是未免显得有些单调，二是不利于装备在某些特定作战环境下的隐蔽性。如果在生产橡胶轮胎过程中运用纳米技术，不仅能够生产出各种各样的迷彩轮胎（如沙漠黄色、丛林迷彩色等），而且还能够使轮胎侧面胶的抗折性能由目前的10万次提高到50万次，耐磨性和强度也能大幅度提高。

8.6.3.5　纳米技术改善车辆尾气

装备车辆的尾气中含量有大量的SO_2、CO及NO_x等有害气体，而且又属于"近地层排放"，严重污染着受训官兵的生活及训练空间，同时还易形成负氧层，对人体的健康影响极大。目前国内外治理车辆尾气的方式通常采用电喷技术和三元催化转化装置。如果采用纳米技术治理车辆尾气，其氧化还原能力将远远超过目前采用的任何技术水平。由中国环境科学研究院提供的汽车尾气排放检测报告显示，将试验用车的三元催化转化器卸下，然后加入纳米添加剂运行 3500 公里后，发现该试验用车在怠速运行状况下，碳氢化合物排放降低了 43.2％，氮氧化合物的排放降低了 7.8％，环境污染率明显降低。

另外，借助于纳米技术，士兵的防护服也将开发出前所未有的功能。2002 年 3 月，美国五角大楼正式宣布将"未来战袍"研制项目授予麻省理工学院，并为这个项目拨出了至少 5000 万美元的专门研究经费。这个"神奇的战袍"用特殊的纳米材料制成，除具有隐形、防导弹打击、自动治疗等功能之外，还具备感知可能来临的危险的能力，无论是炭疽袭击，还是子弹飞来，战袍都能够相应地做出反应。如果空气中二氧化氮的指标突然升高，战袍会突然将头盔中的透气口关闭；如果远处有人向士兵开枪，战袍也将启动防弹功能，因为子弹在发射时会冒出火花，而这个光线能够被战袍感知，这些都是纳米传感技术和纳米电子技术广泛运用的结果。据悉，"未来战袍"已在 2007 年结束基础研究工作，开始进行试验。

8.6.3.6 未来纳米装备的轮廓素描

未来的纳米车辆，不仅在外观上色彩鲜艳，同时具有隐身、防紫外线等特征。而且具有更超越的性能和广泛的设计空间，具体表现在以下几个方面。

（1）坚固耐用，安全可靠　由于纳米材料在装甲防护中的大量使用，未来的纳米车辆在硬度、挠度及抗震性能上都会大幅度提高，从而变得更加坚固耐用和安全可靠。纳米技术的应用，将缩小发动机及相关零件的尺寸，使发动机底盘等装置更加紧凑，从而有效地增大了驾驶室或乘车空间，可真正实现"小发动机室、大乘车空间"。

（2）大功率、低排放　纳米技术在燃油及润滑中的广泛应用，使未来装备的节能程度大幅度提高，装甲装备也因此变得更加经济，从而使未来装备达到大功率、低排放的要求。

总之，纳米技术能够从装备车辆的车身应用到车轮，几乎涵盖了车辆的全部，使得未来的纳米车辆更加经济舒适、安全可靠、动力强劲和色彩鲜艳。

21 世纪是生命科技和信息科技调整发展和广泛应用的时代，而纳米科学和技术将促进包括生命科技、信息科技在内的几乎所有技术的飞速发展。纳米科技日新月异的发展对我们提出了严峻的挑战，在一些发达国家，军方对纳米技术的投入和研究成果已经超过了其他领域。相对其他学科，我国对纳米技术的研究起步并不晚，迄今为止也投入了相当力量，但是对纳米技术尤其是纳米电子技术在军事上的应用研究还十分薄弱。目前，世界范围内纳米技术还不很成熟，至少需要很多年的时间才可能大规模运用于军事作战，这为我们研究纳米技术和发展军事应用提供了一个空间。未来战争仍将以电子信息战为主，而纳米电子技术无疑是电子信息战的制高点。我国应该吸取由于微电子产业的落后而导致武器装备落后的教训，把纳米电子技术在军事领域的应用研究放在战略高度，把握契机，发挥特长，争取掌握高超的制敌之术，弥补现有武器装备力量的不足，实现我国国防事业的跨越式发展。

8.7 纳米技术在其他领域上的应用

8.7.1 纳米技术在光电领域的应用

纳米技术的发展，使微电子和光电子的结合更加紧密，在光电信息传输、存储、处理、运算和显示等方面，使光电器件的性能大大提高。将纳米技术用于现有雷达信息处理上，可使其能力提高 10 倍至几百倍，甚至可以将超高分辨率纳米孔径雷达放到卫星上进行高精度的对地侦察。但是要获取高分辨率图像，就必须具备先进的数字信息处理技术。科学家们发现，将光调制器和光探测器结合在一起的量子阱自电光效应器件，将为实现光学高速数学运算提供可能。

美国桑迪亚国家实验室的 Paul 等发现，纳米激光器的微小尺寸可以使光子被限制在少数几个状态上，而低音廊效应则使光子受到约束，直到所产生的光波累积起足够多的能量后透过此结构。其结果是激光器达到极高的工作效率，而能量阈则很低。纳米激光器实际上是一根弯曲成极薄面包圈的形状的光子导线，实验发现，纳米激光器的大小和形状能够有效控制它发射出的光子的量子行为，从而影响激光器的工作。研究还发现，纳米激光器工作时只需约 $100\mu A$ 的电流。最近科学家们把光子导线缩小到只有五分之一立方微米体积内。在这一尺度上，此结构的光子状态数少于 10 个，接近了无能量运行所要求的条件，但是光子的数目还没有减少到这样的极限上。最近，麻省理工学院的研究人员把被激发的钡原子一个一个地送入激光器中，每个原子发射一个有用的光子，其效率之高，令人惊讶。

除了能提高效率以外，无能量阈纳米激光器的运行还可以得出速度极快的激光器。由于只需要极少的能量就可以发射激光，这类装置可以实现瞬时开关。已经有一些激光器能够以快于每秒钟 200 亿次的速度开关，适合用于光纤通信。由于纳米技术的迅速发展，这种无能量阈纳米激光器的实现将指日可待。

8.7.2　纳米技术在分子组装方面的应用

纳米技术的发展，大致经历了以下几个发展阶段：在实验室探索用各种手段制备各种纳米微粒，合成块体。研究评估表征的方法，并探索纳米材料不同于常规材料的特殊性能。利用纳米材料已挖掘出来的奇特的物理、化学和力学性能，设计纳米复合材料。目前主要是进行纳米组装体系、人工组合合成纳米结构材料的研究。虽然已经取得了许多重要成果，但纳米级微粒的尺寸大小及均匀程度的控制仍然是一大难关。如何合成具有特定尺寸，并且粒度均匀分布无团聚的纳米材料，一直是科研工作者努力解决的问题。目前，纳米技术深入到了对单原子的操纵，通过利用软化学与主客体模板化学、超分子化学相结合的技术，正在成为组装与剪裁、实现分子手术的主要手段。科学家们设想能够设计出一种在纳米量级上尺寸一定的模型，使纳米颗粒能在该模型内生成并稳定存在，则可以控制纳米粒子的尺寸大小并防止团聚的发生。

1992 年，Kresge 等首次采用介孔氧化硅材料为基，利用液晶模板技术，在纳米尺度上实现有机/无机离子的自组装反应。其特点是孔道大小均匀，孔径可以在 5～10nm 内连续可调，具有很高的比表面积和较好的热稳定性。使其在分子催化、吸附与分离等过程，展示了广阔的应用前景。同时，这类材料在较大范围内可连续调节其纳米孔道结构，可以作为纳米粒子的微型反应容器。

Wagner 等利用四硫富瓦烯的独特的氧化还原能力，通过自组装方式合成了具有电荷传递功能的配合物分子梭，具有开关功能。Attard 等利用液晶作为稳定的预组织模板，利用表面活性剂对水解缩聚反应过程和溶胶表面进行控制，合成了六角液晶状微孔 SiO_2 材料。Schmid 等利用特定的配位体，成功地制备出均匀分布的由 55 个 Au 原子组成的金纳米粒子。据理论预测，如果以这种金纳米粒子做成分子器件，其分子开关的密度将会比一般半导体提高 $10^5 \sim 10^6$ 倍。

1996 年，IBM 公司利用分子组装技术，研制出了世界上最小的"纳米算盘"，该算盘的

算珠由球状的 C_{60} 分子构成。美国佐治亚理工学院的研究人员利用纳米碳管制成了一种崭新的"纳米秤"，能够称出一个石墨微粒的重量，并预言该秤可以用来称取病毒的重量。

李彦等以六方液晶为模板合成了 CdS 纳米线，该纳米线生长在表面活性剂分子形成的六方堆积的空隙水相内，呈平行排列，直径约 $1\sim5nm$。利用有机表面活性剂作为几何构型模板剂，通过有机/无机离子间的静电作用，在分子水平上进行自组装合成，并形成规则的纳米异质复合结构，是实现对材料进行裁减的有效途径。

8.7.3　纳米技术在能源方面的应用

纳米技术在能源的有效利用、储存和制造方面有潜在的应用前景。Gratzel 等采用染料敏化的纳米 TiO_2 粒子制备了太阳能发光极，其光电转换效率达到 12%，可取代价格昂贵的非晶硅光伏电池。纳米碳管可以用作储氢材料，制造清洁能源。目前，基于纳米技术改性的铅酸电池也已取得成功。此外纳米复合材料的使用可以大大减少能源的消耗。

对于我国而言，煤、石油、天然气在一个相当长的时间内仍是主要的燃料能源，煤仍是主要的发电燃料，纳米技术的引入能够有效地提高燃烧率，减少有害气体的排放。

太阳能是一个巨大的、安全的、不污染环境的清洁能源。一种可行的办法就是利用尺度为几纳米的纳米材料的光致发光特性，在白昼吸收天然光并储存起来，到晚上直接把光射到需要的地方。德国学者 Brandt M. S. 认为多孔硅在低温时，发光余辉可达几小时。

纳米技术除在以上领域的应用外，还可以用作化妆品添加剂，例如用在化妆品中的添加纳米级 ZnO 有很好的护肤美容作用。TiO_2 被广泛用于防晒霜、粉底霜、口红、防晒摩丝中。纳米金属材料还可以用作助燃剂，有关研究表明，只要在火箭燃料中添加不到 1% 的纳米铝粉或镍粉，可使燃料的燃烧热提高两倍多。

8.8　纳米材料与纳米技术的应用前景

纳米材料与纳米技术的应用前景是十分广阔的，例如，纳米电子器件，医学和健康，航天、航空和空间探索，环境、资源和能量，生物技术等。我们知道基因 DNA 具有双螺旋结构，这种双螺旋结构的直径约为几十纳米。用合成的晶粒尺寸仅为几纳米的发光半导体晶粒，选择性的吸附或作用在不同的碱基对上，可以"照亮"DNA 的结构，有点像黑暗中挂满了灯笼的宝塔，借助于发光的"灯笼"，我们不仅可以识别灯塔的外形，还可识别灯塔的结构。简而言之，这些纳米晶粒，在 DNA 分子上贴上了标签。目前，我们应当避免纳米的庸俗化。尽管有科学工作者一直在研究纳米材料的应用问题，但很多技术仍难以直接造福于人类。2001 年以来，国内也有一些纳米企业和纳米产品，如纳米冰箱、纳米洗衣机。这些产品中用到了一些纳米粉体，但冰箱和洗衣机的核心作用仍然与任何传统产品相同，纳米粉体只是赋予它们一些新的功能，但并不是这类产品的核心技术。因此，这类产品并不能称为真正的"纳米产品"，是商家的销售手段和新卖点。现阶段，纳米材料的应用主要集中在纳米粉体方面，属于纳米材料的起步阶段，应该指出，这不过是纳米材料应用的初级阶段，可以说这并不是纳米材料的核心，更不能将"纳米粉体的应用"等同于纳米材料。

我国于 2005 年 4 月 1 日颁布实施了 7 项纳米材料国家标准，7 项标准均为推荐性国家标准，包括 1 项术语标准、两项检测方法标准和 4 项产品标准，分别是：《纳米材料术语》（GB/T 19619—2004）、《纳米粉末粒度分布的测定 X 射线小角散射法》（GB/T 13221—

2004)、《气体吸附 BET 法测定固态物质比表面积》（GB/T 19587—2004）、《纳米镍粉》（GB/T 19588—2004）、《纳米氧化锌》（GB/T 19589—2004）、《超微细碳酸钙》（GB/T 19590—2004）和《纳米二氧化钛》（GB/T 19591—2004）。这是世界上首次以国家标准形式发布的纳米材料标准。国家标准委主任李忠海在新闻发布会上的讲话中指出，7 项纳米材料标准的发布和实施，将引导和规范我国的纳米材料市场秩序，促进纳米材料产业化的发展。

参 考 文 献

[1] 邓建国，刘东亮，陈建. 纳米技术在陶瓷领域的应用及发展趋势. 四川理工学院学报：自然科学版，2007，20（6）：86-90.

[2] 高濂，李蔚. 纳米陶瓷. 北京：化学工业出版社，2002.

[3] 苏学军，郑典范. 纳米 SiO_2 的应用研究进展. 江西化工，2002，1：6-10.

[4] 刘吉平，廖莉玲. 无机纳米材料. 北京：科学出版社，2003.

[5] 胡海泉，江锦明，关大选等. 复合型抗菌陶瓷的研究. 硅酸盐通报，2000，6：54-57.

[6] 王惠文，刘拥军. 一种具有纳米自洁釉面的卫生洁具及其制造方法. 中国专利，02125311.0，2003-01-0-8.

[7] 赫占军，肖汉宁. 提高卫生洁具抗污性的研究. 陶瓷，2005，8：18-23.

[8] 许育东，刘宁. 纳米 TiN 改性金属陶瓷刀具的磨损性能. 硬质合金，2001，18（3）：142-145.

[9] 田春袍，姜海. 纳米 TiN 改性 TiC 基金属陶瓷刀具切削性能的研究. 工具技术，2003，37（2）：8-10.

[10] 许峰，张崇高，刘宁等. Ti（C，N）基金属陶瓷刀具与纳米改性. 中国机械工程，2002，（6）：1062-1064.

[11] 许峰，沈维蕾，杨海东等. 金属陶瓷刀具用纳米 TiN 粉体分散的研究. 应用科学学报，2005，（9）：535-538.

[12] 宋世学. Al_2O_3/TiC 纳米复合刀具材料的制备及切削性能研究. 中国机械工程，2003，（9）：1523-1526.

[13] 房玉英，赵志龙. 纳米复合陶瓷球制造方法. 轴承，2005，（2）：14-16.

[14] 徐海军，李嘉，师瑞国. 两段式无压烧结制备纳米二氧化锆（3Y）材料. 中国粉体技术，2006，（4）：11-14.

[15] 江炎兰，王杰. 纳米陶瓷材料的性能、制备及其在军事领域的应用前景. 海军航空工程学院学报，2006，21（1）：183-186.

[16] Li Y B，Wei J，et al. Preparation and characterization of nanograde osteoapatite-like rod crystals. Mater materials in medicine，1994，5：252.

[17] 王学江，汪建新，李玉宝等. 常压下纳米级羟基磷灰石针状晶体的合成. 高技术通讯，2000，（11）：92-94.

[18] Luo J H，et al. Effect offill erporosity on the abrasion resistance of nanoporous silica gel/polymer composites. Dental Mater. 1998，14（1）：29-36.

[19] Ron Dagani. Hybrid materials containing ultra small building blocks provide new properties. better performance，1999，77（23）：25-37.

[20] 汪道友. 光功能纳米陶瓷材料研究取得重要成果. 强激光与粒子束，2005，18：376.

[21] 张克立，从长杰，郭光辉等. 纳米吸波材料的研究现状与展望. 武汉大学学报：理学版，2003，49（6）：680-684.

[22] 刘长军，田丰，张彦军等. 纳米吸波材料研究进展及其在野战卫生装备中潜在应用. 医疗卫生装备，2005，26（11）：26-30.

[23] 王献忠. 纳米陶瓷研究现状及技术发展. 萍乡高等专科学校学报，2005，4：59-63.

[24] 鲁圣国，李标荣，麦良等. 铁电纳米材料的制备、性能和应用前景. 无机材料学报，2004，19（6）：1231-1239.

[25] Gell M，Jordan E H，Sohn Y H. Development and implementation of plasma sprayed nanostructured ceramic coatings. Surface and Coatings Technology，2001，146-147：48-54.

[26] Zhu Yingchun，Kan Yukimura，Ding Chuanxian，et al. Tribological properties of nanostructured and conventional WC-Co coasting deposited by plasma spraying. Thin Solid Films，2001，388：277-282.

[27] Zhu Y，Huang M，Hung L，et al. Vacuum-plasma sprayed nanostructured titanium oxide films. Therm Spray Technol，1999，8（2）：219-222.

[28] Bernd T C. Thermal spray processing of nanoscale materials extended abstracts. Therm Spray Technol，2001，7（3）：147-181.

［29］ 纳米技术在陶瓷中的应用方向（上）. ［2003-2-9］ http://www.chinaccm.com/07/0701/070101/news/20030209/130551.asp.

［30］ 倪晓东，徐研. 纳米技术在陶瓷工业环保领域的应用. 陶瓷，2007，1：11-12.

［31］ 西北轻工业学院主编. 陶瓷工艺学. 北京：轻工业出版社，1985.

［32］ 常红，王京刚. 纳米材料在环保领域的应用，矿冶，2002，4：73-75.

［33］ 纳米技术在微电子领域的应用前景. http://www.moon-soft.com/program/bbs/readelite160660.htm.

［34］ 纳米技术在微电子学上的应用. http://www.c114.net/technic/ZZHtml_20026/,T2002630007809-1.html.

［35］ 纳米技术的应用. http://www.wljx.sdu.edu.cn/wlwz/reading/r_nami/nami4.htm.

［36］ 高善民，孙树声，刘兆明. 纳米材料在化工生产中的应用. 化工技术经济，2000，(5)：2.

［37］ 谢克亮，赵长安. 纳米技术在医学领域中的应用研究进展. 中华现代临床医学杂志，2004，2 (4B)：2.

［38］ 李国庆，卢广文，林意群. 纳米技术及其在生物工程和医药学上的应用. 医疗装备，2002，3：8-11.

［39］ 曹学军，崔金泰. 神奇的纳米技术：用原子塑造世界（上）. 国外科技动态，2000，(8)：29.

［40］ 张汝冰，刘宏英，李风生. 纳米技术在生物及医药学领域的应用. 现代化工，1999，19 (7)：49-51.

［41］ 袁巨龙，刘盛辉，邢彤. 纳米技术革新的应用及发展动向，浙江工业大学学报，2000，28 (3)：243-249.

［42］ 王士先. 奇妙的分子机器. 国外科技动态，1996，1：4.

［43］ 许海燕，孔桦，杨子斌. 纳米材料及其在生物医学工程中的应用. 国外医学：生物医学工程分册，1998，21 (5)：262-266.

［44］ Taylor J R. Probing specific sequences in single DNA molecule with biocojugated fluorescent nanoparticles. Chemisty，2000，72 (9)：1989-1995.

［45］ Robert Freitas. Electrochemical and spectroscopic of self assembled monolayer sofferroceny lalkyl compounds with amide linkages. Surfaces and Colloids，1998，14：133-139.

［46］ 王国清，钟季康，王保华. 纳米技术及其在生物医学中的应用. 生物医学工程与临床，2002，6 (6)：901-904.

［47］ 杨爱萍，李玉宝，徐谡. 磷酸钙四孔穿线生物陶瓷人工眼球的研制. 电子科技大学学报，2000，29 (2)：158-160.

［48］ 姜会庆，陈一飞. 纳米材料在医学中的应用. 中国修复重建外科杂志，2002，16 (6)：732-734.

［49］ 刘毅. 纳米技术在医学领域的应用现状与展望. 西北国防医学杂志，2002，23 (1)：1-3.

［50］ Pechar M，Karel U，Subur V. The sensitivity of cellular surfaces to calciton in Bio conjugate. Chemistry，2000，11 (2)：131-136.

［51］ Bouchie A. Microarrays come alive. Nature，2001，411：107-110.

［52］ Emerich D F，Thanos C G. Nanotechnology and medicine. Expert Opin Biol Ther，2003，3 (4)：655-663.

［53］ Wilkinson J M. Nanotechnology application in medicine. Med Device Technol，2003，14 (5)：29-31.

［54］ Jordan A. Nanotechnology and consequences for surgical oncology. Kongressbd Dtsch Ges Chir Kongr，2002，119：821-828.

［55］ 李战. 纳米技术和纳米中药的研究进展. 上海中医药杂志，2003，37 (1)：25-28.

［56］ 崔大祥，高华建. 生物纳米材料的进展与前景. 中国科学院院刊，2003，(1)：20-24.

［57］ 李基文. 21 世纪纳米技术在医学应用中的展望. 中国公共卫生，2001，17 (8)：717-718.

［58］ Donald Tomalia. Super-resolution molecular rule using quantum dots. Biophysics，2000，78：412-417.

［59］ 郁毅刚. 纳米技术在神经外科中的应用展望. 国外医学：神经病学神经外科学分册，2001，28 (5)：543-545.

［60］ 傅占江，刘晓达，王全立. DNA 纳米技术. 国外医学：生物医学工程分册，2003，26 (1)：20-24.

［61］ Freitas R A Jr. The future of nanofabrication and molecular scale devices in nanomedicine. Stud Health Technol Inform，2002，80：45-59.

［62］ Niemeyer C M，Adler M，Pignataro B，et al. Self-assem-bly of DNA-streptavidin nanostructures and their use as reagents in immuno-PCR. Nucleic Acids Res，1999，27：4553-4561.

［63］ 任翔，高彦芳，朱学骏. 纳米磁性微粒合成制备方法及在酶联免疫吸附试验中的初步应用. 中华微生物学和免疫学杂志，2003，23 (3)：132-135.

［64］ 金一和，孙鹏，张颖花. 纳米材料对人体的潜在性影响问题. 自然杂志，2001，23 (5)：306-307.

［65］ 史佩京，许一，徐滨士. 纳米科技在军事领域及装备中的应用. http://www.cmaintop.com/uploadfiles/

namikeji. pdf.

[66] Xu Binshi，Liang Xiubing，Dong Shiyun，et al. Progress of nano-surface engineering. International Journal of materials & Products Technology，2003，18：4-6.

[67] 徐滨士. 装备智能自修复技术. 总装科技委年会论文集，2004.

[68] 纳米电子技术在军事领域的应用. http://www.elecn.net/1/4/2073131_1.html.

[69] 我国发布七项纳米材料国家标准. http://www.ctatest.com/newshtml/2005-3-2/ 200532154453.html.

第9章 纳米材料的潜在危害

　　纳米技术自诞生之日就引起媒体普遍关注。截至目前，进入销售渠道的纳米产品已达数百种。然而，英国《自然——纳米技术》杂志公布的一份报告称，与普通民众对这一技术的积极态度不同，科学家们因纳米技术可能对人类健康和生态环境造成消极影响而忧心忡忡。

　　报告在全美国范围内电话调查了 363 名纳米技术科学家、工程师和 1015 名非专业人士。调查结果显示，科学家们虽然认同他们所从事的纳米研究将给医学、环保、国防等领域带来突破，却对纳米技术可能给环境和人类健康带来的风险抱有严重担忧。报告第一作者、美国威斯康星大学麦迪逊分校教授迪耶特拉姆·朔伊费莱说："科学家们不说纳米技术存在问题。他们说：'我不知道，研究尚未结束'。"

　　调查结果表明，20％的受访科学家担心，纳米技术可能对环境构成新形式的污染；非专业受访者中，只有 15％持有相同观点。超过 30％的科学家担心纳米科技可能给人类健康带来风险；非专业受访者中，抱有这种担心的只有 20％。朔伊费莱说，科学界内部已有纳米技术风险性的讨论，只是苦于相关研究缺乏实质进展。与此同时，媒体却大力宣传纳米技术的前景，对它的风险轻描淡写，这会误导公众。

　　调查结果显示，科学家们对纳米技术的担忧甚于其他技术。朔伊费莱说，纳米专家们希望在这项技术得到广泛应用前就向公众阐述它的风险。因为核能技术和转基因食品出现时，公众起初表现狂热，却在后来不断出现的事故或暴露出的风险中渐感忧虑。"纳米技术可能是第一项需要科学家向公众解释，为何他们要多多少少对它的风险感到担忧的新兴技术。"

　　纳米材料为何会对人体造成影响呢？当一种物质缩小到纳米尺度后，它的性质就会发生显著变化。如实验表明，2mg 二氧化硅溶液注入小白鼠后不会致其死亡，但若换成 0.5mg 纳米二氧化硅，小白鼠就会立即毙命。而且，纳米材料不易降解、穿透性强，人一旦吸入纳米颗粒，其健康就会受到潜在威胁。

　　纳米材料的安全性问题日趋得到世界各国的高度重视。各国的高级研究机构和专家都在呼吁和关注纳米材料的安全性问题，政府也积极地投入了人力、物力去进行这方面的研究工作。但具体的研究进展和研究成果，公开的专业文献报道较少。

　　美国已开展了关于纳米材料对环境和人可能造成危害性的研究，重点研究的五个问题是：皮肤对纳米材料的吸附和对皮肤的毒性；同其他水源污染物相比，纳米颗粒进入饮用水后，是否有毒，如何起毒化作用；纳米颗粒对操作者肺部组织影响的研究；海洋或淡水水域中纳米颗粒沉淀物对环境的影响；以及在什么条件下，纳米颗粒可能吸收和释放环境污染物。国外曾有研究人员对纳米碳管、纳米聚四氟乙烯和碳颗粒的生理毒性进行了实验，结果表明，长期吸入上述纳米微粒后，在肺部会发生沉积，对健康极其不利。据《自然》杂志报道，纳米颗粒可以通过呼吸系统、皮肤接触、食用、注射等途径，进入人体组织内部。纳米颗粒进入人体后，由于其体积小、自由度大、反应活性高等特性，几乎不受任何阻碍就可以进入细胞，与体内细胞发生反应，引起发炎、病变等症状。同时，纳米颗粒也可能进入人的神经系统，影响大脑，导致更严重的疾病发生。纳米颗粒长期停留在人体内，同样会引发病变，如停留在肺部的石棉纤维会导致肺部纤维化。

在 2004 年的美国化学学会年会上，有三个研究小组分别报道了纳米材料具有特殊的毒性。处于美国休斯敦的美国宇航局太空中心小组的研究发现，向小鼠的肺部喷洒含有纳米碳管的溶液，纳米碳管会进入小鼠肺泡，并形成肉芽瘤。杜邦公司的一个研究小组也发现了类似的结果。纽约州罗切斯特大学的一个研究小组让大鼠在含有纳米聚四氟乙烯颗粒的空气中生活 15min，就会导致大多数老鼠在 4 个小时内死亡。该研究小组还发现用[13]C 和锰制作的纳米颗粒能够进入大鼠的嗅球，并迁移到大脑。

国内，曾有人研究过桑蚕皮肤对纳米 TiO_2 的吸收情况。实验结果发现，经过石蜡包衣的纳米 TiO_2 粒子和非纳米级普通 TiO_2 粉末不能经桑蚕皮肤被吸入体内，但纳米 TiO_2 粒子可以通过皮肤被吸入桑蚕体内，并导致实验中的全部桑蚕死亡。这说明本身无毒、无味的纳米 TiO_2 粒子经皮肤进入桑蚕体内后，具有毒副作用。可是，纳米 TiO_2 粒子的具体毒副作用机理，还未见相应的研究报道。青岛大学马建伟等人通过对豚鼠静脉注射稀土纳米材料试验后发现，实验中所用的稀土纳米材料对豚鼠红细胞膜造成了较大的破坏，使得红细胞的溶血脆性明显增加，这说明稀土纳米材料具有一定的细胞毒性。

尽管作为专题去研究纳米材料安全性问题的研究者较少，但我们在广泛应用纳米技术、享受纳米材料给人类带来正面效应的同时，要时刻关注和研究纳米材料可能给人类带来的负面危害性。

参 考 文 献

[1] 纳米技术可危及健康和环境. http://www.cdkj.gov.cn/DetailNews.asp? id=12099.
[2] 纺织品中应用纳米材料的安全性初探. 染整技术，2006，(3)：1.
[3] 专家称纳米材料潜在危害. http://www.3i3i.cn/Technology/Standardization/200701/156465.html.